国家"十一五"科技支撑项目(2008BAB36B10)
国家自然基金重点项目(50834002) 资助

多层采空区局部流场的动态平衡理论与技术

于 斌 著

煤炭工业出版社

·北 京·

图书在版编目（CIP）数据

多层采空区局部流场的动态平衡理论与技术／于斌
著． －－北京：煤炭工业出版社，2011
ISBN 978 - 7 - 5020 - 3958 - 5

I.①多… II.①于… III.①采空区 - 流场 - 动态
平衡 IV.①TD325

中国版本图书馆 CIP 数据核字(2011)第 233732 号

煤炭工业出版社　出版
（北京市朝阳区芍药居 35 号　100029）
网址：www.cciph.com.cn
煤炭工业出版社印刷厂　印刷
新华书店北京发行所　发行
*
开本 787mm×1092mm$\frac{1}{16}$　印张 13 $\frac{1}{2}$
字数 235 千字　印数 1—2 000
2011 年 12 月第 1 版　2011 年 12 月第 1 次印刷
社内编号 6779　定价 60.00 元

前　　言

　　大同矿区开采历史悠久，长期主采煤层为侏罗纪易自燃煤层群，开采煤层具有浅埋深、开采时间长、多漏风通道、极近距离煤层群、易自燃等特点。在开采过程中，地表、上部多层采空区与开采工作面采空区相互连通，形成了多层采空区流场。在负压通风条件下，上部采空区隐蔽火区的有毒有害气体流入工作面并漏风供氧引起火区复燃；如简单均压，又可能使工作面风量漏入上部采空区引发火区复燃。采空区的漏风通道多且复杂，常规均压方法很难实施。本书是针对这一关键性技术难题提出的，经过多年来的自主创新、科技攻关及长期探索，建立了多层采空区局部流场的动态平衡理论，开发了多层采空区局部动态平衡技术与装备，并建立了上下多层采空区立体防火技术，实现了局部区域均压，保证了矿井的安全生产，累计生产原煤 1.1885 亿吨。

　　本书共 5 章，第 1 章系统地介绍了研究背景和现在常用的有效的防灭火技术；第 2 章应用流体力学原理，采用伯努利方程和达西定律渗流方程，建立了多层采空区流场局部动态平衡渗流数学模型，并进行了气体流动状态与数值模拟分析，建立了多层采空区局部动态平衡理论；第 3 章介绍了在理论研究的基础上开发的多层采空区流场局部动态平衡技术并研制了成套装备；第 4 章研究了如何进行上部多层采空区的漏风控制；第 5 章分析了回采工作面火灾防治所采用的主要技术手段及其理论基础。

　　本书是研究矿井火灾预防与控制的专著，提供了一种新的预防与控制矿井火灾的理论与技术，本书所获得结论能够为生产实践中的工程技术人员提供参考。书中难免有不当之处，请广大读者批评指正。

著　者

2011 年 11 月

目　　次

1 绪　　论

煤炭自燃是威胁煤矿安全生产的重大灾害。据统计，我国国有重点煤矿中存在自然发火危险的矿井约占 51.3%，由于自燃引起的火灾占矿井总火灾数的 90% 以上。由矿井自燃火灾诱发瓦斯、煤尘爆炸事故时有发生，严重地威胁着人民的生命财产安全，阻碍了煤炭工业的可持续发展，影响了社会稳定。由煤炭自燃导致的优质煤损失量已达 4.2 Gt 以上，现仍以 20 ~ 30 Mt/a 的速度增加，而受其影响造成的呆滞资源储量超过 0.2 Gt/a，每年直接经济损失高达数十亿元，并由此造成的间接损失（如土地资源、大气、自然生态环境和人文活动等受到的影响）更是难以估计。另外，煤炭行业每年都要投入巨额资金用于火灾治理。因此，我国政府在"21 世纪议程"中已将煤炭自燃列为重大自然灾害类型之一。

煤是一种由多种官能团、多种化学键组成的复杂的有机大分子。煤的自燃是一个非常复杂的物理化学变化过程，其孕育、发生和发展包含着湍流、相变、传热、传质和复杂化学反应等，是一种涉及物质、动量、能量和煤的化学结构在复杂多变的环境条件下相互作用的三维、多相、非定常、非线性、非平衡态的动力学过程。该动力学过程与外部环境及其他干预因素等相互耦合，是具有复杂性本质的科学研究对象。

我国有长达一个多世纪的煤炭开采历史，从早期的人力挖煤到近代不规范的小煤窑生产，我国很多地区煤矿被胡乱开采，形成了恶劣的地质环境。而煤层本身的自然条件，如煤层埋藏深度浅、煤层数量多、层间距小，在开采下部煤层时采空区顶板垮落，与上部采空区（已采完封闭）塌通，造成地表沉陷，形成众多裂隙，采空区漏风严重，导致采空区自然发火，如图 1 - 1 所示。此现象为煤炭的继续开采带来了很大的困难，给矿井防灭火技术和管理工作带来相当大的难度。例如，大同煤矿集团有限责任公司是全国煤炭行业的特大型企业之一，集团公司长期主采侏罗系煤层。煤层倾角一般为 3° ~ 7°，可采煤层厚度为 0.8 ~ 9 m。工作面开采方法为后退式倾斜长壁采煤法。全集团公司 47 座矿井的所有煤层均属于易自燃和自燃煤层，发火期为 3 ~ 12 个月。据统计，集团公司井田范围内先后发生多起自燃火灾，形成火区 71 处，面积为 2837.23 × 10⁴ m²。到目前为止，

图 1-1　同煤侏罗系多层采空区与地表连通造成煤自燃现象

通过治理已注销火区 32 处，注销火区面积为 673.393 × 10⁴ m²，现有火区 39 处，面积为 2163.837 × 10⁴ m²，造成呆滞煤量 52.09 Mt。另外，在井田范围内还有小煤窑火区 566 处，对大井的安全生产构成严重威胁。

针对这一情况，根据多层采空区近距离煤层的特点，开发了合适的防灭火技术。

1.1　煤炭自燃火灾的形成原因

煤炭自然发火的起因和过程的研究早在 17 世纪就已经开始了，几百年来各国学者先后提出了多种理论和假说来阐述煤自燃的起因，如黄铁矿导因学说、细菌导因学说、酚基导因学说及煤氧复合学说等。

黄铁矿导因学说认为，煤的自燃是由于煤层中的黄铁矿（FeS_2）与空气中的水分和氧气相互作用放出热量而引起的。但是，在它的发展过程中也不断受到置疑，因为对于不含有黄铁矿的煤，同样能发生自燃现象，该假说无法做出解释，因而具有自身的局限性。为考察细菌导因学说的可靠性，英国学者温米尔与格雷哈姆曾将具有强自燃性的煤置于 100 ℃ 真空器里长达 20 小时，在此条件下，所有细菌都已死亡，然而煤的自燃性并未减弱。因此，细菌导因学说仍无法解释煤的自燃机理，从而未能得到广泛认可。芳香结构氧化成酚基需要较激烈的反应条件，如程序升温、化学氧化剂等，这使得反应的中间产物和最终产物在成分和数量上都可能与实际有较大的偏差。因此，酚基导因作用是引起煤自燃的主要原因的观点尚待进一步探讨。煤氧复合学说是以实验推算一昼夜内每克煤的吸氧量的多少提出来的，但没能解释煤与氧复合机理与过程，尚未形成系统的理论。

近年来，国内外学者从不同的角度、采用不同的方法对煤自燃的机理进行了研究。位爱竹、李增华等对紫外光引发煤自由基反应进行了实验研究，结果表明，煤的自燃特性并不能简单地以自由基浓度大小或自由基增加速率的快慢来判断。薛蔚、邱实等对在真空条件下高分辨质谱对不同煤质热解释放二氧化碳进行了研究，研究结果表明，天然焦热解过程中产生的二氧化碳，主要是样品和体系中残留及吸附在煤微孔隙中氧分子反应生成的；烟煤和无烟煤热解产生的二氧化碳，主要是其内部含氧官能团在受热过程中分解形成的。陆伟、胡千庭提出了煤自燃过程是不同官能团依次分步渐进活化而与氧发生反应的自加速升温过程。张东海、杨胜强等对煤巷高冒区松散煤体自然发火的数值进行了模拟研究，研究结果表明，高冒区松散煤体漏风强度随孔隙率的增大而增加，高冒区松散煤体的中部区域存在的最易自然发火区，是现场防治高冒区自然发火的重点区域。张国枢、谢应明、顾建明对煤炭自燃微观结构变化的红外光谱进行了分析，分析结果表明，在煤炭低温氧化过程中，芳烃和含氧官能团的含量随着温度的升高而增加，而脂肪烃的变化则不明显。梁晓瑜、王德明提出在煤炭自燃初始阶段，水分对煤的氧化有着极为重要的催化作用。舒新前等从煤岩学方面对神府矿区长焰煤进行了研究，认为丝炭容易自燃，是煤炭自燃的导火索。彭本信对我国气煤、肥煤、焦煤及无烟煤等 8 个煤种 70 个煤样进行 TGA、DTA、DSC 及热分析红外线光谱试验，查清了变质程度低的煤易自燃主要是由于在低温阶段其氧化放热量大于变质高的煤。

到目前为止，所有的研究成果都还没有很好地揭示煤炭自燃的本质规律。研究手段和研究方法明显低于科学技术的总体发展水平，多数成果停留在定性研究水平。对煤炭自燃的发生、发展和演化规律缺乏系统深入的研究。应用化学反应机理和量子化学研究煤在常温氧化条件下发生氧化反应过程中煤的分子化学结构、化学键断裂及其形成规律，近几年虽然做了一些工作，但有待于更为深入的研究。这种方法能更好地揭示煤炭自燃的本质规律，因而成为国内外学者考虑研究的趋势和热点。

针对目前国内外煤炭自燃机理学说存在的缺陷，应用量子化学理论和红外光谱等手段，王继仁教授从微观角度研究了煤的分子结构、煤表面与氧的物理吸附和化学吸附机理、煤中有机大分子与氧的化学反应机理、煤中低分子化合物与氧的化学反应机理，并用实验的方法加以验证，建立了新的煤炭自燃理论，称为"煤微观结构与组分量质差异自燃理论"。其主要内容：煤是由有机大分子和低分子化合物组成；侧链基团及低分子化合物的量质差异是决定煤种及自燃特性的本质指标;煤表面与空气中主要成分都具有吸附性,但吸附性不同;诱导煤炭自燃的物质是煤中有机大分子的侧链基团和低分子化合物。煤中有机大分子含非碳原子的侧链基团首先与氧吸附反应放出热量;煤氧化自燃生成的各种气体产物是不同侧链基团、低分子化合物反应的结果。

1.2 矿井自燃火灾的现有防治技术

随着煤矿生产的发展,煤层开采时期的火灾防治成为防治煤矿自燃火灾中的一个重要的方面。此问题的复杂性在于,采煤方法多种多样,煤层的赋存条件也十分复杂,很难使用单一的方法去防治所有采煤方法下的火灾,必须根据具体的情况选用适当的防治措施。目前我国煤矿煤层开采时期采用的火灾防治技术措施,从总体上说有惰化、阻燃、堵漏、降温等,以及它们的综合技术措施。

1.2.1 惰化防灭火技术

惰化防灭火技术从 20 世纪 70 年代开始在德、法、英等发达国家煤矿中大量使用,从 80 年代起,我国开始了氮气防灭火技术的研究与推广。

惰化防灭火技术主要是指将惰性气体送入拟处理区,抑制煤自燃的技术。主要用在发生外因火灾或内因火灾而导致的封闭区。随着高产高效综采,特别是放顶煤综采技术的发展,矿井自燃火灾日趋严重。近年来,为适应新的煤矿防灭火发展形势,利用惰性气体进行防灭火已在我国煤矿迅速推广应用。矿井防灭火技术所用的惰性气体主要是指不能助燃的气体,如氮气、二氧化碳等。

惰化防灭火技术,虽然很多煤矿都可以应用,但在我国则规定,放顶煤开采的煤矿必须使用以它为主的综合措施(除惰气外还辅以其他措施)来防治煤自燃火灾,目的是要在较大的程度上保证采煤安全。

该技术的优点:①减少区域氧气浓度;②可使火区内瓦斯等可燃性气体失去爆炸性;③对井下设备无腐蚀,不影响工人身体健康。但也存在着一定的缺点:①易随漏风扩散,不易滞留在注入的区域内;②机器需要经常维护;③降温灭火效果差。

1.2.2 阻燃物质防灭火技术

阻燃物质防灭火技术主要是指将一些阻燃物质送入拟处理区,从而达到防灭火目的。除已作为常规防灭火材料使用的黄泥浆外,近年来发展起来的粉煤灰、页岩泥浆、选煤厂尾矿浆、阻化剂和阻化泥浆等,已经得到较广泛的应用。

1. 注浆防灭火技术

注浆防灭火就是将不燃的注浆原料配制成一定比例的悬浮液,利用压力经钻孔或输浆管路水力输送到矿井防灭火区，进行防灭火。

注浆技术是一项传统的、简单易行的、比较可靠的防灭火技术。在一些缺少注浆材料的矿区，通常采用注水来代替灌浆，增加煤体的水分，也取得了较好的效果。目前防灭火充填材料主要有黄泥浆、水砂浆、煤矸石泥浆、粉煤灰、石膏、水玻璃凝胶、废水泥渣等。

该技术的优点：①包裹煤体，隔绝煤与氧气的接触；②吸热降温；③工艺简单；④成本较低。但也存在一定的缺点：①只流向地势低的部位，不能向高处堆积，对中、高及顶板煤体起不到防治作用；②浆体不能均匀覆盖浮煤，容易形成"拉沟"现象，覆盖面积小；③易跑浆和溃浆，造成大量脱水，恶化井下工作环境，影响煤质。

2. 阻化剂防灭火技术

煤炭自然发火是由于煤与空气中的氧气相互作用的结果，在漏风不可避免的情况下，在煤的表面喷洒上一层隔氧膜，阻止或延缓煤的氧化进程。阻化剂（主要是卤化物的水溶液）能浸入到煤体的裂隙中，并盖在煤的外部表面，把煤的外部表面封闭，隔绝氧气。同时，卤化物是一种吸水能力很强的物质，它吸收大量水分并覆盖在煤的表面，也减少了氧气与煤接触的机会，延长煤的自然发火期。

阻化剂防灭火技术在美国、波兰、苏联等国家得到了较好的应用。近些年来，阻化剂防灭火技术在我国也得到推广应用。该技术惰化煤体表面活性结构，阻止煤炭的氧化；吸热降温，并使煤体长期处于潮湿状态。但阻化剂防灭火技术也存在着一定的缺陷：不容易均匀分散在煤体上，且喷洒工艺难以实施；腐蚀井下设备，影响井下工人的身体健康。

1.2.3 堵漏风防灭火技术

堵漏风防灭火是煤层开采时期火灾防治的重要环节，也就是采取某种技术措施减少或杜绝向煤柱或采空区的漏风，使煤缺氧而不会自燃。工作面推过后，及时封闭和采空区相连通的巷道，无煤柱工作面巷道旁充填隔离带，隔离煤柱裂隙注浆堵漏风等，均属于堵漏风防灭火。近年来，我国的堵漏技术和材料发展也很迅速，相继研究和开发出适于巷顶高冒堵漏的抗压水泥泡沫和凝胶堵漏技术及材料，适于巷帮堵漏的水泥浆、高水速凝材料和凝胶堵漏技术与材料，以及适于采空区堵漏的均压、惰泡、凝胶和尾矿泥堵漏等技术成果，它们各有其使用条件和优缺点。

1.2.4 综合防灭火技术

煤炭自燃火灾是由多种因素引起的，就其防治的关键来说，预防的关键是自然发火的早期预测预报，治理的关键是自燃火源位置的精确探测。煤炭自燃火灾防治技术从总体上看主要有惰化、阻燃、堵漏、降温等及它们的综合技术措施。综合防灭火技术重点体现在"综合"二字上。综合防灭火技术中的各项措施及工艺，虽有主次之分，但并不意味着辅助措施不重要。针对目前矿井防灭火工作的复杂性，若采取单一方法，通常不能取得理想的防灭火效果，因而必须采取综合防灭火措施，才能取得良好的效果。

1.2.5 灾变时期风流稳定、控制、救灾指挥及应急技术

我国研究火灾时期风流稳定性和风流控制，还处于建立物理数学模式进行通风网路解算和灾变风流模拟的阶段，未达到实用化阶段。近年来还开展了救灾专家系统的研究，试图将众多防灭火专家的技术经验，经计算机软件形成人工智能，组成救灾专家决策系统，以便在火灾发生时，快速选择救灾方案，避免人为因素的片面性。

1.3 多层采空区流场局部动态平衡理论的提出

燃烧的发生需要满足三方面的条件：可燃物、热源和氧气。只有这三要素同时具备才有可能发生火灾，缺一不可。而我们研究的煤矿多层采空区近距离条件下的防灭火技术，针对的地质条件复杂，往往都可以满足这三个条件而引起火灾。

首先，近距离煤层采空区由于地面漏风过多，密闭不严，形成多点漏风，造成氧气供给非常充足，而采空区内散热条件不好易造成自热，这种条件存在的时间长于遗煤的自然发火期，就会在采空区内形成火灾。其次，鉴于目前的技术手段，使用注氮技术，注氮量会非常大；使用注浆技术，又不易找到火源；使用负压通风技术，会使有毒有害气体进入工作面，影响工作人员的身体健康；使用正压通风技术，则会使氧气浓度增加易引起火灾；阻化剂又只有防火的作用。因此，现有技术如单一使用效果均不理想，即使综合使用也存在很多问题。现有的灭火技术并不能对已经发生自燃的多层采空区火灾进行有效的灭火。在这种情况下就需要研究出一种新的技术方法，既能防止采空区内的有毒有害气体流入工作面造成人员伤亡，又能保证工作面的氧气浓度达到正常水平而不易引起煤炭的自燃。这就是下面要介绍的内容：局部动态平衡理论与技术。

2 局部动态平衡理论的建立

2.1 多层采空区流场与局部动态平衡

在近距离煤层群开采过程中，开采顺序一般是先上后下。位于上部的几层煤回采结束后，在使用全部垮落法处理采空区回采下部煤层时将使上部多个煤层的采空区相互连通，造成回采工作面采空区漏风通道增多，即形成了复杂的多层采空区流场。在井田范围内如果还存在乱采乱挖的小煤窑且已经与地面形成漏风裂隙，并与大井的多层采空区连通，这不仅是大井内部各开采层之间漏风，而且是与地表形成多源点漏风，使问题更加复杂。

多层采空区流场是指上部已开采的多煤层采空区群或周边采空区群与本开采煤层工作面空间相互连通形成的气体流动场。例如，大同矿区已有 100 多年的开采历史，可采煤层为 2、3、7、8、9、11、12、13、14 号煤层，小煤矿、小煤窑主要开采侏罗系的 2、3、4、8、12、14 号煤层。直至 20 世纪 70 年代末，采用房柱式采煤，煤层坚硬顶板不易垮落，从而形成了大量没有垮落的采空区，小煤窑与大矿贯通再加上坚硬顶板垮落与地表形成的裂缝，形成了多通路的采空区流场。

局部动态平衡是指采取一定的技术手段使开采工作面的气体压力随着上部相邻采空区的气体压力的变化而变化，并尽可能地达到相等，从而阻止气体的相互流动。例如，大同矿区侏罗系近距离煤层的开采，使得位于下部的回采工作面采空区与上部的多层采空区乃至地表相互连通，在矿井采用负压通风方法的情况下，积存于老空区的有害气体在上部采空区漏风流场作用下涌入工作面。该矿应用局部的动态平衡技术，使回采工作面升压，进而达到整个漏风通路局部的动态平衡，有效地防止了采空区有害气体的涌入。

由于漏风源数量庞大，难以精确查找，并且众多漏风源与工作面之间的压差大小不一，使得传统的均压方法无法应用。在这种情况下，如果不去考虑数量庞大的漏风源，而只需抓住唯一的漏风汇——工作面的回风巷，则问题就会得到简化。对多层采空区唯一的漏风汇——回采工作面的回风巷和与其相邻的上部煤层

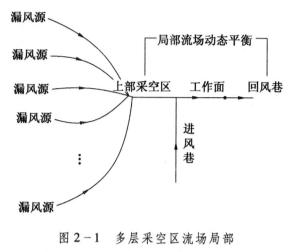

图 2 - 1　多层采空区流场局部
动态平衡示意图

采空区之间的压差进行调整，使得整个漏风流场在局部范围内即回采工作面实现动态的压力平衡，防止采空区有害气体流入回采工作面和工作面的风流流入采空区，该方法即为多层采空区流场局部动态平衡。而与其相关的数学、流体理论学、矿井通风学、矿井火灾学等形成的理论即为多层采空区流场局部动态平衡理论。多层采空区流场局部动态平衡示意图如图 2 - 1 所示。

2.2　多层采空区气体流动的渗流模型

20 世纪 80 年代以前，对采场自然发火问题的研究主要集中在对发生火灾的治理技术上，到 90 年代，波兰学者 Marian Branny 等将采空区渗流、弥散、低温氧化及热传导等过程联系起来进行研究，并初步形成了采空区自然发火数学模型的雏形。我国从 20 世纪 70 年代末期开始利用数学物理方法研究采空区风流状态，借鉴地下水渗流模型来研究采场空气流动规律。通过对方程的各种边值问题的数值方法求解得到气体流动状态，如风压、流线、流速的分布，为采场自燃趋势预测及位置判断提供了数学分析依据。

2.2.1　多孔介质空间的分析方法

采空区由垮落岩石、浮煤、破碎煤柱等其他属性的多孔介质的物质组成，多孔介质的定义：①多相物质所占据的一部分空间；②在多孔介质所占据的范围内，固体相应遍及整个多孔介质；③至少构成空隙空间的某些孔洞应当互相连通。

在采空区的多孔介质域 Ω 中，气体的运动发生在以破碎或破裂的岩石、煤质为骨架的孔隙和缝隙空间中，即气体在以孔隙或缝隙壁面为边界的小通道中运动。依据传统分析数学的经典力学方法研究空间气体运动是从微观水平分析出发的。由于多孔介质微观几何结构十分复杂，并且不具备经典分析数学要求的微观上连续的性质，而是表现为复杂的间断和突变性质，因而在实际应用中要从微观水平上进行研究是很难做到的。虽然采空区的多孔介质空间在微观结构上不具有连续性，但如果从宏观大区域的平均性质考察，其平均性质可以近似地认为是连续的，其复杂的间断和突变都将被大尺度上的平均特征所掩盖。所以，在描述采空区不规则介质空间中发生的各种运动现象时，都是利用粗糙宏观水平上的平均状态分析来代替微观水平上的状态分析。

设 $m(x, y, z)$ 为采空区渗流区域 Ω 中的某一点，考虑以 m 为中心的小球体或小立方体 $U_0(m)$，称其为多孔介质空间的一个质点。一方面，我们可以把 $U_0(m)$ 考虑得足够大，以至于使得其中包含相当多的固体颗粒和孔隙，进而可以得到在 $U_0(m)$ 上确定的一些物理量的稳定的平均值。用 $U_{0,v}(m)$ 表示 $U_0(m)$ 中的孔隙部分，则当 $U_0(m)$ 的大小在一定范围内变动时，其体积比基本上保持为常数，即

$$N(m) = \frac{\|U_{0,v}(m)\|}{\|U_0(m)\|}$$

式中 $\|U\|$——空间区域 U 的测度。

另一方面，我们把 $U_0(m)$ 看做足够小，以至于和整个采空区渗流域相比可近似看做一个点。这样定义的多孔介质质点成为多孔介质的表征性体积单元，简称表征体元。由这些表征体元构成的采空区就可以近似看成是由完全充满空间的多孔介质质点所构成的连续介质空间。诸如全风压、各种气体浓度、孔隙率、渗透性系数等也相应成为空间上连续甚至可微的函数，从而避免了多孔介质微观结构分析的困难。

2.2.2　线性渗透定律

为了对采空区陷落煤岩形成的介质空间中的气体渗流进行定量研究，必须首先把握各主要运动要素之间最基本的数量关系。目前，人们主要借助研究地下水渗流的方式来研究采空区的气体渗流。建立运动要素关系的主要依据是线性渗透定律。

线性渗透定律也叫达西定律，是由法国水利学家、工程师达西于 1856 年通过实验发现并建立的。达西定律提出所依据的实验装置如图 2-2 所示。

通过供水管从上面注水，同时在试验过程中保持恒定水头，A 为试验沙柱，B 为滤网，水渗经沙柱后由出水管流进量筒，水渗经试样（沙子）损失的水头用测压管测定。

根据试验得出如下规律：水渗经多孔介质

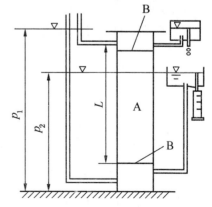

A—试验沙柱；B—滤网

图 2-2　达西实验装置示意图

（试样沙）的流量 Q，其大小与垂直水流的介质面积 F 及进出口水头差 $\Delta p = p_1 - p_2$ 的乘积成正比，与介质的长度 L 成反比，即

$$Q = kF \frac{\Delta p}{L} \tag{2-1}$$

式中　F——渗透性系数，与岩土及渗透液体性质有关。

式（2-1）称为达西渗透流量公式。

在式（2-1）的两端分别除以面积 F，并考虑到

$$\frac{Q}{F} = V$$

式中　V——平均渗透速度。

再令

$$\frac{\Delta H}{L} = J \tag{2-2}$$

式中　J——水力坡降，即单位渗径长度上的水头损失。

由此得

$$V = kJ \tag{2-3}$$

式（2-3）表明，地下水的渗透速度 V 与水力坡降 J 的一次方成正比，由于它反映的是线性关系，所以达西定律也叫做线性渗透定律。

达西定律形式上虽然十分简单，但是，时至今日它仍然是地下水研究中重要的基本公式，也是人们借以研究采空区气体渗流运动的基本公式。

在式（2-3）中，水力坡度是无因次量，所以渗透系数与渗透速度具有相同的因次（量纲），也可以用相同的单位，通常以"cm/s"、"m/d"等表示。

水力坡度 J 按照研究对象的不同和计算工作的需要，可以表示为不同的形式，或者说可将水头与运动距离表示为差分、微分或者偏微分，从而可以有

$$J = \frac{\Delta p}{\Delta L} \tag{2-4}$$

$$J = -\frac{\mathrm{d}p}{\mathrm{d}L} \tag{2-5}$$

$$J = -\frac{\partial p}{\partial L} \tag{2-6}$$

式中的负号表示水头随流动距离增大而降低。这些不同的形式将有助于建立不同的方程式——差分方程、常微分方程和偏微分方程。

如果多孔介质的渗透系数与坐标位置无关，则称为均匀多孔介质，反之称为

非均匀多孔介质。如果介质区域内任何点处的渗透系数与流体的渗流方向无关，则称其为各向同性介质，反之称为各向异性介质。如果渗透系数随时间而变，则称为不稳定的，否则称为稳定的。对于采空区而言，其内部任何点处的渗透系数不仅是空间位置函数及时间函数，而且一般来说是各向异性的，即是非均匀各向异性不稳定的。但是，在对采空区气体渗流的实际分析中，随着采煤工作面的推移，可以视采场坐标平行移动，相对于坐标不变的点其渗透系数可认为不变，即认为是稳定的。而人为假定介质是各向同性的，这使得分析变得简单。

2.2.3　采空区气体稳态渗流方程的建立

如图 2-3 所示，假定在采空区取一微六面体单元，其各边长分别为 Δx、Δy、Δz，并假设连续气体从六面体的某些面流入，从另一些面流出，近似认为各单位面积上的流体质量是相等的。因此在 Δt 时间内，沿 x 方向流入六面体的气体质量为

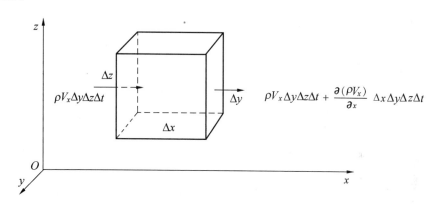

图 2-3　多孔介质连续流动单元体

$$\rho Q_x \Delta t = \rho V_x \Delta y \Delta z \Delta t$$

式中　　ρ——气体密度；

　　　　Q_x——流量；

　　　　V_x——气体沿 x 方向的流速。

在相同的时间 Δt 内，沿 x 方向流出六面体的气体质量为

$$\rho V_x \Delta y \Delta z \Delta t + \frac{\partial(\rho V_x)}{\partial x} \Delta x \Delta y \Delta z \Delta t$$

因此，在 Δt 时间内沿 x 方向经过六面体流入与流出气体质量差为

$$dM_x = \rho V_x \Delta y \Delta z \Delta t - \left[\rho V_x \Delta y \Delta z \Delta t + \frac{\partial(\rho V_x)}{\partial x} \Delta x \Delta y \Delta z \Delta t\right]$$

气体流入与流出质量的总差值为

$$\begin{aligned} \mathrm{d}M &= \mathrm{d}M_x + \mathrm{d}M_y + \mathrm{d}M_z \\ &= -\left[\frac{\partial(\rho V_x)}{\partial x} + \frac{\partial(\rho V_y)}{\partial y} + \frac{\partial(\rho V_z)}{\partial z}\right]\Delta x \Delta y \Delta z \Delta t \end{aligned}$$

由于采场通风是稳定的，当采场内气体密度不随时间变化时，上式可以写为

$$\frac{\partial(\rho V_x)}{\partial x} + \frac{\partial(\rho V_y)}{\partial y} + \frac{\partial(\rho V_z)}{\partial z} = 0$$

由于 ρ 可以近似为常数，则有

$$\frac{\partial(V_x)}{\partial x} + \frac{\partial(V_y)}{\partial y} + \frac{\partial(V_z)}{\partial z} + \varepsilon = 0$$

式中　ε——单位时间六面体单元内气体产生率。

根据达西线性渗流定律，有

$$V = k\frac{\partial p}{\partial L}$$

式中　$\dfrac{\partial p}{\partial L}$——气压 p 关于路径的变化率；

　　　k——介质渗透性系数。

由于矿井下采空区岩石陷落形成的孔隙介质空间的极度不规则性，因此，任何点处的渗透性是不一致的，通常将其视为常数，这显然是不恰当的。对于采空区 Ω 内任何点 (x, y, z) 处，其孔隙介质的渗透系数为点 (x, y, z) 的函数，记为 $k = k(x, y, z)$，因此在整个区域 Ω 上渗透系数是一个函数。如果孔隙介质是各向异性的，$k_x(x, y, z)$、$k_y(x, y, z)$、$k_z(x, y, z)$ 分别为点 $(x, y, z) \in \Omega$ 处沿 x、y、z 方向的渗透系数。于是得到采场气体模糊渗流方程

$$\frac{\partial}{\partial x}\left(k_x\frac{\partial p}{\partial x}\right) + \frac{\partial}{\partial y}\left(k_y\frac{\partial p}{\partial y}\right) + \frac{\partial}{\partial z}\left(k_z\frac{\partial p}{\partial z}\right) + \varepsilon = 0 \qquad (2-7)$$

式 $(2-7)$ 是在介质各向异性前提下建立的，如果假设孔隙介质是各向同性的，则相应的方程为

$$\frac{\partial}{\partial x}\left(k\frac{\partial p}{\partial x}\right) + \frac{\partial}{\partial y}\left(k\frac{\partial p}{\partial y}\right) + \frac{\partial}{\partial z}\left(k\frac{\partial p}{\partial z}\right) + \varepsilon = 0 \qquad (2-8)$$

或

$$k\left(\frac{\partial^2 p}{\partial x^2} + \frac{\partial^2 p}{\partial y^2} + \frac{\partial^2 p}{\partial z^2}\right) + \frac{\partial k}{\partial x}\times\frac{\partial p}{\partial x} + \frac{\partial k}{\partial y}\times\frac{\partial p}{\partial y} + \frac{\partial k}{\partial z}\times\frac{\partial p}{\partial z} + \varepsilon = 0$$

对于理想的均匀介质采场，有 k 为常数，则相应的方程为

$$k\left(\frac{\partial^2 p}{\partial x^2} + \frac{\partial^2 p}{\partial y^2} + \frac{\partial^2 p}{\partial z^2}\right) + \varepsilon = 0 \qquad (2-9)$$

于是，得到采空区气体模糊渗流数学模型的一般形式

$$
\begin{cases}
\dfrac{\partial}{\partial x}\left(K\dfrac{\partial p}{\partial x}\right)+\dfrac{\partial}{\partial y}\left(K\dfrac{\partial p}{\partial y}\right)+\dfrac{\partial}{\partial z}\left(K\dfrac{\partial p}{\partial z}\right)+\varepsilon=0 \quad (\text{在}\ \Omega\ \text{内}) \\
p\mid r_1=h_0 \quad (\text{在第一类边界上}) \\
K\dfrac{\partial p}{\partial x}\cos(n,x)+K\dfrac{\partial p}{\partial y}\cos(n,y)-q_1=0 \quad (\text{在第二类边界上})
\end{cases}
\quad (2-10)
$$

式中　r_1——采空区内某一点；

　　　h_0——在 r_1 点的压强；

　　　n——法向量；

　　　q_1——采空区其他影响因素带来的压强。

通常假定空间的煤、岩碎块所涌出的瓦斯量很小，不致造成因流量增加而使风压发生变化，可令 $\varepsilon=0$。

2.2.4　采空区气体非稳态渗流方程

在现实的井下煤炭开采过程中，稳态线性模型是一种理想化的数学模型。而本书提出的采场通风气压动态控制的思想，必然导致多孔介质空间气体渗流是一个非稳态过程。为建立其流体压力变化的数学表达形式，先对模型做出如下基本假设。

假设 I　假设流场介质在微小的局部空间上是相对均匀的，气体为理想气体，满足理想气体方程：

$$\rho=\frac{p}{RT} \quad (2-11)$$

式中　ρ——气体密度；

　　　p——气体压力；

　　　T——温度；

　　　R——气体常数。

假设 II　假设流场内气体是恒温的，即 T 为常数。

假设 III　气体在流场内流动满足达西定律和菲克扩散定律：

$$V=-\frac{k}{\mu}\Delta p$$

$$m=-D\Delta\rho$$

式中　V——渗流速度矢量；

　　　k——渗透率；

　　　μ——动力黏度系数；

m——气体质量流速；

D——扩散率。

为便于分析，先考虑平面流场非稳态渗流模型的建立。

设 Ω 为采空区域（假设为二维区域）内一具有光滑边界 $\partial\Omega$ 的区域，对于任意时间段 $[t_1, t_2]$ 有

$$\int_{t_1}^{t_2}\int_{\partial\Omega} D\frac{\partial\rho}{\partial n}\mathrm{d}S\mathrm{d}t = \iint_\Omega [\rho(x,y,t_2)-\rho(x,y,t_1)]\mathrm{d}\Omega \qquad (2-12)$$

式中　n——边界 $\partial\Omega$ 的外法向；

　　　$\mathrm{d}S$——边界弧长微元；

　　　$\mathrm{d}\Omega$——面积微元。

由 $m=\rho V$ 知，有

$$\int_{t_1}^{t_2}\int_{\partial\Omega} \frac{pk}{RT\mu}\frac{\partial p}{\partial n}\mathrm{d}S\mathrm{d}t = \iint_\Omega\left[\frac{p(x,y,t_2)}{RT}-\frac{p(x,y,t_1)}{RT}\right]\mathrm{d}\Omega$$

利用格林公式，得

$$\int_{t_1}^{t_2}\iint_\Omega\left[\frac{\partial}{\partial x}\left(\frac{k}{\mu}p\frac{\partial p}{\partial x}\right)+\frac{\partial}{\partial y}\left(\frac{k}{\mu}p\frac{\partial p}{\partial y}\right)\right]\mathrm{d}\Omega\mathrm{d}t = \int_{t_1}^{t_2}\iint_\Omega\frac{\partial p}{\partial t}\mathrm{d}\Omega\mathrm{d}t$$

由于区域 Ω 及时间段 $[t_1, t_2]$ 的任意性，可得气体流动时压力所满足的渗流方程

$$\frac{\partial p}{\partial t} = \frac{\partial}{\partial x}\left(\frac{k}{\mu}p\frac{\partial p}{\partial x}\right)+\frac{\partial}{\partial y}\left(\frac{k}{\mu}p\frac{\partial p}{\partial y}\right) \qquad (2-13)$$

若考虑缝隙度 σ 的话，方程为

$$\sigma\frac{\partial p}{\partial t} = \frac{\partial}{\partial x}\left(\frac{k}{\mu}p\frac{\partial p}{\partial x}\right)+\frac{\partial}{\partial y}\left(\frac{k}{\mu}p\frac{\partial p}{\partial y}\right) \qquad (2-14)$$

令 $F=\dfrac{k}{\mu}$，则

$$\begin{aligned}\sigma\frac{\partial p}{\partial t} &= \frac{\partial}{\partial x}\left(Fp\frac{\partial p}{\partial x}\right)+\frac{\partial}{\partial y}\left(Fp\frac{\partial p}{\partial y}\right)\\ &= \left[p\frac{\partial F}{\partial x}\times\frac{\partial p}{\partial x}+F\left(\frac{\partial p}{\partial x}\right)^2+Fp\frac{\partial^2 p}{\partial x^2}\right]+\left[p\frac{\partial F}{\partial y}\times\frac{\partial p}{\partial y}+F\left(\frac{\partial p}{\partial y}\right)^2+Fp\frac{\partial^2 p}{\partial y^2}\right]\\ &= p\left(\frac{\partial F}{\partial x}\times\frac{\partial p}{\partial x}+\frac{\partial F}{\partial y}\times\frac{\partial p}{\partial y}\right)+F\left[\left(\frac{\partial p}{\partial x}\right)^2+\left(\frac{\partial p}{\partial y}\right)^2\right]+Fp\left(\frac{\partial^2 p}{\partial x^2}+\frac{\partial^2 p}{\partial y^2}\right)\end{aligned}$$

若考虑 $F=\dfrac{k}{\mu}$ 为常数，则

$$\sigma\frac{\partial p}{\partial t} = F\left[\left(\frac{\partial p}{\partial x}\right)^2+\left(\frac{\partial p}{\partial y}\right)^2\right]+Fp\left(\frac{\partial^2 p}{\partial x^2}+\frac{\partial^2 p}{\partial y^2}\right)$$

定义初边值条件。

初值 $p\mid_{t=0}=p(x,y)$，边值：上边界 $p=p_0$，下边界为

$$\begin{cases} \dfrac{\partial p}{\partial n}=0 \quad (x<0,x>l) \\ p=p_0+A(1+\sin\omega t)(l-x-B) \quad (0\leqslant x\leqslant l) \end{cases} \tag{2-15}$$

如果考虑稳态情形，即压力 p 与时间无关变为如下定解问题：

$$\begin{cases} \dfrac{\partial}{\partial x}\left(\dfrac{k}{\mu}p\dfrac{\partial p}{\partial x}\right)+\dfrac{\partial}{\partial y}\left(\dfrac{k}{\mu}p\dfrac{\partial p}{\partial y}\right)=0 \\ p\mid_{\text{上边界}}=p_0 \\ \text{当} 0\leqslant x\leqslant l \text{时}, p=p_0+A(l+B-x); \text{当} 0<x \text{或} x>l \text{时}, \dfrac{\partial p}{\partial n}=0 \quad (\text{下边界}) \end{cases} \tag{2-16}$$

考虑方程 $\dfrac{\partial}{\partial x}\left(\dfrac{k}{2\mu}\times\dfrac{\partial H}{\partial x}\right)+\dfrac{\partial}{\partial y}\left(\dfrac{k}{2\mu}\times\dfrac{\partial H}{\partial y}\right)=0$，令 $p^2=H$，则

$$\frac{\partial H}{\partial x}=\frac{\partial}{\partial x}p^2=2p\frac{\partial p}{\partial x}$$

$$\frac{\partial H}{\partial y}=\frac{\partial}{\partial y}p^2=2p\frac{\partial p}{\partial y}$$

于是，有

$$\frac{\partial}{\partial x}\left(\frac{k}{2\mu}\times\frac{\partial H}{\partial x}\right)+\frac{\partial}{\partial y}\left(\frac{k}{2\mu}\times\frac{\partial H}{\partial y}\right)=\frac{\partial}{\partial x}\left(\frac{k}{2\mu}\times\frac{\partial p^2}{\partial x}\right)+\frac{\partial}{\partial y}\left(\frac{k}{2\mu}\times\frac{\partial p^2}{\partial y}\right)=$$

$$\frac{\partial}{\partial x}\left(\frac{k}{\mu}p\frac{\partial p}{\partial x}\right)+\frac{\partial}{\partial y}\left(\frac{k}{\mu}\times\frac{\partial p}{\partial y}\right)$$

因而，在稳态情况下，式（2-16）与式（2-10）是等价的，进而可以得到三维非稳态渗流模型

$$\begin{cases} \sigma\dfrac{\partial p}{\partial t}=\dfrac{\partial}{\partial x}\left(\dfrac{k}{\mu}p\dfrac{\partial p}{\partial x}\right)+\dfrac{\partial}{\partial y}\left(\dfrac{k}{\mu}p\dfrac{\partial p}{\partial y}\right)+\dfrac{\partial}{\partial z}\left(\dfrac{k}{\mu}p\dfrac{\partial p}{\partial z}\right) \\ \text{初值} p\mid_{t=0}=p(x,y) \\ \text{边值}: \text{上边界} p=p_0, \\ \text{下边界}\begin{cases} \dfrac{\partial p}{\partial n}=0 \quad (x<0,x>l) \\ p=p_0+A(1+\sin\omega t)(l-x-B) \quad (0\leqslant x\leqslant l) \end{cases} \end{cases} \tag{2-17}$$

2.2.5 采场气体渗流及易自燃风速区的控制

在采空区自燃的预测与防治研究中，采空区气体流动状况的分析是至关重要的一环。因为，对采空区内部残煤的持续供氧和形成良好的蓄热环境是引起煤炭

氧化自燃的必要条件。在采空区，这种条件的形成又取决于气体的流动状态。

大量的实践与实验表明，当采空区内某区域的风速处于 0.4～0.8 m/min 范围内，该区域是很容易产生自燃的，因此将此区域称为易自燃风速区。如果在易自燃风速区域内存在已达到自然发火期的残煤，并且在该区域内滞留了一个较长的时间，则在该区域内极易产生自燃。

对于本煤层采空区自然发火防治而言，设煤的发火期为 t，并假定 t 是明确的（事实上，t 决不能事先明确给出，它只能是一个大概的估计数值）。于是，根据工作面推进速度 L，可以计算出达到自然发火期的区域 D_f。如果能够控制采空区域内的气体流速，使其低于或高于易自燃风速，或者使其处于易自燃风速内的时间较短，则可以从根本上防止残煤的氧化自燃。

而对于采空区与上覆煤层形成贯穿垮落空间情形，由于采煤工作面通风造成的工作面与上覆煤层气压差而形成空气的流动，为防止上层老采空区残煤自燃，只能通过控制工作面与上覆煤层气压差，以使得流经上层老采空区气体流速低于易自燃风速，这就是均压防火的基本原理。

然而，真正意义上的均压控制是不可能实现的。这是由于从进风巷到回风巷沿采煤工作面的各点风压是不同的，通常，从工作面的进风口到回风口大约存在100 Pa 的气压差，如果进风口与上覆煤层均压，则回风口的气压就要低于上覆煤层气压100 Pa，并产生由上覆煤层流向采空区下隅角的风流；反之，回风口与上覆煤层均压，则进风口的气压就要高于上覆煤层气压100 Pa，进而产生由工作面流向上覆煤层的风流（图2-4和图2-5）。

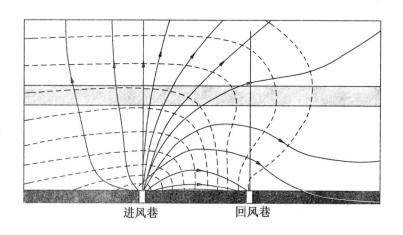

进风巷   回风巷

图 2-4　回风口与上覆煤层均压时的稳态风流

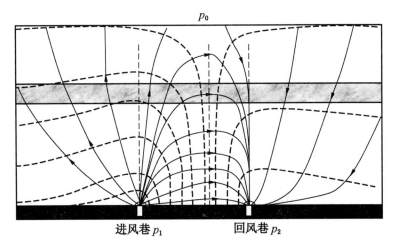

p_0

进风巷 p_1　　　回风巷 p_2

图 2-5　煤层风压介于进风口与回风口之间时的稳态风流

当采空区顶板垮落区与上覆采完煤层空间直至地表形成连通的多孔介质空间时，为了防止回采工作面通风空气流经上覆煤层区域引发上覆煤层区域的残煤自燃，由前面的讨论知，只要使流经上覆煤层区域的空气流速低于易自燃风速，或者控制采煤工作面的推进速度，使得上覆煤层区域中任意点维持在易自燃风速区的时间较短。

不妨设采空区上方地表大气压为 p_0，回采工作面进风巷出口与回风巷入口的风压分别为 p_1 和 p_2，回采煤层与上覆煤层的垂直距离为 L。由达西定律可知，在渗透系数一致的条件下，回采煤层与上覆煤层过相同垂线两点之间风压差越小，两点间的风速也就越小。

将采煤工作面抽象为实数轴 x 上从点 0（进风巷出口）至点 1（回风巷入口）的区间，令变量 u 为进风巷出口风压 p_1 与地表气压 p_0 的差，即 $u = p_1 - p_2$，又设进风巷出口与回风巷入口的风压差 $H = p_1 - p_2$。因为 $p_1 > p_2$，所以 $H > 0$。

假设，沿工作面走向从进风巷至回风巷各点风压点是按线性递减的，则工作面上任意点 x 与地表的风压差值为

$$p(x) = u - Hx \quad x \in [0, 1] \qquad (2-18)$$

于是，回采工作面各点与地表绝对压差的代数和为

$$S(u) = \int_0^1 |p(x)| \, dx = \int_0^1 |u - Hx| \, dx$$

显然，当 $u \leqslant 0$ 时，对于 $\forall x \in [0, 1]$，有 $p(x) = u - Hx \leqslant 0$，则

$$S(u) = \int_0^1 |p(x)| \, dx = \int_0^1 (Hx - u) \, dx = \frac{H}{2} - u$$

当 $u \geqslant H$ 时，对于 $\forall x \in [0, 1]$，有 $p(x) = u - Hx \geqslant 0$，则

$$S(u) = \int_0^1 (u - Hx)\,\mathrm{d}x = u - \frac{H}{2}$$

当 $0 > u > H$ 时，线性函数 $p(x) = u - Hx$ 在区间（0，1）上过 x 轴某一点 x'，有 $x' = \dfrac{u}{H}$，则

$$S(u) = \int_0^1 |p(x)|\,\mathrm{d}x = \int_0^{\frac{u}{H}} (u - Hx)\,\mathrm{d}x + \int_{\frac{u}{H}}^1 (Hx - u)\,\mathrm{d}x =$$
$$\left(\frac{u^2}{H} - \frac{u^2}{2H}\right) + \left(\frac{H}{2} + \frac{u^2}{2H} - u + \frac{u^2}{H}\right) = \frac{H}{2} - u + \frac{u^2}{H}$$

于是

$$S(u) = \begin{cases} \dfrac{H}{2} - u & (u \leqslant 0) \\[2mm] \dfrac{H}{2} - u + \dfrac{u^2}{H} & (0 < u < H) \\[2mm] u - \dfrac{H}{2} & (u \geqslant H) \end{cases}$$

可知，在 $u \leqslant 0$ 区域内，函数 $S(u)$ 单调降，最小值为 $S(0) = \dfrac{H}{2}$；在 $u \geqslant H$ 区域内，函数 $S(u)$ 单调增，最小值为 $S(H) = \dfrac{H}{2}$；在 $0 > u > H$ 的区域内，有

$$\frac{\mathrm{d}S(u)}{\mathrm{d}u} = \frac{2u}{H} - 1$$

令 $\dfrac{\mathrm{d}S(u)}{\mathrm{d}u} = 0$，得极小值点 $u = \dfrac{H}{2}$，且

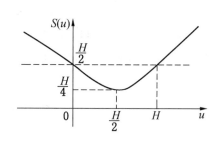

图 2-6　与地表绝对压差和

$$S\left(\frac{H}{2}\right) = \frac{H}{4}$$

上述结论表明，在采用均压防灭火技术中，最佳的风压调整值应为 $u = \dfrac{H}{2}$（图 2-6）。由于 $u = p_1 - p_0$，所以

$$p_1 = \frac{H}{2} + p_0 \tag{2-19}$$

2.3　多层采空区气体的扩散模型

浮煤氧化在耗氧的同时还会有 CO_2、CO 等气体生成，由浮煤氧化生成物及

冒落煤岩中释放出来的 CH_4 等气体将会随着冒落岩石形成的多孔介质空间气体渗流而运移扩散。这一过程会导致采场冒落区域内氧气的浓度分布不均，并且其浓度分布随着时间而变化。由于氧气是浮煤氧化自燃的决定性条件，除通过控制空气流动速度来改变残煤赋存区域的供氧量和温度外，也可以通过调节残煤赋存区域空气中的氧气浓度来抑制浮煤氧化。

为此目的，首先建立多孔介质空间混合气体扩散的数学模型。

为表述方便，将浮煤氧化生成物及冒落煤岩中释放出来的 CH_4 等气体统称为伴生气体，由矿井通风的空气与伴生气体混合的气体称为混合气体。

记 C_g 和 C_a 分别为伴生气体与空气的浓度，N_g 和 N_a 分别为伴生气体与空气的流量通量，W_g 为伴生气体的源项（单位时间单位体积伴生气体生成的量）。

由质量守恒定律可知，伴生气体和空气成分在介质中的扩散方程为

$$\frac{\partial C_g}{\partial t} + \nabla N_g = W_g \tag{2-20}$$

$$\frac{\partial C_a}{\partial t} + \nabla N_a = 0 \tag{2-21}$$

则混合气体在介质中的扩散方程为

$$\frac{\partial C}{\partial t} + \nabla (N_g + N_a) = W_g \tag{2-22}$$

$$C = C_g + C_a$$

式中 C——混合物浓度。

若记 v_g 与 v_a 分别为伴生气体与空气的质量平均速度，v 为混合物质量平均速度，则

$$N_g + N_a = C_g v_g + C_a v_a = Cv$$

则式（2-22）可写为

$$\frac{\partial C}{\partial t} + \nabla Cv = W_g \tag{2-23}$$

由菲克扩散定律可知：

$$\begin{cases} J_g = -D_g \nabla C_g \\ J_g = C_g (v_g - v) \end{cases} \tag{2-24}$$

式中 J_g——伴生气体的扩散通量；

D_g——扩散系数。

由式（2-24）可知

$$N_g = C_g v_g = C_g v - D_g \nabla C_g \qquad (2-25)$$

将式（2-25）代入式（2-20），可得

$$\frac{\partial C_g}{\partial t} + \nabla C_g v - \nabla (D_g \nabla C_g) = W_g \qquad (2-26)$$

考虑缝隙率 σ，则

$$\sigma \frac{\partial C_g}{\partial t} + \nabla C_g v - \nabla (D_g \nabla C_g) = W_g \qquad (2-27)$$

即

$$\sigma \frac{\partial C_g}{\partial t} + \left(\frac{\partial C_g}{\partial x} v_x + \frac{\partial C_g}{\partial y} v_y + \frac{\partial C_g}{\partial z} v_z \right) - \left(\frac{\partial}{\partial x} D_g \frac{\partial C_g}{\partial x} + \frac{\partial}{\partial y} D_g \frac{\partial C_g}{\partial y} + \frac{\partial}{\partial z} D_g \frac{\partial C_g}{\partial z} \right) = W_g$$

若视扩散系数 D_g 为常数，则有

$$\begin{cases} \sigma \dfrac{\partial C_g}{\partial t} + \left(\dfrac{\partial C_g}{\partial x} v_x + \dfrac{\partial C_g}{\partial y} v_y + \dfrac{\partial C_g}{\partial z} v_z \right) - D_g \left(\dfrac{\partial^2 C_g}{\partial x^2} + \dfrac{\partial^2 C_g}{\partial y^2} + \dfrac{\partial^2 C_g}{\partial z^2} \right) = W_g \\[3mm] C_g \mid_{t=0} = C_{g0} \\[2mm] \text{上覆煤层}: C_g = W_g \\[2mm] \text{下边界}: C_g = 0, (0 \leqslant x \leqslant l), \dfrac{\partial C_g}{\partial n} = 0, (x > l, x < 0) \end{cases} \qquad (2-28)$$

在矿井通风引起的采场渗流过程中，残煤氧化生成物的运移与扩散由分子扩散和风流导致的机械弥散两部分组成，而机械弥散作用是主要的。

理论上，由式（2-28）确定的风压调节参数对于防止上覆煤层残煤自燃是最优的。但是，从图2-7可以看出，由于回风巷风压小于地表气压，当然也要

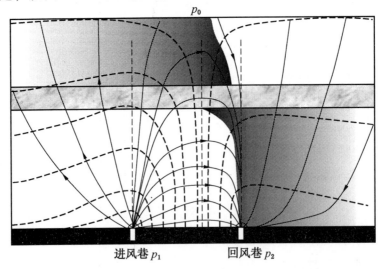

图2-7 上覆煤层风压介于进风口与回风口之间时的稳态风流

小于上覆煤层局部区域的风压，这就会导致上覆煤层残煤氧化生成物（瓦斯等有害气体）沿风压梯度方向流入回风巷，并致使采场下隅角形成瓦斯积聚。

根据采煤安全的实际需要，风压的调节应尽可能满足防止上覆煤层残煤自燃和防止回风巷瓦斯积聚两个目标。因而，需要回风巷入口风压值要高于地表气压值（或高于垂线上方上覆煤层的风压值），并在保证积分值 $S(u)$ 尽量小的条件下接近垂线上方上覆煤层的风压值。

2.4　多层采空区气体的流动状态分析

由前面的讨论可知，风压的调节应能满足防止上覆煤层残煤自燃和防止回风巷有害气体积聚两个目标。然而，防止由于采场上部孔隙空间渗流导致的工作面有害气体积聚的必要条件是回风巷入口风压值要高于上方上覆煤层的风压值，这样只能形成由采煤工作面推向上覆煤层的风流，而不会产生由上覆煤层推向采煤工作面的风流。

所以，在均压防灭火中，最需要注意的是由工作面通风而引起的工作面与最近的上覆煤层间的风流状况，因此，这是一个局部性问题，仅需要控制通过上覆煤层的风速不高于易自燃值，以及不会产生由上覆煤层推向采煤工作面的风流。这个调控过程称为局部均压调控过程。

图 2-8 所示为当回风巷入口风压满足高于上覆煤层风压时的三维等压面状态图，由此图可知回风巷上部回采煤层由于通风而引起的风压状况。

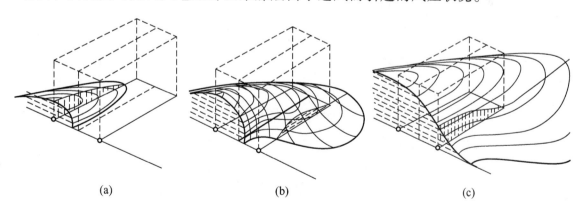

| (a) | (b) | (c) |

图 2-8　三维等压面状态图

在具体煤炭开采过程中为了便于进行风压调控，以及对观测成本的限制，工作面风压与上覆煤层风压的观测点不可能随时变动，通常将观测点放置在回风巷尾部与风窗保持一段距离的位置（图 2-9）。

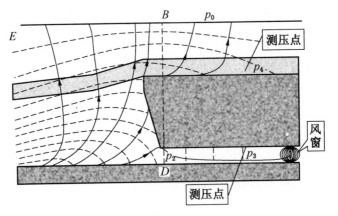

(a) $p_3 > p_4$ 时，则必有 $p_1 > p_2 > p_0$

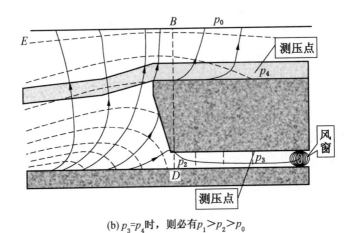

(b) $p_3 = p_4$ 时，则必有 $p_1 > p_2 > p_0$

图 2-9 采空区冒落空间风压等压面与风流曲线图

  假设回风巷观测点的风压值为 p_3，垂直于回风巷观测点上方上覆煤层观测点处的风压为 p_4，它们均是可测的。根据回风巷入口风压满足高于上覆煤层风压时（即 $p_1 > p_2 > p_0$）的三维等压面状态图，可以得到 $p_3 > p_4$ 和 $p_3 = p_4$ 时采空区垮落空间风压等压面与风流曲线分布状况。

  由于回风巷内观测点与回风巷入口处存在一个压力差：

$$\Delta_{2,3}(t) = p_2(t) - p_3(t)$$

如果 $p_3 > p_4$，则回风巷入口处的风压 p_2 一定高于上覆煤层观测点处的风压，其压差为

$$\Delta_{2,4}(t) = \Delta_{2,3}(t) + [p_3(t) - p_4(t)] \tag{2-29}$$

当 $p_3(t) = p_4(t)$ 时（局部均压），则

$$\Delta_{2,4}(t) = \Delta_{2,3}(t) > 0 \tag{2-30}$$

当 $p_3 < p_4$ 时，有可能会导致回风巷入口处的风压低于上覆煤层的风压值，并产生上覆煤层推向采煤工作面回风巷的风流。然而从式（2-28）知，如果 p_3、p_4 满足

$$p_3(t) \geqslant p_4(t) - \Delta_{2,3}(t)$$

则必有 $\Delta_{2,4} \geqslant 0$，则不会形成上覆煤层推向采煤工作面回风巷的风流。于是，可以得到 p_3 容许的调节范围 $[p_4(t) - \Delta_{2,3}(t), p_4(t) + \Delta_k(t,l)]$，其中 $\Delta_k(t,L) \geqslant 0$ 取决于上覆煤层与本煤层的垂直距离 L，并且是关于 L 单增的。在给定采场边界条件下，由式（2-10）或式（2-16）可以推知使得流经上覆煤层风速小于易自燃风速下的 $\Delta_k(t,L)$ 的最大容许值。

2.5　局部动态平衡理论

相互贯通的多层采空区与开采工作面连通，形成了多层采空区流场。如果矿井采用正压通风，多层采空区相互连通形成的漏风通道与地表连通，由于各煤层均为易自燃煤层，在进行多层采空区下的工作面回采过程中，正压通风会因为漏风严重而引发采空区遗煤自燃。煤的自燃能够产生 CO、CO_2 等多种有害气体，且当采空区有高浓度瓦斯积聚时还可引发瓦斯爆炸，造成严重的后果。如果矿井采用负压通风，则会造成采空区有毒有害气体大量涌入回采工作面，造成有毒有害气体浓度超限，严重威胁工作人员的健康和生命，矿井的安全生产难以保证。采空区与地表的漏风通道有成百上千个，多层采空区流场整体平衡难以实现，由于多层采空区流场受气温、大气压力、机械通风和开采等诸多因素的影响，流场中气体的流量和压力不是恒定不变的，而是随着时间变化而变化的一个函数。

根据流体力学原理，采用伯努利方程和达西定律渗流方程，要实现多层采空区流场的局部动态平衡，确保采空区有毒有害气体不会涌入回采工作面且回采工作面向采空区的漏风不致引起采空区遗煤自燃，需要满足调压基本控制方程：

$$\begin{cases} p_{采面} - p_{采空} = \pm \Delta p \\ Q_{漏} = KA \dfrac{\Delta p}{L} \\ -Q_1 \leqslant Q_{漏} \leqslant Q_2 \end{cases} \tag{2-31}$$

式中　$p_{采面}$——本煤层回采工作面静压；

　　　　$p_{采空}$——上部相邻采空区静压；

　　　　Δp——回风巷与上部相邻采空区之间的压差；

　　　　$Q_{漏}$——风流漏入采空区的风量；

K——与漏风阻力有关的系数；

A——漏风风流断面积；

L——漏风路线长度，与煤层间距和工作面推进程度相关的量；

Q_2——不引起采空区煤自燃的最大漏出风量；

Q_1——不致使工作面有毒有害气体浓度超标的最大漏入风量。

对以上方程组进行化简得

$$-\frac{Q_1 L}{KA} \leqslant \Delta p \leqslant \frac{Q_2 L}{KA} \qquad (2-32)$$

多层采空区流场局部动态平衡理论是采用变压的方法，使工作面流场压力与多层采空区流场局部保持动态平衡。多层采空区形成的气体流场与开采工作面采空区贯通后在矿井主要通风机的作用下，采空区有毒有害气体与工作面气体相互流动交换，为了防止其流动交换，在开采工作面采用改变压力的方法使工作面与多层采空区流场局部保持动态平衡。工作面压差调节及测试如图 2-10 所示。

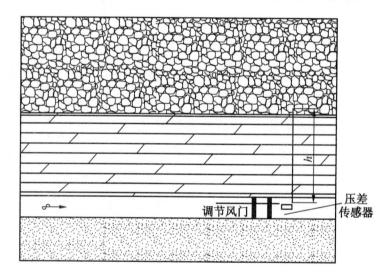

图 2-10　工作面压差调节及测试示意图

2.6　局部动态平衡理论的数值模拟

2.6.1　COMSOL Multiphysics 简介

COMSOL Multiphysics 被当今世界科学家称为"第一款真正的任意多物理场直接祸合分析软件"，具有方便、易用、高效、专业模拟等优点，COMSOL Multiphysics 也是一款大型的高级数值仿真软件。该软件被广泛应用于各个领域的科学研究及工程计算，并且可以模拟科学和工程领域的各种物理过程。COMSOL

Multiphysics 以高效的计算性能和杰出的多场双向直接祸合分析能力实现了高度精确的数值仿真。

COMSOL Multiphysic 是一种多重物理量耦合软件，通过 COMSOL Multiphysics 的多物理场功能，可以选择不同的模块同时模拟任意物理场组合的耦合分析，通过使用相应模块直接定义物理参数创建模型，使用基于方程的模型可以自由定义用户自己的方程。该软件是由 MATLAB 软件工具箱发展而来的，以有限元方法进行分析求解，其优点在于高度的灵活性、强大的求解能力和较高的计算精度,进行时只需要将所建立的数学模型输入软件的 PDE 模块中,设置 subdomain,指定边界条件并划分网格后就可以进行求解；此外该软件具有强大的后处理功能，能够对结果数据进行各种形式的处理并绘制图像，便于研究人员进行分析。

COMSOL Multiphysic 最大的特色在于其软件核心包中集成了大量针对基础学科的物理模型。应用这些预定义的物理模型，用户可以方便地使用 COMSOL Multiphysic 来解决感兴趣的物理问题。

2.6.2 模型的选取

根据前文所建数学模型的相关内容，同煤侏罗系多层采空区相互连通直至地表，因此模型分为进、回风巷道，工作面，实体煤，以及采空区，其中实体煤为固体，采空区为多孔介质。现以四台矿 12 号煤层 8405 工作面为例，建立如图 2-11 所示的几何模型作为模拟区域。选取工作面长 150 m，采空区深度 100 m，煤层厚 4 m，局部采空区

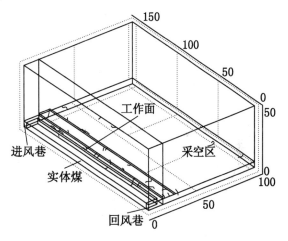

图 2-11 模型的建立

流场平衡高度 50 m，工作面风量 800 m³/min。模型四周边界设为固壁边界，模型顶部边界设为压力入（出）口边界，模拟多层采空区与地表连通漏风的情况，进风巷为速度入口边界，回风巷为压力出口边界，工作面采用负压通风，数学模型见 2.2 节。

2.6.3 模型求解及结果分析

所建立的物理模型为三维模型，使用软件自带的简单模块求解所建立的模型，求解结果如图 2-12 至图 2-14 所示。此模型分别模拟了不使用动态平衡技术、使用流场动态平衡技术压力过大和使用流场局部动态平衡技术压差范围适中

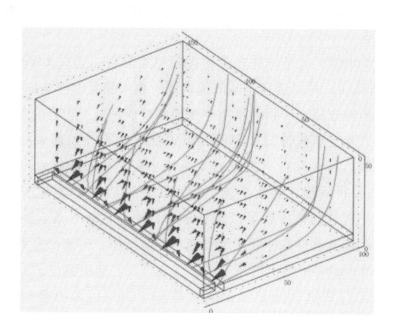

图 2-12 工作面不使用局部流场动态平衡技术时的流线图

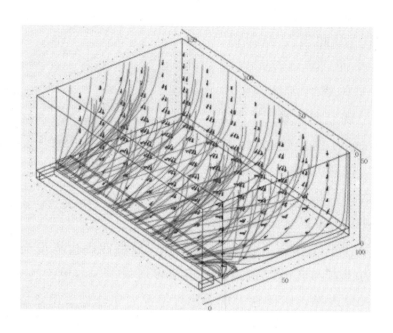

图 2-13 工作面使用局部流场动态平衡技术压力过大时的流线图

3 种不同情况。

　　根据模拟结果可以看出，当工作面不使用流场局部动态平衡技术时，采空区

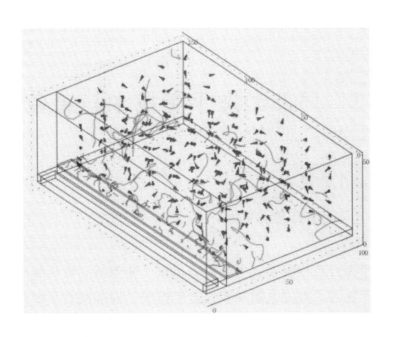

图 2 - 14   工作面使用流场局部动态平衡技术压差范围适中时的流线图

气体会向工作面流入（图 2 - 12），并且在负压通风条件下，工作面压差越大漏风越严重。如果流入工作面的采空区有毒有害气体量大于能够允许的使工作面有害气体不超限的最大量，则会造成工作面有毒有害气体浓度超限，对工作面作业人员的健康和生命会构成威胁，从而影响工作面的安全生产。

由数值模拟结果可以看出，当工作面使用局部流场动态平衡技术压力过大时，在压差值大于 30 Pa 的情况下，工作面将会向采空区产生大量漏风。压差达到 40 Pa 时漏风量可达 220 m³/min，并且随着压差值的增大漏风量还将进一步扩大。漏风量过大将影响本工作面的正常通风，同时漏风量过大还会使采空区氧气浓度达到 7% 以上，当特定地点漏风风速在极限漏风风速（0.02 m/s）之内时，将会造成采空区遗煤的自燃，威胁矿井的安全生产。

当压差值在 10 ~ 30 Pa 之内时，工作面实现了多层采空区流场局部动态平衡，采空区内速度场流线形成明显的自旋流动，如图 2 - 14 所示。采空区的有害气体不涌入工作面，同样风流也不流入采空区，漏风风速小于可以导致自燃的极限风速（0.001 m/s）。工作面没有有毒有害气体涌入，人员的安全得到保障，采空区氧气浓度由于遗煤消耗并且没有漏风补充而始终处于 7% 以下，不至于引起遗煤自燃。该种状态是最理想状态，能够保证工作面作业人员的生命安全及回采工作的顺利进行。

3 局部动态平衡技术与装备

3.1 局部动态平衡技术

3.1.1 局部动态平衡自动控制原理

1. 装置组成

局部动态平衡自动控制装置主要由通风机、变频器、负压传感器、一氧化碳传感器、风速传感器、本安电源和接线盒等组成。局部动态平衡自动控制结构图如图 3－1 所示。

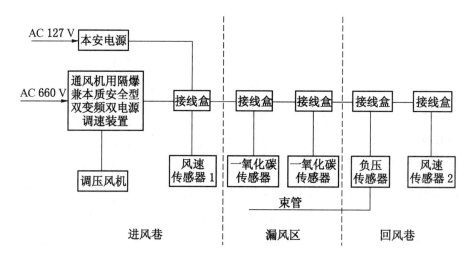

图 3－1 局部动态平衡自动控制结构图

通风机、变频器、风速传感器 1、本安电源等设置在进风巷内。通风机为局部动态平衡的调节提供风源；变频器为局部动态平衡调节的驱动和控制的核心单元；负压传感器用于测量回风巷和漏风区风压差，为控制提供参量；风速传感器 1 测量进风风量，为控制提供参量。风速传感器 2 设在回风巷内，测量回风风量，为控制提供参量。两个一氧化碳传感器设置在漏风区域，互为备用，为控制提供参量。本安电源为所有传感器供电，传感器采用 RS485 总线连接。

2. 控制方法

变频器设有 PLC 控制器，为核心控制单元，通过 RS485 总线实时采集风压差、漏风区一氧化碳含量和进、出风量。PLC 根据均压控制模型和设置参数自动调节变频输出频率，实现风量调节。

装置根据以上采集参量设计了 3 种控制方法，各方法之间为互补，任何一种失效都不会影响装置正常控制。

1）一氧化碳含量控制方法

本控制方法有两个设置参数，Q_1 为一氧化碳含量超限点，Q_2 为一氧化碳含量危险点。

当一氧化碳含量实测量超过超限点，系统报警并增加送风量，调节时应保证风压和风量在设定范围内。当一氧化碳含量实测量超过危险点，系统报警并以全速送风量快速提高风压。

2）风压控制方法

本控制方法有两个设置参数，p_1 为风压下限点，p_2 为风压上限点。

正常运行时实测风压应在 p_1 和 p_2 之间，系统维持当前状态运行；当实测风压小于 p_1 时，增加送风量；当实测风压大于 p_2 时，减少送风量。

3）风量控制方法

本控制方法有两个设置参数，F_1 为漏风风量下限点，F_2 为漏风风量上限点。

理想状态下漏风风量为零，系统在局部动态平衡状态下，但实际存在测量误差和维持漏风区风压，系统有一定量风量损失。漏风风量测量值 F 为进风巷风量传感器 1 的测量值减去回风巷风量传感器 2 的测量值，且应保持为正值。当 $F < F_1$ 时，装置增加送风量，提高风压差；当 $F > F_2$ 时，装置减少送风量，降低风压差。

3.1.2 工作面风量计算

每个回采工作面实际需要风量，应按瓦斯、二氧化碳涌出量和爆破后的有害气体产生量，以及工作面气温、风速和人数等规定分别进行计算，然后取其中最大值。

1. 低瓦斯矿井的采煤工作面按照气象条件或瓦斯涌出量计算

首先，确定需要风量，其计算公式为

$$Q_采 = Q_{基本} K_{采高} K_{采面长} K_温$$

$Q_{基本} = 60 \times$ 工作面控顶距 $\times$ 工作面实际采高 $\times 70\% \times$ 适宜风速（不小于 1.0 m/s）

式中　　$Q_采$——采煤工作面需要风量，m^3/min；

　　　　$Q_{基本}$——不同采煤方式工作面所需的基本风量，m^3/min；

$K_{采高}$——回采工作面采高调整系数，见表3-1；

$K_{采面长}$——回采工作面长度调整系数，见表3-2；

$K_{温}$——回采工作面温度与对应风速调整系数，见表3-3。

表3-1　回采工作面采高调整系数

采高/m	< 2.0	2.0 ~ 2.5	2.5 ~ 5.0 及放顶煤面
采高调整系数（$K_{采高}$）	1.0	1.1	1.5

表3-2　回采工作面长度调整系数

回采工作面长度/m	80 ~ 150	150 ~ 200	> 200
长度调整系数（$K_{采面长}$）	1.0	1.0 ~ 1.3	1.3 ~ 1.5

表3-3　回采工作面温度与对应风速调整系数

回采工作面空气温度/℃	采煤工作面风速/($m \cdot s^{-1}$)	配风调整系数（$K_{温}$）
< 20	1.0	1.00
20 ~ 23	1.0 ~ 1.5	1.00 ~ 1.10
23 ~ 26	1.5 ~ 1.8	1.10 ~ 1.25
26 ~ 28	1.8 ~ 2.5	1.25 ~ 1.40
28 ~ 30	2.5 ~ 3.0	1.40 ~ 1.60

2. 高瓦斯矿井按照瓦斯（或二氧化碳）涌出量计算

根据《煤矿安全规程》规定，按回采工作面回风流中瓦斯（或二氧化碳）浓度不超过1%的要求计算。

$$Q_{采} = \frac{100 q_{采} K_{CH_4}}{C - C_0}$$

式中　$Q_{采}$——回采工作面实际总需要风量，m^3/min；

　　　$q_{采}$——采煤工作面回风流中瓦斯（二氧化碳）的绝对平均量，m^3/min；

　　　K_{CH_4}——采面瓦斯涌出不均衡通风系数（正常生产条件下，连续观测1个月，日最大绝对瓦斯涌出量与月平均日瓦斯绝对涌出量的比值）；

　　　C——回风流瓦斯允许浓度，%；

　　　C_0——进风流瓦斯浓度，%，最大不允许超过0.5%。

（1）井下有害气体主要为瓦斯、二氧化碳。《煤矿安全规程》规定，回采工作面瓦斯最大绝对涌出量超过 5 m³/min 时或掘进工作面最大绝对瓦斯涌出量超过 3 m³/min 时应采取抽放措施，已采取瓦斯抽放措施的工作面的绝对瓦斯涌出量应减去抽放瓦斯量。

（2）工作面回风流中瓦斯的平均绝对涌出量 q_w 可按最近年份同一区域、同一煤层、同一开采层次等相同条件的工作面的瓦斯鉴定值计算。如果工作面实际瓦斯涌出量大于鉴定值，按实际涌出量计算风量。新水平的 q_w 可用瓦斯梯度及其他方法推测出工作面瓦斯绝对涌出量。

（3）二氧化碳绝对涌出量大于瓦斯时，按二氧化碳计算风量。有其他有害气体时，按《煤矿安全规程》规定的允许浓度计算。矿井有害气体最高允许浓度见表 3-4。

表 3-4 矿井有害气体最高允许浓度

名　　称	最高允许浓度/%
一氧化碳	0.0024
氧化氮（换算成二氧化氮）	0.00025
二氧化硫	0.0005
硫化氢	0.00066
氨	0.004

（4）瓦斯涌出不均衡通风系数受地质条件、采掘方法、采掘工艺、速度等因素影响很大，计算时可以据本矿实际情况在 1.2~2.0 范围内选用。

3. 按工作面温度选择适宜的风速进行计算

$$Q_采 = 60 V_采 S_采$$

式中　$V_采$——采煤工作面风速，m/s；

$S_采$——采煤工作面的平均断面积，m²。

（1）表 3-3 中未列出的温度和风速，可按平均插入法找出适宜的风速。

（2）有效通风断面是指平均控顶距与平均采高的乘积（有效通风断面是去掉工作面的支架等设备占用的断面后的过风断面，其系数一般为 0.8；最大控顶距是平均控顶距的 1.2 倍。两者乘积近似于 1 不再修正）。

（3）工作面的温度取工作面上出口的回风温度，设计工作面的温度按同等条件的工作面取值，新水平的工作面按温度梯度推算温度。

4. 按采煤工作面同时作业人数计算

$$Q_采 = 4NK$$

式中 N——工作面同时作业人数（取循环作业劳动组织设计人数）；

K——备用系数，取 1.25；

4——每人每分钟供风标准，m^3/min。

5. 按炸药量计算

$$Q_采 = 25A$$

式中 A——次爆破炸药最大用量，按爆破图表选用，kg。

6. 排除煤尘需要风量

综采放顶煤（综放、轻放）工作面易产生煤尘，应有效排放煤尘，排放煤尘最佳风速是 1 m/s。排除煤尘需要风量可按调节气候条件公式计算。

7. 按风速进行验算

$$15S < Q_采 < 240S$$

式中 S——工作面平均断面积，m^2。

8. 备用工作面、收尾工作面、安装工作面的风量计算

应满足瓦斯、二氧化碳、气温等规定计算的风量，且最少不得低于采煤工作面实际需要风量的 50% 。

3.2 局部动态平衡装备

多层采空区流场局部动态平衡的实现需要采用升压风机并配备自动调速装置来实现。通风机调速装置采用隔爆兼本质安全型双变频器双电源。其中变频器采用全套原装进口机芯，质量可靠。电机控制技术先进、成熟，电机启动特性好，保护功能齐全，谐波干扰小。内置控制核心采用西门子 S7－200 型 PLC，该 PLC 具有结构紧凑、扩展性好、指令功能强大、价格低廉等诸多优点，在自动化控制领域有着广泛的应用。在该调速装置中，PLC 自动采集压差传感器输出信号，根据程序设定自动调节风扇转速。该装置内置 XLS9 自动转换开关，当一路电源发生故障时迅速将另一路电源投入使用，确保不间断供电。整个装置具有结构简单、运行可靠、自动化程度高、维修方便等优点，能准确、迅速地调节工作面回风压力。

3.2.1 系统组成

通风机用隔爆兼本质安全型双变频双电源调速装置，主要用于实现煤矿井下通风机的自动调速功能。该装置主要由以下几部分组成：变频器、自动转换开关、西门子 S7－200 型 PLC 及液晶显示器。正常工作时，PLC 自动采集压差传感

器监测的回采工作面与上部相邻采空区的压差，根据压差的大小自动调节变频器输出，从而达到调节通风机转速的功能。同时，一旦风门出现故障造成压差显著变化或发生停电，系统自动进行声光报警，并实现瓦斯闭锁和风电闭锁。

压差传感器/变送器如图 3 - 2 所示。KJX1 隔爆兼本安型液晶显示器如图 3 - 3 所示。

图 3 - 2 压差传感器/变送器

图 3 - 3 KJX1 隔爆兼本安型液晶显示器

3.2.2 系统特点

（1）变频器性能优异，使用寿命长。它采用矢量控制技术，可对交流电机进行平滑调速，使交流电机的调速性能可与直流电机调速性能相媲美；启动力矩大、启动转速低，同时能够对电机运行进行全程监控，达到节能，调节电机功率输出，改变电机运行方向、速度等功能。其核心部件如整流、逆变功率元件、DSP 微处理器及控制单元均采用原装进口产品。采用先进的 DSP 微处理器和电力电子技术及矢量控制、低压电感母线、AFE 自动换相、电子滤波、热管散热等高新技术，彻底消除设备启动过程中的机械及电气冲击并实现完美的调速效果。功率元件的散热采用热管散热技术，解决了大功率隔爆变频器长时运行的散热技术难题。另外，它还具有过压、欠压、过流、过载、过热、缺相等保护功能，各种故障均可通过 LCD 显示并供随时查看，计算机自动记录故障，方便故障查询及处理。变频器在生产安装时，所有布线均遵照电磁兼容要求，将传导干扰和辐射干扰都抑制在相当低的程度，对同一供电线路及周围用电设备无明显影响。变频器内置的输入电抗器，可有效抑制浪涌电压和浪涌电流，保护变频器并有效防止谐波干扰。当变频器与电机之间的连线长度大于 50 m 时，应加装输出电抗器，增加变频器功率因数。矿用隔爆型局部通风机自动调压变频器如图

图 3－4　矿用隔爆型局部通风机自动调压变频器

3－4 所示。

（2）自动转换开关反应迅速，准确。装置内置 XLS9 双电源自动转换开关，当正在供电的一路电源发生故障跳闸时，自动转换开关立即将备用电源投入使用，确保了调速装置的不间断供电。XLS9 双电源自动转换开关采用机电一体化设计，开关转换准确、灵活、顺畅。主要元器件选用国际知名品牌，如荷兰 PHILIPS 公司、美国 MOTOROLA 公司、德国 VAGO 公司和日本 OMRON 公司。具有可靠的机械、电气联锁功能，紧急情况下可同时切断两路电源。电磁兼容性好，抗干扰能力强，对外无干扰，集成多路输入、输出接点，可方便地实现 PLC 连接和控制，自动化程度高。该开关具有 8000 次以上的使用寿命，KJD－127 隔爆兼本安型 PLC 控制箱如图 3－5 所示。

（3）CPU 功能丰富，可靠性高。西门子 S7－200 系列 PLC 因其丰富的接口配置，多种多样的扩展模块选择，使其适用于各种场合中的检测、监测及控制的自动化。S7－200 系列的强大功能使其无论在独立运行中，或相连成网络都能实现复杂的控制功能。西门子作为全球最大的电气制造商，其产品的质量更是有着充分的保证。

（4）丰富的信息显示功能。调速装置内置一块全中文液晶显示屏，能实时显示通风机的基本运行参数，如电压、电流、转速等信息，也可显示当前状态下各点的瓦斯浓度等信息。该液晶屏通过一红外遥控器进行操作，遥控器按键直观易懂，操作简单，上手容易。发生故障时，液晶屏上显示故障类型，并提供简单的故障处理意见，最近发生的若干次故障将被保存，以供随时查询。发生停电或瓦斯超限情

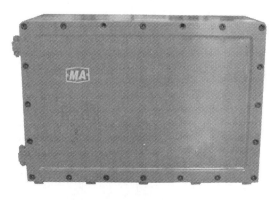

图3-5 KJD-127隔爆兼本安型PLC控制箱

况时，液晶屏显示故障并通过声光报警器报警，同时风电闭锁或者瓦斯闭锁接点动作。各闭锁装置均需使用特殊工具接触闭锁状态，不得通过人为强行断电的方式解除闭锁。

3.2.3　双电源双变频调速装置原理

通风机用隔爆兼本质安全型双变频双电源调速装置通过变频器对通风机进行调速，其工作原理如下。

变频器是利用电力半导体器件的通断作用将工频电源变换为另一频率的电能控制装置。现在使用的变频器采用交—直—交方式（VVVF变频或矢量控制变频），先把工频交流电源通过整流器转换成直流电源，然后再把直流电源转换成频率、电压均可控制的交流电源以供给电动机。变频器的电路一般由整流、中间直流环节、逆变和控制4个部分组成。整流部分为三相桥式不可控整流器，逆变部分为IGBT三相桥式逆变器，且输出为PWM波形，中间直流环节为滤波、直流储能和缓冲无功功率。

调速装置电气原理如图3-6所示，主要由控制变压器、变频器、双电源自动转换开关和通风机组成。正常使用时，只有一路变频器驱动一台变频器带动通风机运行，当该路供电电源发生故障不能正常供电时，双电源自动转换开关自动检出这种情况，并立即切换至另外一路电源供电，此时另外一路变频器立即开始工作，带动通风机供风。同时通过自动转换开关的输出接点将这一情况反馈至PLC，在液晶屏上显示故障，以便及时排除故障，恢复供电。当两路电源同时断电时，自动转换开关通过输出接点将这一情况反馈至PLC，PLC进行风电闭锁操作，在液晶屏上显示故障信息，并立即进行声光报警。

调速装置的控制原理如图3-7所示，主要由两台西门子S7-200系列PLC组成。两台PLC通过modbus总线方式采集压差传感器压差读数。通过通信方式

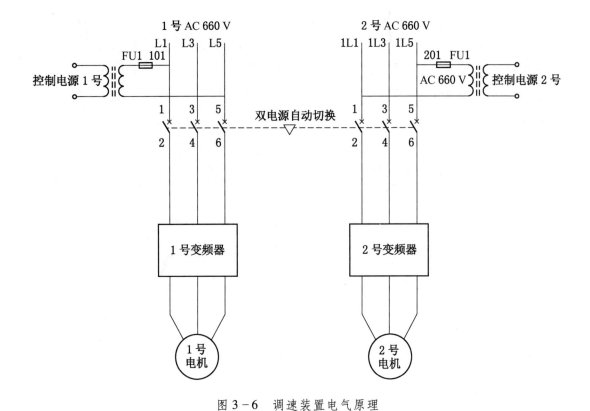

图 3-6　调速装置电气原理

读取压差传感器信号，信号传输距离远，读取数值精确，不易受到干扰。PLC 读取信号后，通过通信方式自动调节通风机转速，控制风量，使工作面与上部采空区之间的压差保持在安全范围内。两台变频器互为备用，相互通信，当一路 PLC 故障、不能工作时自动切换到另一路 PLC 对变频器进行控制，大大提高了装置的可靠性。

3.2.4　主要技术参数

1. 变频器主要技术参数

额定电压	三相 660（1±10%）V
额定频率	50（1±2%）Hz
额定功率	75 kW 以下局部通风机
防爆型式	矿用隔爆兼本质安全型
防爆标志	Exd[ib] I
加减速时间	0～1800 s
控制方式	V/F 控制,无速度传感器矢量控制
输出频率	0～通风机额定频率
输出电压	0～通风机额定电压

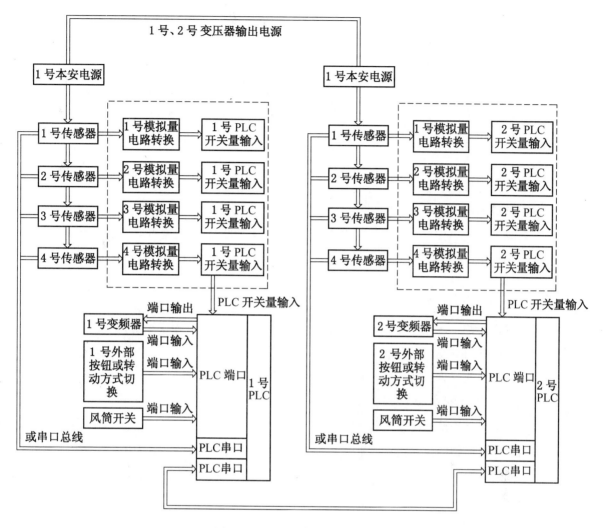

图 3-7 调速装置控制原理图

输出电流   0～通风机额定电流

本安参数   最大开路电压 AC 26 V，最大短路电流 86 mA

保护功能   短路、过载、过热、过压、欠压、失速、缺相、三相不平衡等

外形尺寸 $l \times b \times h$ 1128 mm × 1323 mm × 1241 mm

质量   700 kg

2. 本安电源主要技术参数

输入电压   AC 127 V

输出电压   18 V

输出电流   1.0 A

最大短路电流   1.05 A

LO   75 μF

CO   4.7 μF

3. 压差传感器主要技术参数

量程   ±（0～1 kPa）

耐压   量程值的三倍

综合精度   0.5% FS、1.0% FS

输出信号   0～10 V（三线制）

供电电压   DC 24 V

介质温度   −20～85 ℃

环境温度   常温（−20～85 ℃）

负载电阻   电流输出型,最大 800 Ω;电压输出型,>50 kΩ

绝缘电阻   >2000 MΩ（DC 100 V）

密封等级   IP65

长期稳定性能   0.1% FS/a

振动影响   在机械振动频率 20～1000 Hz 内,输出变化小于 0.1% FS

电气接口（信号接口）   引出导线

机械连接（螺纹接口）   连接胶管

4. 闭锁继电器主要技术参数

风电闭锁继电器接点容量   10 A,AC 250 V

瓦斯电闭锁继电器接点容量   10 A,DC 30 V

保护功能   短路、过载、过热、过压、欠压、失速、缺相、三相不平衡等

本安参数   最大开路电压 AC 26 V,最大短路电流 86 mA

5. 使用环境

环境温度   0～40 ℃(24 h 平均温度)

环境湿度   允许≤98%（25 ℃）

大气条件   86～0.106 MPa,有瓦斯、煤尘爆炸危险环境

3.2.5 控制方法

根据现场情况,配有两台变频器和两台局部通风机,设置一台压差传感器。现场安装完成后,从变频器机腔上设置通风机的基本参数,加、减速时间,以及运行方向等,按启动按键后,系统即可根据现场压差传感器数据自动调节风量与风压。

4 上部多层采空区的漏风控制

4.1 上部多层采空区的漏风概况

矿井通风任务是向井下各工作场所连续不断地输送适宜的新鲜空气，保证井下人员呼吸；冲淡并排除从井下煤（岩）层中涌出的或在煤炭生产过程中产生的有毒有害气体、粉尘和水蒸气；调节煤矿井下的气候条件，给井下作业人员创造良好的生产工作环境；保证井下的机械设备、仪器、仪表的正常运行；保障井下作业人员的身体健康和生命安全，并使生产作业人员能够充分发挥劳动效能和提高劳动生产率，从而达到高效、安全、健康的目的。矿井下新鲜风流未经利用，未经过用风地点而经过采空区、地表塌陷区、通风构筑物和煤柱裂隙等通道直接流（渗）入回风巷或排出地表的现象称之为漏风。而采空区、地表塌陷区、通风构筑物和煤柱裂隙等漏风通道称之为漏风源。

长期以来由于近距离煤层开采范围较大，各层、各工作面之间的采空区相互连通。加之在井田范围内距地表较近的煤层，被小煤窑乱采乱掘，造成塌陷，与地表沟通，也与各层、各工作面的采空区沟通，报废小煤窑井筒没有及时封闭或封闭不严，形成了众多漏风源。

矿井漏风会减少工作面获得的风量，降低矿井通风效果，影响矿井通风系统的可靠性和稳定性，增加无益的电能消耗。加速上部多层采空区遗煤的自然发火，并且产生的大量有毒有害气体随漏风风流流入矿井正在生产的工作面，危害职工健康与生命安全。

例如，大同矿区四台煤矿，根据调查访问，在其井田范围内，开凿的古窑有187座，均为手工开凿。井田内2、3号煤层较浅的部位古窑更是星罗棋布。四台矿井田内小煤矿发展大致经历3个时期。

（1）建井期间。井田内生产和在建的小煤矿约有60座。大同矿务局生产技术处在1987年印发的《小煤窑基本情况汇编》中指出，在四台井田内小煤窑有45座，其中，有开采证的有36座，无开采证的有9座，有开采证越层越界开采的有18座。直接影响矿井建设的有23座，严重影响矿井投产的有12座。

（2）投产以后（1991—1997年）。井田内小煤矿约有86座，其中56座有批文及批准层位。矿界外越入开采的小煤窑有6座，按证开采的小煤窑有12座，越层越界的小煤窑有28座，只越界开采的小煤窑有4座，无证开采的小煤窑有34座。

（3）1997年小煤矿协调矿界以后。有批准文号的小煤矿有51座。2000年关井后现有小煤窑57座。其中，越层有8座，越界有8座。四台矿小煤窑分布如图4-1所示。

燕子山井田内有小煤矿、小煤窑等96座，小煤窑主要开采2、4、8号煤层，也有部分小煤窑越界开采14号煤层。

国有煤矿井田内小煤矿的开采造成采空区积水，影响了国有煤矿的开采布局，造成煤炭资源严重损失。小煤矿的越界开采，严重地影响了国有煤矿的开拓、开采布置。国有煤矿井田内小煤矿开采浅部煤层，采空区冒落后和地表沟通，形成数不清的漏风源，造成采空区遗煤自燃。开采较深部煤层的小煤矿，采空区封闭不严密，因漏风造成采空区遗煤自燃。越界开采的小煤矿因不及时封闭或封闭不严密造成向国有煤矿漏风。例如，南郊区平旺乡王家园上河沟煤矿2001年井下发生CO泄漏；南郊煤炭公司牛头沟矿越界开采十里河床3、7、8、11、14号保护煤柱，影响四台矿402盘区下部煤层开采；四台南矿、工程处五台湾、公司五台湾、砂子沟、丁村矿、青疙瘩矿等几百个小井，井下着火566处，严重影响国有煤矿开采。

这两座国有煤矿和几百个小煤矿在同一煤田上，同采侏罗系2、3、7、8、9、11、12、13、14号煤层，层间距多为8～14 m。在近距离煤层群开采过程中，回采下部煤层时（采用全部垮落法处理采空区），使上部多个煤层的采空区相互连通。在井田范围内小煤窑已经与地面沟通，形成漏风裂隙，并与大井的多层采空区连通。这不仅造成大井内部各开采层之间漏风，而且与地表形成多源点漏风。国有煤矿采用负压通风，造成采空区有毒有害气体大量涌入回采工作面，致使有毒有害气体浓度超限，严重威胁工作人员的健康和生命，矿井的安全生产难以保证。

4.2 测漏风通道及堵漏

4.2.1 测漏风通道

火区的形成是由于漏风引起的，只有查清漏风源，才能做好火区的防治工作。因此，采取了施放 SF_6 示踪气体查清漏风源。

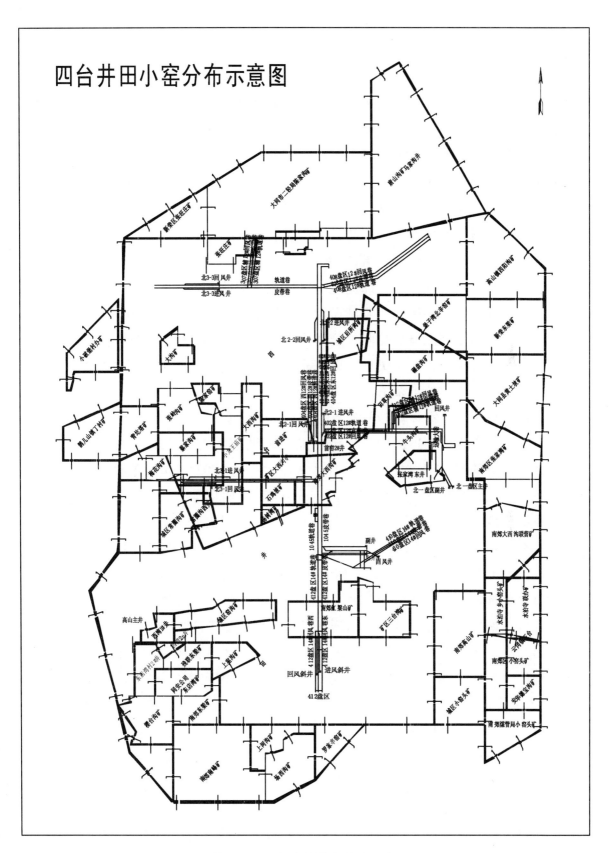

图 4-1　四台矿小煤窑分布示意图

1. SF_6 检漏技术的原理

国内外矿井漏风检测一般采用 SF_6 示踪气体。SF_6 是一种无色、无味、无臭的气体，热稳定性好，是具有惰性的非燃烧性气体。这种气体不溶于水，不为井下物料表面所吸附，不与碱起作用，是一种良好的负电性气体。化学性质非常稳定，S 原子 6 个轨道全部被 F 原子结合，共价键非常稳定。漏风检测的特点：在矿井释放和检测范围内对人体无害，能随气体流动，无沉降，不凝结，扩散速度慢，与空气混合快，便于检测，是当前矿井检测漏风通道的一种理想技术手段。基本原理：质量守恒定律（等量定律），即在选定释放地点放出一定量的 SF_6 气体，在预定地点就能接收到等量的 SF_6 气体。

目前一般采用定性方法，即通过在可疑地点释放 SF_6 气体，同时在预计的一个或几个接收点同时检测，找到漏风源，然后采取切实可行的措施堵漏，达到防灭火效果。目前使用的检测接收仪器是由上海唐山路 SF_6 检漏仪器厂生产。仪器特点：进行定性接收，非常灵敏，即使有微量 SF_6 气体也可接收到并报警显示。

2. SF_6 气体施放地点及方法

以四台矿为例，第一次施放地点为四台矿 307 盘区 12 号煤层 8703 工作面下隅角，接收地点为 11 号煤层 5728 巷道和 2728 巷道密闭。检漏的目的是判断 CO 气体浓度最高的 8728 采空区和 CO 气体浓度次高的 8703 工作面采空区是否有连通关系。方法为，将 SF_6 气体钢瓶带到 8703 工作面下隅角，打开钢瓶，将 SF_6 气体直接释放进 8703 工作面采空区，SF_6 气体随漏风漂移进采空区深部。释放 SF_6 气体的同时，在 11 号煤层 5728 巷道和 2728 巷道密闭前检测 SF_6 气体，由于密闭内 CO 气体浓度太高，因此不能直接用仪器测试 SF_6 气体，只能通过密闭取气管每隔 5 min 用取气球取气 1 次，然后再将取气球内的气体排入 SF_6 气体检测仪的入口，如果仪器发出响声，则证明已接收到 SF_6 气体。

第二次、第三次和第四次释放地点分别为北郊区后所沟 2 号井、中煤总公司唐山沟矿 4 号井和北郊区张旺庄矿与四台矿隔离的密闭内，接收地点为 12 号煤层 8703 工作面上隅角、11 号煤层 5728 巷道和 2728 巷道密闭取气管。释放方法和接收方法与第一次相同。

以此方法查清了小煤矿与地表漏风、小煤矿与国有煤矿漏风、小煤矿密闭漏风、国有煤矿密闭漏风等漏风源上百处。

4.2.2 封闭控制漏风

封闭措施，就是将井下需要防火或灭火的区域进行封闭后断绝其氧气来源，防止火灾发生或阻止火灾持续蔓延，达到防火或灭火的目的。密闭防灭火技术主要适用于采煤工作面回采结束后的采空区、报废的煤巷、煤巷高冒或空洞的自燃火灾防治和直接灭火缺乏条件或有危险或不奏效的外源火灾灭火。使用密闭防灭火的使用通则是必须对发火地点、发火原因及漏风状况进行详尽的分析，使密闭防灭火技术做到有的放矢、因地制宜。

1. 密闭的分类

1）按墙体倾角分

（1）垂直密闭。墙体垂直布置，用于水平巷道和倾角不大于30°的倾斜巷道中，墙体自重主要由基础支承。

（2）倾斜密闭。墙体垂直于巷道轴线，用于倾角大于30°的倾斜巷道中，墙基表现为基座形式，墙体自重由基座支承，底板一侧受有侧压。

（3）水平密闭。墙体水平布置，用于垂直巷道中，墙体自重由基座支承，基座四周均受有侧压。

2）按墙体受力特点及使用性能分

（1）普通密闭。墙体主要承受地压与自重，用于一般场合。

（2）防爆密闭。墙体能承受一定爆炸压力和冲击波，用于有瓦斯、煤尘爆炸危险的场合。在有瓦斯爆炸危险时，构筑防爆密闭，以防止封闭火区时发生瓦斯爆炸。防爆密闭墙一般是用砂袋堆砌而成，其厚度一般为巷宽的两倍。密闭墙间距 5~10 m。

（3）防水密闭。墙体能承受较大静水压力，用于尚需堵水的场合。

3）按服务期限分

（1）临时密闭。发生火灾时，为了紧急切断风流、控制火势或缩封火区锁风，用木板、帆布、砖等轻便材料建造的简易密闭。其作用是暂时切断风流，控制火势发展，为砌筑永久密闭墙或直接灭火创造条件。对临时密闭墙的主要要求是结构简单，建造速度快，具有一定的密实性，位置上尽量靠近火源。

（2）永久密闭。为了长期封堵漏风，封闭防火或封闭灭火，用砖、石、水泥等不燃性耐久材料建造的坚固密闭。其作用是较长时间地（至火源熄灭为止）阻断风流，使火区因缺氧而熄灭。其要求是具有较高的气密性、坚固性和不燃性，同时又要求便于砌筑和启开。

4）按墙体材料和结构分

（1）木板密闭。墙体由立柱、顶梁、墙板和墙板上涂抹的黏土、石灰或水泥砂浆组成，用作临时密闭。

（2）排柱密闭。墙体由单排密集支柱和涂抹的黏土、石灰或水泥砂浆组成，用作临时密闭。

（3）风布密闭。墙体由立柱、衬板和衬板上钉挂的风布组成，用作临时密闭。

（4）喷塑密闭。墙体由立柱、衬底和衬底上喷涂的泡沫塑料组成，用作临时密闭。

（5）木段密闭。墙体用木段垒砌，木段之间逐层充填黏土或砂浆，可耐动压，常用作临时密闭。

（6）砂（土）袋密闭。墙体用砂（土）袋垒砌，砂（土）袋常用麻袋、编织袋，每袋装其容量的 60% ~ 80%，不超过 50 kg。能耐动压，抗冲击，可用作临时密闭或防爆密闭。

（7）石膏密闭。墙体用石膏浇筑，整体性和密封性强，可用作临时密闭或永久密闭。

（8）砖墙密闭。墙体用砖砌筑，可用作临时密闭或永久密闭。

（9）料石（或片石）密闭。墙体用料石（或片石）砌筑，承压性好，可用作永久密闭。

（10）混凝土密闭。墙体用混凝土浇筑，整体性和承压性好，能防水、防爆，可用作永久密闭。

（11）单墙充填密闭。仅用于倾角大于 30°的倾斜巷道和垂直巷道，在砖密闭或料石密闭上方，充填河砂、黏土或粉煤灰等不燃性材料构筑的密闭，可用作永久密闭。

（12）双墙充填密闭。由两座密闭及其间充填的河砂、黏土、粉煤灰或凝胶等材料组成，能耐压，仅用于倾角大于 30°的倾斜巷道和水平巷道，可用作永久密闭。

（13）充气气囊密闭。用塑料布或橡胶布等制成的气囊在现场充气，用作临时密闭。

2. 封闭方案说明书编制

封闭方案说明书应包括如下内容：

（1）基本情况的分析。

（2）封闭范围的圈定。

（3）密闭位置的选择。

（4）密闭结构的选择。

（5）观测系统的确定。

（6）方案实施的安排。

（7）封闭效果的预测。

3. 密闭结构选择

（1）密闭的总体结构包括墙体和辅助设施，密闭的墙体必须具有足够的承压强度、足够的气密性能和足够的使用寿命，能满足指定的特殊使用性能；密闭的辅助设施应根据需要配齐。

（2）临时密闭要求结构简单严密、材料质量轻、施工方便，完成任务后需要拆除的要便于拆除，有瓦斯爆炸危险时要求防爆。临时密闭一般选用木板密闭、风布密闭、喷塑密闭、砖密闭、石膏密闭或砂（土）袋密闭。

（3）永久密闭必须采用不燃性建筑材料。要求墙体结构稳定严密、材料经久耐用，墙基与巷壁必须紧密结合，连成一体。永久密闭一般采用掏槽结构，也可采用锚杆注浆结构。煤巷密闭必须掏槽并要达到规范要求。墙身应选用高强度材料砌筑或浇筑，且有足够的厚度。

（4）在倾角超过30°的巷道砌筑密闭时，密闭墙体宜垂直于巷道轴线，并采用基座结构，用以承受侧压和墙体自重。墙基四周必须嵌入巷帮一定深度，岩壁宜大于0.5 m，煤壁宜大于1 m。墙体上方可充填河砂、黏土或粉煤灰等惰性材料或予以注浆。

（5）对密闭有防爆要求时宜选用砂（土）袋密闭作缓冲墙，再建筑永久密闭。

（6）要求耐动压时宜选用木段密闭。

（7）在巷帮破裂的巷道中可选用充填型密闭，或对巷帮进行注浆处理。

（8）要求承受一定的静水压力时，宜选用料石或混凝土密闭。料石密闭内侧应边砌边用水泥砂浆抹面，静水压力大于0.1 MPa时，应专门进行设计。

4. 密闭位置的选择

密闭位置的选择应在确保施工安全的条件下使封闭范围尽可能小，尽可能靠近火源。应选择在动压影响小、围岩稳定、顶帮坚硬且未遭破坏的煤或岩石巷道内，巷道规整，距巷道的交叉处的距离不少于5 m，密闭外侧离巷口应留有4~5 m的距离，尽量避开动压区，密闭内外各5 m内支护要完好，无片帮、冒顶，密闭前5 m内无杂物、积水和淤泥。

封闭火区的原则是密、小、少、快。密是指密闭墙要严密，尽量少漏风；小是指封闭范围要尽量小；少是指密闭墙的道数要少；快是指密闭墙的施工速度要快。在选择密闭墙的位置时，首先考虑的是把火源控制起来的迫切性，以及在进行施工时防止发生瓦斯爆炸，保证施工人员的安全。

进、回风巷间的联络巷密闭位置要选在巷道支护规整，帮顶完好，无片帮，无冒顶，距进、回风口不超过 6 m 的位置。

进、回风旧巷密闭位置要选在巷道支护规整，无片帮，无冒顶，距巷道口不超过 4~6 m 的位置。

巷道中的防火隔爆墙的位置应选在巷道支护完好，无片帮，无冒顶，保证施工人员施工安全的位置，同时要尽量缩小受威胁范围，以便恢复生产，减少工程量。

5. 密闭墙施工前的准备工作

施工人员应根据所构筑密闭的作用，备好材料。一般材料有料石、红砖、片石、石膏、木料、板材、黄土、河砂、水泥、排水管件、过塘管、抽放管、观测孔管件等。

施工人员必备工具一般有抹子、铁锹、镐、水桶、大锤、刨锛、套把（或扳手）、靠尺，需勾缝时还要有专用工具等。所用工具应随身携带。

6. 密闭施工

为了抓住密闭防火的有利时机，应根据煤的自然发火期，科学地安排密闭的时间。回采工作面回采结束后要及时进行密闭，不得长期对停采工作面进行通风。

1）采用砖、料石材料构筑密闭施工

（1）掏槽。支架拆除后，要扫净浮煤、浮石，方可进行四周掏槽，掏槽要使用镐刨、大锤、钎子，严禁爆破。必须按先上后下的原则进行。煤巷密闭必须掏槽，帮槽深度为见实煤后 0.5 m，顶槽深度为见实煤后 0.3 m，底槽深度为见实煤后 0.2 m，掏槽宽度大于墙厚 0.3 m；坚硬岩巷一般不要求掏槽，但必须将松动岩体刨除，见硬岩体。一般岩巷四周掏槽深度最好为 200~300 mm。如巷道压力大，帮顶裂缝较大，应事先注水泥或其他封堵材料将巷道四周的裂隙封堵严密。

在砌碹巷道建永久性密闭时，必须进行破碹掏槽，破碹要按专项安全技术措施施工。在倾角超过 30°的巷道砌筑密闭时，密闭墙体宜垂直于巷道轴线，并采用基座结构，用以承受侧压和墙体自重。墙基四周必须嵌入巷帮一定深度，岩壁宜大于 0.5 m，煤壁宜大于 1 m。

（2）砌筑。严格按《煤矿安全规程》、《煤矿安全质量标准化标准》中通风部分标准施工。密闭墙的厚度按设计方案执行。

采用砖、料石材料构筑时，竖缝要均匀错开，上下层竖缝保持一致；横缝要在同一水平；缝隙要排列整齐；灰缝要求为砖墙不许超过 10 mm、料石不许超过 30 mm，砖、料石层与层之间、块与块之间的缝隙用水泥砂浆填满。砌墙时必须挂线，墙面平整（1 m 长度内凸凹高差不大于 10 mm，料石匀缝除外），无裂缝（雷管脚线不能插入），无重缝、空缝。垒砖墙时必须灰浆饱满，不得出现裂缝，料石墙空间要填好，用锤压实，灰浆用瓦刀捣实。

有涌水地点的密闭，墙厚及四周掏槽深度可根据现场实际情况而定，必要时顶底板及四周注水泥或其他封堵材料，保证不漏水。同时要设好返水池或返水管，并保证水流畅通，不能漏风。返水池或返水管在密闭内外入出口的高度应根据墙内外压差而定（一般距底板高度为 0.3 m），既保证墙内涌出的水不浸泡密闭，又保证返水池或返水管不漏风。

有自然发火倾向的煤巷，要在密闭的中上部（距底板高度为墙高的 2/3 处）设观测孔管（$\phi 25 \sim 50$ mm）、措施孔管（$\phi 100 \sim 159$ mm）。观测孔管一直通到被封闭的巷道内部。措施孔管可根据现场实际情况而定。具体控制范围，原则上应同观测孔管一样。如有砂带时，可放在密闭与砂带之间的高顶部位。

密闭内瓦斯有储存及抽放利用价值的，在密闭墙中上部应设瓦斯抽放管（一般距底板高度为墙高的 2/3 处），管径可根据抽放瓦斯需要而定，瓦斯抽放管必须穿过所有密闭设施，密闭内瓦斯抽放管必须放在巷道高顶处，为防止进杂物，管头前 1 m 要设花管，前头要堵死。所设的观测孔管、措施孔管、瓦斯抽放孔管，都必须吊挂牢固，严防冒顶、片帮、砸坏、砸落。所有孔管外口距密闭墙不少于 200 mm，并必须封堵严密（上阀门或挡板）。

（3）抹面。密闭砌完后要勾缝或抹面，墙四周要抹裙边，其宽度不小于 200 mm。采用勾缝方法时，勾缝宽度要一致，料石墙勾缝一般为 40 mm；采用抹面方法时，要抹平，打光压实（包括裙边及勾缝）。抹面厚度按本公司、矿务局之规定执行。

采用对密闭墙方法时，两个密闭墙之间不宜过长，一般在 500 mm 以内，两个密闭墙之间要用湿度不太大的黄土填实，并应随砌随填，层层用木锤捣实。无自然发火的采空区可采用对密闭墙方法，密闭间距按本公司、矿务局之规定执行。

（4）其他。密闭墙砌完后，要对密闭前的巷道支护进行检查，支护不合格时应重新架棚，或补锚杆，帮顶要刹严，保证支护完好，对施工剩余材料等要清理干净，并及时设栅栏，挂免进牌板、施工说明牌板及密闭检查牌板。栅栏要封闭巷道全断面（或 2/3），规格可用 200 mm × 200 mm 的网状栅栏。栅栏所用材料为铁质或木质。

施工说明牌板内容有密闭所在巷道名称，密闭性质，密闭内外瓦斯浓度、一氧化碳浓度、二氧化碳浓度、气体温度，密闭内涌水温度，密闭内外空气压差、空气流向，观测人及观测时间等。

2）采用石膏构筑密闭施工

采用石膏材料构筑密闭时，必须保证 10 ~ 15 m 巷道支护完好，石膏充填带长度不少于 5 m，两端建筑遮挡墙，遮挡墙一般采用木板墙。具体施工要求如下。

木板墙分为里外墙，里墙外侧、外墙外侧，必须打不少于 4 根立柱（在同一断面内），立柱上下柱窝深度不少于 500 mm，并用木楔打牢或固定在邻近坚固的棚架上。为保证木板墙坚固并防止冲倒，在立柱外侧要打不少于 2 根横梁，横梁两端伸入巷道帮内深度不少于 500 mm，并固定在棚梁腿上。立柱与横梁之间要用铁线捆牢。

立柱应采用木质材料，具有一定的抗压强度，一般采用直径为 200 mm 以上的圆木，为保持长时间不腐朽，以黄花松、落叶松为最佳。每根横梁外必须打不少于 4 根加强顶子，加强顶子要固定在顶底板上。

在充填带木板墙里侧，由上向下钉木板。因石膏含水比较少，木板要尽量钉鱼鳞板，并在鱼鳞板上钉风帘布。木板墙四周的缝隙必须堵塞严密（用草袋、尼龙袋均可），并在堵塞物外边铺好风帘布，保证不跑充填物。

在充填带里中部顶板上，必须做好高顶（高顶高度必须高于里外木板墙 400 ~ 500 mm），以保证充实充严，所设的充填管及排水管必须固定牢固，排水入口紧靠底板，管口用网布封好，以防跑充填物。排水管径应与充填管径相同。

充填带内应设观测管、取样管，根据实际需要还可设通风口。

上山充填带时，还应根据充填材料的用水量，在充填带底部增加排水管，以防积水过多而压垮充填带木板墙。同时做好排水工作。

充填完工后，所用过塘管口必须封堵严密（上阀门或上挡板）。严禁用草袋、木楔封管口。

3）采用砂带或砂袋构筑密闭施工

采用砂带或砂袋构筑密闭施工时，必须保证 15 ~ 20 m 长巷道支护完好，砂带距外口最短距离不少于 7 m，砂门前后必须留有 3 架以上坚固支架，锚杆巷道必须保证前后 2 m 支护完好。要清净底板浮货后方可砌筑砂袋。施工具体要求如下。

砂带或砂袋密闭也可作防爆密闭。砂带两端必须设砂门，砂门为木质结构。两个砂门分为里砂门和外砂门。砂带靠封闭区域侧的砂门称为里砂门，靠封闭区域外侧的砂门称为外砂门。里、外砂门外侧必须打不少于 4 根立柱（在同一断面内），立柱上下柱窝深度不少于 500 mm，并用木楔打牢或固定在邻近坚固的棚梁上，为防止砂门被冲倒，在里、外砂门立柱外边要打不少于 2 根横梁。横梁两端伸入巷道帮内深度不少于 500 mm，并固定在棚梁腿上，立柱与横梁之间要用铁线捆牢。

立柱应采用木质材料，具有一定的抗压强度，一般采用直径 200 mm 以上圆木，为保持长时间不腐朽，以黄花松、落叶松为最佳。每根横梁外必须打不少于 4 根加强顶子，加强顶子要固定在顶底板上。

在砂门里侧要钉木板墙，木板墙每行木板之间要留有 10 ~ 20 mm 泄水间隙。在木板里侧要钉草帘子及荆条帘子（或高粱秆帘子），钉帘子时，要用木条或拌子将帘子固定在木板上，帘子要由下而上施工，保证鱼鳞口向下，以防跑河砂。木板墙里侧四周的缝隙必须用草帘子或荆条帘子堵塞严密，必要时用木楔钉牢。四周帘子要折边，折边长度不少于 300 mm，上下顶底板折边长度不少于 400 mm。

为保证砂带充严充实、密不漏风，在充填前，必须在砂带中部顶板挑出高 600 ~ 800 mm，体积为 1.5 m³ 的高顶，充填管及泄水管的出、入口要设在高顶处，泄水管入口要高于充填管出口，泄水管入口距顶板（高顶处顶板）150 ~ 200 mm，管口用网布包好，保证泄水不跑河砂。泄水管径与充填管径相同。

泄水管的作用：一是对砂带内由于充填而形成的高压气体进行释放；二是对充填后期高顶处的积水进行排泄；三是根据排泄水情况观察充填砂带的充填程度及充填效果。泄水管是保证砂带充严充实必不可少的观测手段，同时也保证由于充填而发生意外事故，如堵崩充填管、充倒砂门及砂门前后支架。

充填砂带根据巷道标高，分为上山、下山及水平砂带。水平及上山砂带充填时必须在砂带底部设与充填等量的泄水管路，距砂带外门 3 ~ 5 m 处设 1 ~ 2 道半截门（用荆条或高粱秆帘子），用其挡河砂及有效地排水（打卡子时）。有时充填下山砂带也设返水管（充填水返入采空区）。施工时可根据现场实际情况决定。

砂带中上部要设穿透砂带的观测管（ϕ25 ~ 50 mm），封闭区内瓦斯有利用价值时，还应设穿透砂带的瓦斯抽放管（ϕ100 ~ 150 mm）。观测管与瓦斯抽放管均固定在砂带里边顶板上，抽放管应选在巷道高顶处。砂带外边所有管路均设法兰盘或快速接头，以便引到密闭外。砂带充填完后，所有管路要封堵严密（上阀门或上挡板）。

砂带外边所设的半截门，要打好立柱或拌子，并将杏条帘子或荆条帘子及高粱秆帘子吊挂好，保证泄水不跑河砂。门的高度以砂带高度的 1/4 ~ 1/2 为宜。设 2 个以上半截门时，应按里高外低原则施工。

4）其他密闭施工

（1）临时胶布密闭。主要用于临时控制风量或发生火灾时，临时挡烟、隔热、降低外部的有害气体等。其施工要求为在巷道中间及两帮打上中柱和帮柱，钉上胶布（风筒布等），接茬处要重叠，四周插好压严，防止跑风。

（2）临时木板密闭。此种密闭的用途与其他临时密闭相同，但用的时间较短。其施工要求为在巷道中间及两帮打上中柱和帮柱，然后用厚 12 ~ 25 mm、宽 150 ~ 200 mm 的木板，由上往下重叠钉在中柱和帮柱上，形成鱼鳞状。在钉的过程中四周要接触严密，木板密闭采用鱼鳞，顶帮要用黄泥或黄泥掺水泥（灰泥比 1 : 3 ~ 1 : 4）抹严。

（3）砂袋防爆密闭。仅用于在瓦斯浓度较大的巷道内发生火灾后，在建立永久密闭前，为了防止或减轻火区内爆炸的冲击。其施工要求为将砂或土（土块要小于 10 mm）装入袋内（草袋、帆布袋、麻袋等），每袋重不宜超过 15 ~ 20 kg，以适宜于人力运送；按巷道全断面，堆积长度不小于 4 ~ 5 m；在该密闭的外侧，再打上 3 ~ 4 根贴墙柱，并用木杆卡实卡紧。

（4）黄土密闭。当巷道围岩压力较大，又不能进行压力灌浆时应采用此种密闭，其厚度一般为 600 ~ 800 mm。密闭槽掏好后，打 2 根中柱和帮柱，靠里边钉厚 25 ~ 50 mm 木板，外边要边钉板边铺黄土并砸实或掺水，两帮要填实，顶部要用泥堵实，在密闭的上部下 1 根直径 19 ~ 25 mm 的检查管，作取样、测压用。

7. 密闭施工的注意事项

（1）按工作计划或施工通知单要求进行施工，施工人员必须对工程地点、类别、规格、质量、数量清楚，并且熟知安全注意事项。

（2）有关人员应根据密闭的大小，做好材料预算，并派专人负责装运材料。运送材料一般均用矿车装运，所装车不许超过矿车高度、宽度，要装整齐、密实，两头要均衡。

（3）装卸车人员要注意安全，做到"三不伤害"，同时卸材料场地要选择巷道支护完好、不影响行车行人、便于工人搬运的地方，并码放整齐，河砂装入临时性砂仓内。人力运料过风眼、煤眼、输送机时，要注意自主保安，不准用刮板输送机及带式输送机运送材料。过输送机时应停止输送机运转，以防发生意外。多人合作搬运大型材料时要行动统一、步调一致。

（4）施工地点必须通风良好，瓦斯、二氧化碳等有害气体的浓度不超过《煤矿安全规程》规定时方可施工，施工现场要吊挂常开式瓦斯检测仪，并派专人检查。施工前必须派专人由外向里逐步检查施工地点前后 6 m 范围内的支护、顶板情况，发现问题要及时处理，只有确保施工安全时方可施工。

（5）施工前要保证运料路线畅通、安全出口畅通。拆除密闭位置支架时，必须先加固其前后两组以上支架；若顶板破碎，应先用托棚或探梁托住，再拆立柱，不准空顶作业。

（6）拆碹时必须在有经验的老工人的指导下，另有 2 人互相协作，拆下的料石能复用的码放整齐，不能用的装车运走，要边拆边摘下浮矸等，架好临时支护，严防顶板冒落伤人。

（7）清理现场，退路畅通。

（8）在 2 架棚子之间挖柱窝，尽量挖到实底。柱立好要用手扶住或用材料支撑牢固，严防柱倒伤人。上梁时，必须 2 人同时进行互相照应，最后将梁子的两端及柱子用材料背实。

（9）在施工地点，如果把梁打掉后有冒顶危险时，应先架托梁托住，或在其附近支架上打探梁将顶板托住，再掏槽到实体，进行砌筑。当密闭垒到一定高度时或一帮垒到实荐后，再小心把托梁或探板回掉，刷顶到实荐或边刷顶边砌筑。

（10）施工中对顶帮的煤岩随时凿掉浮矸，不得将已松动的煤岩留在密闭四周，影响密闭的严密性。

（11）密闭墙有特殊需要时，应仔细涂抹墙面。当风压较大时，暂不封口，24 h 干燥后再全部封口。

（12）密闭砌好后，密闭外空顶处要架好棚子，顶板要插严背实，墙外 5 m 支架要牢固完好，距巷道交岔口 0.5～1.0 m 处砌好正规栅栏，栅栏上揭示警标。

（13）封闭火区时，应依照正、负压通风方式和瓦斯涌出量的大小来合理确定密闭顺序。有瓦斯爆炸危险时，一般进、回风侧同时砌筑密闭，做到边检测、边通风、边密闭，最后同时迅速封闭密闭通风口，迅速撤出工作人员。

（14）密闭过程中，必须严格掌握火区气体的爆炸危险趋向，采取正确的通风措施。建议采用爆炸三角形法判断火区气体的爆炸危险性和危险趋势。

（15）必须确保密闭的工程质量，按质量要求验收。

8. 封闭区的管理

（1）必须绘制封闭系统图（实施后的实际封闭方案图），建立密闭管理卡片或火区管理卡片。所有密闭都必须编号、登记、上图。密闭管理卡片或火区管理卡片内容包括密闭编号、密闭地点、巷道倾角、墙体结构、性能要求、建筑日期、完好程度、维修记录、观测记录等。

（2）所有密闭前都必须安设栅栏、警标和记事牌。记事牌内容包括密闭编号、密闭地点、密闭检查观测记录。

（3）必须加强密闭的检查和维修，保证密闭完好。

（4）在密闭灭火过程中，必须停止火区周围对密闭灭火有影响的一切生产活动。

（5）定期测定密闭内外压差，进行漏风分析。

（6）指定有代表性的回风侧密闭，用气体检测管测定封闭区内外的 O_2、CO、CO_2 和 CH_4 等气体浓度，用分辨率不低于 0.2 ℃ 的温度计测定封闭区内外的空气温度及密闭四帮煤、岩温度，每天测定一次。定期用采样球胆采集封闭区气样，送化验室进行气体成分分析。

（7）每次测定都必须仔细填写观测记录，至少记录观测地点、观测日期和观测人名，并填绘观测曲线。

4.2.3　封堵漏风源

矿井漏风就是未经用风地点而经过采空区、地表塌陷区、通风构筑物和煤柱裂隙等通道直接流（渗）入回风道或排出地表的风量。

矿井漏风主要发生在地表塌陷区、采空区、废旧巷道、井底车场、井口密闭及反风装置等处。矿井漏风会减少作业面获得的风量，降低矿井通风效果，影响矿井通风系统的可靠性和稳定性，并且加速可燃矿物的自然发火，增加无益的电能消耗。减少漏风、提高有效风量是通风管理部门的基本任务。矿井漏风按其地点可分为外部漏风、内部漏风。外部漏风（或称井口漏风）指地表附近（如箕斗井井口），地面主通风机附近的井口、防爆盖、反风门、调节闸门等处的漏风。内部漏风（或称井下漏风）是指井下各种通风构筑物、地表塌陷区、采空区及碎裂的煤柱的漏风。下面主要讨论防治矿井内部漏风（或称井下漏风）采用的方法。

4.2.3.1　封堵地表裂隙

在回采过程中，尽量采取相应的顶板控制方法，如充填采空区法等，避免形成地表塌陷区，以及形成采空区与地表的裂隙。这样，就从根本上防止了地表漏风。

由于各种原因，在回采过程中，已经形成了地表塌陷区，形成了采空区与地表的裂隙，就要采取封堵措施。封堵的方法很多，现介绍两种简单、经济的封堵方法。

1. 就地取土封堵

以同煤四台矿为例，四台矿截至 2008 年初采空面积达到 8.690 km²，塌陷面积达到 9.619 km²，由于采掘下到 12 号煤层，造成的重复塌陷面积扩大，塌陷面积达到 10.345 km²，地表破坏比较严重，治理工作随之增大。

填堵的工艺一般可采用人工和机械就近取土填堵裂缝，并修整地陇。填堵的要求如下：

（1）据以往经验，0.2 m 宽以上的裂缝先用石块或碎石充填（可防止因采动影响地表裂缝变化时充填物一次性滑落），然后用黄土填堵并夯实，这样可保证长时间地表平衡；0.2 m 宽以下用黄土混合砂石充填再夯实，最后在裂缝上方堆积并夯实 0.4 m 高的黄土。

（2）对于聚水区的裂缝除填堵外要修导水渠（在施工过程中，现场指导实施）。

（3）做好封堵记录。记录内容包括封堵地点、塌陷面积、裂隙数量、裂隙状态（长、宽）、封堵时间、封堵面积、封堵裂隙数量、封堵质量等。

（4）有专人检查塌陷区的变化情况，发现新裂隙及时反映给通风区，通风区及时组织人员封堵。

四台矿历年治理塌陷情况统计表见表 4-1。

表 4-1　四台矿历年治理塌陷情况统计表

年　份	矿井产量/Mt	重复塌陷面积/km²	裂缝数/个	治理面积/km²	资金/万元
1994	1.80	1.9	155	1.9	200
1995	1.83	2.2	257	2.2	240
1996	2.20	2.5	179	2.5	310
1997	2.63	2.8	233	2.5	260
1998	2.63	3.2	216	2.5	350
1999	2.85	3.7	248	2.7	220

表 4-1（续）

年 份	矿井产量/Mt	重复塌陷面积/km²	裂缝数/个	治理面积/km²	资金/万元
2000	3.15	4.2	358	2.5	148
2001	3.22	5.0	277	2.4	230
2002	3.56	5.95	312	3.0	420
2003	4.30	6.4	355	3.4	431
2004	4.86	7.0/0.2	423	3.5	442
2005	5.00	7.5/0.6	474	4.3	50
2006	5.00	8.0/1.0	402	5.2	50
2007	5.16	8.6/1.3	426	0	200
合计	48.18	8.6/3.1	4315	38.6	3551
备注	裂缝数也包括有重复的条数，治理面积包括有重复治理的面积				

同煤其他开采侏罗系煤层的矿井以同样的方法对井田范围内裂隙进行治理，总治理面积超过 300 km²，从而大量减少了地表向采空区漏风，预防了采空区煤炭的自燃，为矿井的安全生产创造了良好的条件。

2. 采用注水泥浆，喷注赛福特、马利散等进行充填封堵

对于出现在陡峭山坡及无法取土地段的塌陷区和裂隙，封堵方法要采取注水泥浆，喷注赛福特、马利散等进行充填封堵。如果封堵地段比周围低，封堵完成后，要在周边修导水渠，以防止雨水在塌陷区集聚。对于出现的那些比较多的、细小的裂隙，要采取注水泥浆、水玻璃双浆液体进行封堵。其方法如下：

（1）布孔参数及孔位。在裂隙段采用凿岩机钻孔，孔径为 $\phi60$ mm，深度为 3~8 m，孔间距 1.0 m，梅花形布置，根据裂隙结构面的产状（走向、倾向、倾角），使钻孔与裂隙在不同深度斜交，并尽可能垂直于裂隙结构面。孔位可根据现场实际情况适当调整。

（2）注浆管制作及安装。采用 $\phi40$ mm 的厚皮无缝钢管，长度为 3~8 m，然后将一端钻有 5 mm 小孔若干个，长度根据现场裂隙结构而定，管的另一端套螺口。将制作好的注浆管插入孔内，外露 0.1~0.2 m（图 4-2）。采用聚氨酯或马利散封孔，封孔长度 1.5 m（图 4-3）。

（3）注浆管路安装。注浆需要的管件及设备有 $\phi40$ mm 高压阀门、混合器、$\phi40$ mm 短接、$\phi40$ mm 三通阀、$\phi40$ mm 逆止阀、高压胶管、回液管、流量表、压力表、泄压阀、BW200/40 注浆泵、储浆桶。

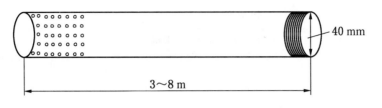

图 4-2　注浆管

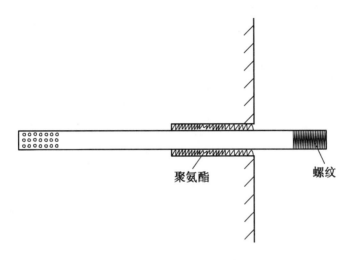

图 4-3　注浆管安装

安装流程如下：将 ϕ40 mm 高压阀门连接在注浆管上—将混合器与 ϕ40 mm 高压阀门连接—将 ϕ40 mm 三通阀通过 ϕ40 mm 短接与混合器连接—将 ϕ40 mm 逆止阀通过 ϕ40 mm 短接分别安装在 ϕ40 mm 三通阀两侧—将两根高压胶管一端通过 ϕ40 mm 短接与两个 ϕ40 mm 逆止阀连接，另一端分别与两台注浆泵出口连接—将另外两根高压胶管一端分别接在两台注浆泵入口上，另一端分别插入水泥浆储浆桶和水玻璃储浆桶中—将流量表、回液管、压力表和泄压阀安装在与逆止阀连接的高压胶管上。

注浆管路安装示意图如图 4-4 所示。

（4）水泥、水玻璃双浆液拌制。将水泥和水利用人工或机械搅拌成泥浆，水灰比为 0.6（一般配比为 0.5~1，可根据现场需要配制），放在一个储浆桶中，另一个储浆桶放水玻璃液体。水泥浆与水玻璃体积比为 0.5（可根据现场需要配制水泥浆与水玻璃体积比，一般配比为 0.25~0.6，这种配比凝结时间短，变化平缓）。

（5）注浆。打开高压阀门，开动注浆泵将两种浆液注入孔内。采用回浆管

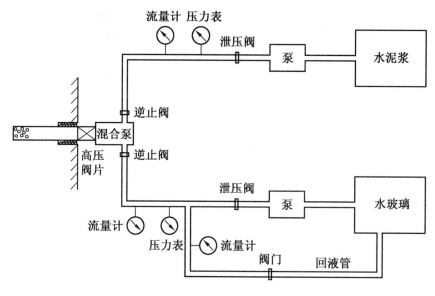

图 4-4 注浆管路安装示意图

控制流量的方法来控制水玻璃的注入量，使水泥浆与水玻璃体积比达到设计要求。当吸浆量小于 10 L/min 时，继续注浆 10 min 结束注浆。用清水清洗注浆泵和管路，关闭高压阀门，停泵。

（6）封孔。注浆完毕后，拆卸注浆管路，卸掉高压阀门。用聚氨酯或马利散封孔。

（7）注意事项。

①施工前，必须制定安全技术措施，并要求每个施工人员都熟知后方可施工。

②发现跑、冒、串、漏浆现象时，必须停止注浆，查找原因，采取相应措施，处理后方可继续注浆。

③必须连续注浆，中途不可中断。

4.2.3.2 封堵小煤窑井口

在井田范围内，报废的小煤窑井口因封闭不严密，也是主要漏风源之一。由于它的漏风，会造成本井采空区乃至与其相通的临近采空区遗煤自然发火，其产生的有毒有害气体在采空区风流流场的作用下，会危及正在回采工作面的人员安全。因此，重新封闭小煤窑井口势在必行。小煤窑井口多为斜井和立井。在倾角超过 30°的巷道砌筑密闭时，密闭墙体必须垂直于巷道轴线，并采用基座结构，用以承受侧压和墙体自重及上部回填物的重量。墙基四周必须嵌入巷帮一定深度，岩壁宜大于 0.5 m，煤壁宜大于 1 m。墙体上方可充填河砂、黏土或粉煤灰等惰性材料或予以注浆。在倾角小于30°的巷道砌筑密闭时，必须严格遵循永久密闭的砌筑方法与要求。大同燕子山煤矿井田内废弃小煤窑井筒重新封闭实例如下。

燕子山在小煤窑井筒井口水平垂深20 m以下基岩段内用砖砌筑隔爆密闭，中间夹混凝土；再用黄土填满夯实至井口，并在井口加砌砖墙永久密闭。燕子山矿周边小煤窑废弃井筒封闭设计参数见表4-2。燕子山矿井田内废弃小煤窑井筒如图4-5所示，周边小煤窑井筒封闭示意图如图4-6所示。

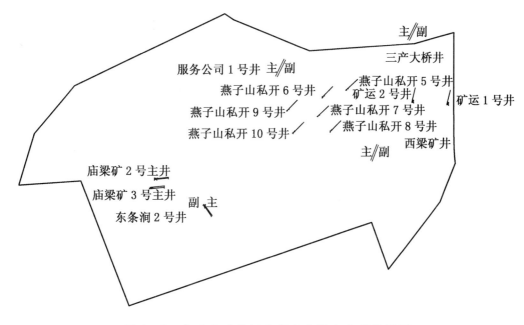

图4-5 燕子山矿井田内废弃小煤窑井筒位置图

对于砌碹支护的井筒，封闭前必须先进行爆破等破碹处理，并将处理下来的材料清理出井筒，要清理干净。下部隔爆密闭内混凝土层设置工字钢骨架，工字钢为矿用11号，并构成网孔为60 cm×60 cm的骨架，骨架深入到槽内与煤（岩）体接实，竖梁置于横梁内侧，交接点用双股8号铁丝绑紧。混凝土标号为140号，即水泥、粗砂、粗碎石体积配合比为1∶3∶4.5，混凝土浇筑要致密不留空洞。掏槽规格：帮槽见实煤（岩）后再掏0.5 m深、底槽见实煤（岩）后再掏0.2 m深、顶槽见实煤（岩）后再掏0.3 m深，掏槽宽度为密闭厚度加0.06 m。密闭两侧抹面要求厚度不小于3 cm（里侧封口部分不抹面），四周包边不小于10 cm，抹面次数不少于两次，抹面要求平直（1 m长度内凹凸高差不大于1 cm）且光滑不漏风。砖缝砂浆厚度为1 cm，密闭顶底面砂浆厚度不小于3 cm，砂浆要饱满，不能干砌墙。密闭施工位置的前后10 m内的浮煤杂物，必

表 4-2 燕子山矿周边小煤窑井筒封闭设计参数

| 序号 | 位　置 | 井筒名称 | 井筒规格 | | 井筒倾角/(°) | 墙高度/m | 墙厚/m | 墙体宽度/m | 黄土充填长度/m |
			宽/m	高/m					
1	燕子山西南部	阳高鱼儿沟煤矿主井	3.6	2.3	20	2.8	0.75	4.6	59
2	燕子山西南部	阳高鱼儿沟煤矿副井	3	2.2	25	2.7	0.75	4	48
3	燕子山西部	旧高山新井煤矿主井	3.5	2.4	18	2.9	0.75	4.5	67
4	燕子山西部	旧高山新井煤矿副井	3.2	2.2	25	2.7	0.75	4.2	48
5	燕子山东部	东店湾1号井煤矿主井	3.2	2.3	20	2.8	0.75	4.2	59
6	燕子山东部	东店湾1号井煤矿副井	3.5	2.2	25	2.7	0.75	4	48
7	燕子山东南部	村办泉子沟煤矿主井	3.4	2.3	20	2.8	0.75	4.5	59
8	燕子山东南部	村办泉子沟煤矿副井	3.2	2.2	25	2.7	0.75	4.2	48
9	燕子山西部	张家场乡新井煤矿主井	3.4	2.3	18	2.8	0.75	4.4	67
10	燕子山西部	张家场乡新井煤矿副井	3.2	2.2	25	2.7	0.75	4.2	48
11	燕子山西部	皮带井煤矿主井	3.6	2.4	18	2.9	0.75	4.6	67
12	燕子山西部	皮带井煤矿副井	3.2	2.3	25	2.8	0.75	4.2	48
13	十里河北岸	管家堡子湾煤矿主井	3	2.2	18	2.7	0.75	4	67
14	十里河北岸	管家堡子湾煤矿副井	3	2.2	25	2.7	0.75	4	48
15	十里河北岸	鹊山镇斗子湾11号层延深井主井	3	2.2	18	2.7	0.75	4	67
16	十里河北岸	鹊山镇斗子湾11号层延深井副井	3	2.2	15	2.7	0.75	4	48

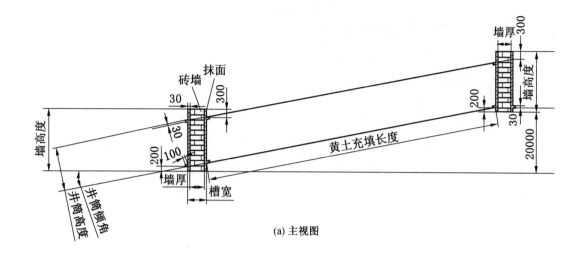

(a) 主视图

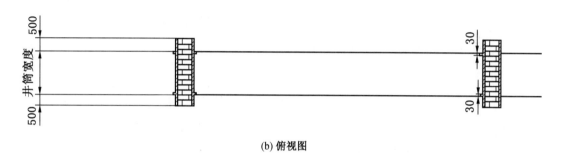

(b) 俯视图

图 4-6 燕子山矿周边小煤窑井筒封闭示意图

须清理干净。密闭墙要砌建在实帮、实底上，严禁砌建在浮煤、浮渣上。下部与上部密闭之间用黄土充填并捣实。砌墙和抹面的河砂要过筛、拌匀。砌墙采用80号砂浆，即水泥（标号325号）与河砂体积配合比为1：3.5；抹面采用100号砂浆，即水泥（标号325号）与河砂体积配合比为1：2.5。

重新封闭后，解决了小井井筒漏风着火隐患，进一步增加了侏罗系煤层开采的安全性，防止了矿井自燃火灾的发生，保障了井下环境和人身安全。

4.2.3.3 密闭前设置氮气调压气室，实施闭区均压

闭区均压可减少向封闭区域内的漏风，设置氮气调压气室的方法如图4-7所示。在密闭

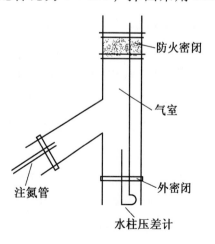

图 4-7 氮气增压室布置图

外部一定距离内的适当位置，砌筑辅助密闭墙，由此永久密闭和辅助密闭之间形成一个空气室，称之为调压气室。在辅助密闭墙的适当位置设置注氮管，注氮管的直径为 100 mm，注氮流量为 50 m³/h。注氮管与就近的矿井注氮管路相连接，并在辅助密闭墙附近安装一个阀门，控制注氮量。在辅助密闭墙外设置水柱压差计，水柱压差计的一端用 6 分管接到防火密闭内，另一端用 6 分管接到气室内，气室注入的氮气的压力与密闭内的压力应趋于平衡，即水柱压差计的读数应为 0。

国内外以往的气室均用压缩空气或局部通风机作为压气源，空气压入气压室后，如果压力太高，有可能造成密闭的漏风，因此选用了氮气作为气压室的气源，不仅可以调压，而且漏入密闭的氮气还能进一步降低密闭内浮煤的氧气含量，有利于防火。

例如，大同四台煤矿分别在 5728 工作面和 2728 工作面设置两个氮气增压室。在防火密闭与外密闭之间有 30 m 的空间，因此利用这 30 m 的巷道作为气室，将氮气注入此空间，提高此空间的压力，即可形成氮气气室，注氮管的直径为 13 mm、注氮流量为 50 m³/h。

为了调压，在最后一道料石闭外设置水柱压差计，水柱压差计的一端用 6 分管接到防火密闭内，另一端用 6 分管接到气室内，气压室注入的氮气应使水柱压差计的读数≥0。通过一段时间的运作，效果很好，杜绝了向密闭内漏风（当水柱压差计的读数>0 时，漏入密闭内的是氮气），有效地防止了密闭内遗煤自然发火。

4.2.3.4 在漏风的密闭墙和巷壁上喷涂赛福特

1. 赛福特简介

SF 赛福特快速密闭材料是一种双组分、多用途、汽胶结合的高分子复合材料，由高分子组合物、发泡剂、催化剂、阻燃剂等组分组成。该材料的 A、B 两种组分，经气动双液注液泵加压按一定比例混合、短暂熟化后由专用喷枪喷出，体积瞬间膨胀达到 10~30 倍以上，达到快速封闭目的。

该材料不含甲醛，无毒、无味、无腐蚀性。反应膨胀过程中，能填充煤（岩）空间及裂隙，具有很强的黏结性，并能与煤（岩）体、混凝土等多种材料黏结，固化成整体。该材料具有一定的抗压、抗剪切强度；具有良好的柔韧性，防震抗压，挤压有很强的回弹性，固化后不开裂、不脱落；具有绝缘性、隔热阻燃性，适应煤矿井下不同地点充填使用。

（1）材料主要技术性能指标。A 料为深灰色液体，B 料为深褐色液体，两种材料按质量比为 1∶1 配合；反应时间 [在（23±2）℃条件下] 5~60 s 可调；

发泡倍数 10~30 倍可调；阻燃性，氧气指数 ≥32、垂直水平燃烧为 V0 级；重金属（铅）含量＜0.90 mg/kg（评价指标 90 mg/kg）。

（2）注液泵原理及性能参数。HXQZBS200B 系列煤矿用气动双液注液泵，以压缩空气为动力源，由于气缸和注液缸具有较大的作用面积比，从而以较小的气压便可使注液缸产生较高的压力，将浆液输送到充填地点。

HXQZBS200B 系列气动双液注液泵的性能参数：

气源压力   0.2~0.7 MPa

混合比   1:1

额定输出压力   6~10 MPa

额定输出流量   12~15 L/min（58~75 次/min）

耗气量   2~3.5 m^3/min

最大输出压力   13~26 MPa

最大输出流量   20.5~26 L/min

通气管径   3/4 in（1 in＝0.0254 m）

吸浆管径   小缸为 3/4 in，大缸为 1 in

排浆管径   10 mm 或 13 mm

2. 赛福特适用地点

1）巷道高冒处充填

高冒区下方木板等封堵的密度及强度应达到要求，充填管出口端尽量放置在高处，充填空间应进行估算，以便掌握原料用量。当充填用量接近原料估计用量且压力上升至 10 MPa 左右时，表明冒空区空间已经充满，此时应换孔充填或清洗泵。充填完毕用赛福特泡沫在充填处外表面进行扫喷。有自然发火煤层的高冒区，充填赛福特时必须洒水降温。

巷道高冒处充填示意图如图 4-8 所示。

2）密闭墙及围岩漏风处理

（1）密闭外充填（或喷涂）。在原密闭墙外再建一道木板墙，两道墙之间留

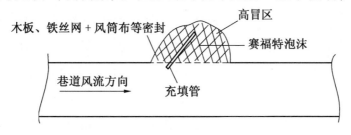

图 4-8 巷道高冒处充填示意图

有 1~3 m 的空间，在该空间用赛福特泡沫充填严实，防止墙体及围岩漏风。如密闭墙损坏不严重，可在密闭外喷涂一层赛福特泡沫。

若区内有灾变需要快速密闭时，可新建两道木板墙，间距大于 0.5 m，空间用赛福特泡沫充实即可。密闭间充填示意图如图 4-9 所示。

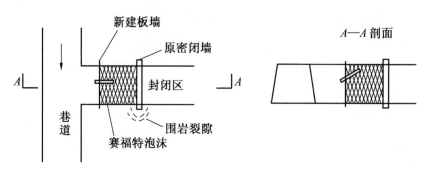

图 4-9　密闭间充填示意图

（2）密闭内充填。利用原有密闭墙的预留孔对密闭内进行充填，充填管插入密闭不超 2 m，出口尽量置放高处，注意充填材料必须与顶帮接实，起到封堵作用。密闭内充填示意图如图 4-10 所示。

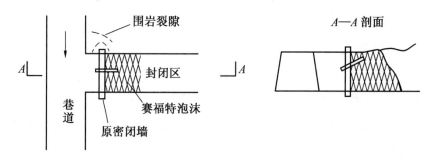

图 4-10　密闭内充填示意图

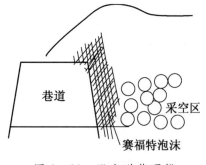

图 4-11　沿空送巷顶帮
充填示意图

3）沿空送巷顶帮压注或喷涂堵漏

沿空送巷时，对巷道顶部和沿空侧煤柱打钻压注或对巷道顶帮喷涂赛福特，进行堵风。

沿空送巷顶帮充填示意图如图 4-11 所示。

4）采煤工作面采空区防火堵漏

采煤工作面采空区有自燃征兆或着火时，可在工作面上下隅角建临时密闭进行封闭，并对上下隅角 10 m 范围内的巷帮、工作面架后及

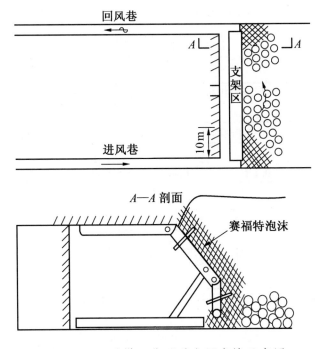

图 4-12 采煤工作面采空区充填示意图

架顶注赛福特进行封堵。采煤工作面采空区充填示意图如图 4-12 所示。

3. 赛福特施工工艺

1）系统工艺布置

将注液泵固定好,接好气源,分别将两根吸液管连好插入 A、B 料桶（或配备的箱）内,两根输排管连在注射枪上,从枪上接出输液管至充填地点即可,其系统工艺布置示意图如图 4-13 所示。

2）施工流程

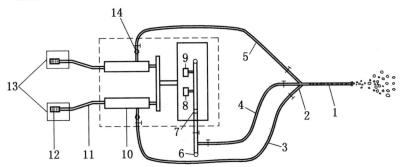

1—输浆液管；2—注射枪；3、5—输液管；4—压风管；6—进气源；7—气压表；8—水分过滤器；
9—油雾器；10—液压缸；11—吸液管；12—过滤器；13—料桶；14—液压表

图 4-13 系统工艺布置示意图

具体施工流程如图 4-14 所示。

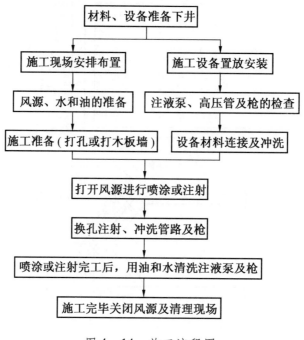

图 4-14　施工流程图

3）施工总体要求

（1）严格遵守煤矿入井及工作的一系列规定。

（2）进入工作地点前，由瓦斯检查员进行检查，确认安全后，方可进入。

（3）进入工作地点后，首先检查帮顶有无异常情况，确认安全后，要站在支护完整的地点进行施工。

（4）严格执行《煤矿安全规程》、《技术作业规程》、《操作规程》的有关规定。

4. 喷注赛福特 A、B 料操作规程

1）正常操作

（1）将注液泵垂直放置在安全、无通车影响的地点并固定好，防止倾倒。

（2）管路连接前，先将管口擦拭干净，然后开气吹净管路内的杂质，再进行连接，以保证气源的清洁；保证各部件安装正确可靠，无损坏和失灵情况，并将进气阀门开启一个小角度。

①观察油雾器中是否有足够的润滑油（32 号机油即可），并使油雾器上的供油开关开启一合适角度（大约 20 滴/min），严禁油雾器无油工作。

②观察水分过滤器，在工作中，要随时清除分水过滤器中过多的水。

③观察各部位是否工作正常，各连接接头有无渗漏；当泵满负荷工作后，再将进气阀门开到最大。

（3）A料用A缸，B料用B缸，不可混淆（A、B缸的区别在于：A缸的滤网细，用于注黏度低的浆液；B缸滤网粗，用于注黏度高的浆液）。

（4）注液前，要先用机油洗清注液缸和注液管路（或根据浆液情况采用专门的清洗方式），同时检查注液缸和注液管路的密封及畅通情况，并且将浆液搅拌均匀。

（5）停止注液后要立即用机油清洗（或采用专门的清洗方式），一定要严格遵守操作规程清洗，将残余浆液彻底清洗干净。因配备吸液滤网及滤网罩，故清洗完泵后，一定要旋上滤网罩，防止污物进入注液缸。

（6）注液中要时常观察出液压力表、各浆液的混合比、泵活塞的运动速度。随时观察料桶，看吸液比例是否正确（如比例不对，将速度快的注液缸的进液管处阀门关小一些或把吸液管折一下，增加吸液阻力），如果比例仍不对，可能注液缸有内漏现象（此时压力表有回零现象），应更换注液缸密封及进液管路密封。

2）注意事项

（1）切勿拖拽软管移动注液泵，软管勿置于交通区域、锋利边缘、运动部件和高温表面，有压力供应时切勿移动注液泵。

（2）注液泵工作时，其运动部件的运动，可能夹住甚至夹断手指或造成工作人员身体其他伤害，因此，泵工作时，身体应与其运动部件保持一定距离。检修注液泵前，按照程序停风泄压，防止泵意外启动。

（3）不要使泵长时间空载或轻载高速运行，以免损坏各活动部件。

（4）气源压力不得超过 0.7 MPa。

（5）泵的工作压力在 10 MPa 时效果较好，使用温度不超过 80 ℃。

（6）开启或使用气泵时与活塞及其运行部件保持一定距离，以防伤着手指或身体其他部位。每次停泵或维修前按照程序卸压，防止气泵意外启动。

（7）工作人员工作时要戴橡胶手套，混合液一旦接触到眼睛等身体部位，立即用清水仔细冲洗干净。

（8）用赛福特材料充填时（密闭、高冒），必须采用水或其他措施降温；充填完工后由矿方连续观察 24 h。

4.2.3.5 采煤工作面上下隅角密闭封堵

随着工作面的不断推进，采空区后部两巷被甩入采空区，由于在开采初期，基本顶没有来压，采空区后部漏风空间很大，特别是两巷由于煤柱的作用，在距开切眼 20~40 m 的范围内，两巷漏风通道可能直达开切眼，同时由于开切眼形成后处于风流中的氧化时间比较长，随着工作面推进的距离不断增加，开切眼处于采空区中，氧化条件比较好，所以在工作面形成后，应首先对开切眼进行阻化处理。当工作面推进一定的距离后，工作面上下隅角应充填封堵，这样可以增大采空区后部的风阻，减少向采空区的漏风量。改变采空区漏风流场的分布，氧化带的范围会缩小，氧气浓度会降低，能够抑制煤炭自燃，同时也可以抑制采空区瓦斯向工作面涌出。

当工作面推进至 10~20 m 时，可以在采空区两巷采用赛福特轻型充填材料进行充填，如图 4-15 所示。

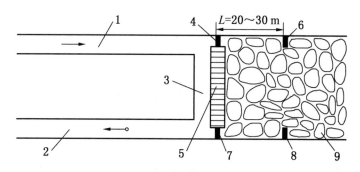

1—进风巷；2—回风巷；3—工作面；4、6、7、8—封堵墙；5—综放支架；9—采空区

图 4-15　赛福特轻型材料在工作面上下隅角封堵示意图

在现场实施封堵的注意事项：

（1）封堵的位置。可以选择在支架与巷道壁之间，若在两巷支架后面有单体液压支架或木垛支护也可在此选择最适合作业的地点。

（2）封堵墙间的距离。这个距离由顶板冒落距离和氧化带的范围确定，推荐两封堵墙距离 L = 20~30 m。

此方法于 2010 年在大同塔山煤矿 8105 综放工作面实施，具体施工如下：

2010 年 11 月 23 日检修班时间，在通风区、技措队配合下进行施工。施工地点为 8105 综放工作面回风巷 5105 巷 121 号支架尾梁后，断面约为 14 m²，封堵密闭墙厚度为 0.5 m，用料 28 桶，25 kg/桶，所需时间约为 1.5 h（18：30—20：00）。

1. 主要材料和工具设备

（1）布帘。风筒布或麻布。

（2）赛福特 A、B 料。A、B 料（有出厂合格证，不含甲醛，无毒、无味、无腐蚀性，阻燃抗静电，对环境无污染）各 14 桶，共 700 kg。A 料为深灰色液体，B 料为深褐色液体，两种材料按质量比 1∶1 配合；反应时间［在（23±2）℃条件下］5~60 s 可调；发泡倍数 10~30 倍可调；阻燃性，氧气指数不小于 32、垂直水平燃烧为 V0 级；重金属（铅）含量小于 0.90 mg/kg（评价指标 90 mg/kg）。

（3）高压胶管。φ10 mm，10 m/根，3 根；φ19 mm，10 m/根，1 根。两端装有快速接头。

（4）10 号铁线（5 m）、钳子（1 把）、木料（φ100 mm，长 3.5 m，2 根）、木板（2 块）、锯（1 把）、锤子（1 把）。

（5）喷枪。

（6）气动双液注液泵 1 台。

（7）风水管路。铺设到 121 号支架处，管路端头处装有快速接头及阀门。

2. 人员及分工

由塔山煤矿有限公司技措队安排运料工、风水管路维修工，通风区安排瓦斯检查员，运料工将布帘，木料，赛福特 A、B 料和气动双液注液泵等运至工作地点；管路维修工负责风水管路的连接及维修，保证正常供气供水；瓦斯检查员负责工作地点有毒有害气体检查。辽宁工程技术大学安排 2 人负责喷涂赛福特 A、B 料。

3. 工艺流程

1）挂帘

（1）作业准备。将布帘、木料人工运至工作地点。

（2）挂帘。由操作人员在端头支架尾梁后部的空间中打两根木柱，挂好布帘，布帘要与帮顶相接。

2）喷涂赛福特 A、B 料

赛福特 A、B 料喷涂过程如图 4-16 所示。

4. 封闭效果

密闭墙喷射完成后，硬度略软，大约 20 min 后，密闭墙逐渐变坚硬，呈橙黄色，如图 4-17 所示。

经过 3 天的连续观测，密闭墙完整、无变形、无脱落、无裂隙，抗压强度达到 5 MPa（与同等体积的试块对比），封堵地点无漏风现象，密闭墙封堵效果良好。

图 4 - 16　赛福特 A、B 料喷涂过程

图 4 - 17　密闭墙

4.3 应用多层采空区流场局部动态平衡技术控风

近距离煤层的开采，造成多层采空区互相连通，其至与地表连通，漏风通道多，采空区遗煤自然发火严重，并且产生的有毒有害气体随漏风风流流入矿井正在生产的工作面，危害职工健康与生命安全。在进一步封堵漏风的基础上，为了保障安全生产，需要采用多层采空区流场局部动态平衡技术来控风。

4.3.1 多层采空区流场局部动态平衡技术在回采工作面应用的必要性

多层采空区流场局部动态平衡技术适用于地质条件、通风条件极复杂的回采工作面。尤其适用于近距离煤层开采的靠下部的回采工作面。

在近距离多煤层中，上部煤层已经开采，开采后形成的上部多层采空区已经互相连通，有的甚至与地表连通，造成了数不清的漏风源。由于漏风致使上部多层采空区的遗煤自燃，产生了大量的有毒有害气体。

正在回采的工作面布置在近距离多煤层中已经开采完毕的煤层下部，又采取了全部垮落法控制顶板。随着工作面的推进，采空区冒落不可避免地要与上部多层采空区连通。

在这种极其困难的条件下，矿井又采取了负压通风（如果采取正压通风，会无法控制上部多层采空区遗煤自燃），在上部多层采空区漏风流场的作用下，上部多层采空区存在的有毒有害气体会大量涌向回采工作面，造成工作面有害气体超标，威胁回采工作面的安全生产。采用堵漏、均压通风等方法都不能解决工作面有害气体超标（正压风机供风少，不能阻止有害气体涌入工作面；供风多，会引起上部采空区遗煤自燃）。在这种复杂的地质条件、通风条件下，采取多层采空区流场局部动态平衡技术难题就迎刃而解了，它能够将正在回采的工作面风压调整在合理范围内，将流入上部采空区的风流限制在规定范围内，以防止上部采空区遗煤自燃。同时，又能够阻止上部采空区的有毒有害气体流入回采工作面，保证回采工作面安全生产。

4.3.2 多层采空区流场局部动态平衡技术在回采工作面应用方法

1. 工作面风量确定

合理配风是煤矿安全生产的基本保证。为使井下工作人员获得足够的新鲜空气和创造良好的气候条件，并能有效地排除井下有害气体和矿尘，每个回采工作面实际需要风量，应按瓦斯、二氧化碳涌出量和爆破后的有害气体产生量，以及工作面气温、风速和人数等规定分别进行计算，然后取其中最大值。

特殊工作面（指瓦斯特大，掘进 $q_w > 3\ m^3/min$，回采 $q_w > 5\ m^3/min$ 或特殊

方法开采、掘进超过 1500 m 等）应作工作面通风设计，报集团公司审批后可按通风设计执行。

风量计算和通风管理中必须保证所有巷道的风速符合《煤矿安全规程》的规定，要根据计算结果对照允许风速进行验算。确定合理的工作面用风量，作为选择局部动态平衡风机的依据。

2. 设备选型

1）局部通风机选型

局部通风机的选取要依据局部通风机实际吸风量和工作压力选取（部分局部通风机性能参数参见表4-3）。选择局部通风机和风筒按"总生字〔2001〕270 号文'加强管理，杜绝瓦斯、煤尘事故的规定'"中第五条规定的原则选用，见表4-4。

表4-3 各种局部通风机型号及其性能

型　　号	功率/kW	风量/$(m^3 \cdot min^{-1})$	风压/Pa
JBT-51	5.5	145～225	490～1177
JBT-52	11	145～225	490～2354
JBT-61	14	250～390	343～1569
JBT-62	28	250～390	686～3139
2BKJNo4/6	2×3	120～220	300～2100
2BKJNo4.5/11	2×5.5	157～242	311～3070
2BKJNo5/15	2×7.5	180～300	340～3500
2BFJNo5.6/22	2×11	200～400	350～4000
2BKJNo6/30	2×15	260～447	440～5030
2BKJNo6/37	2×18.5	250～500	450～5500
2BKJNo6.3/44	2×22	250～550	450～6000

表4-4 局部通风机及配套风筒

通风距离/m	选择局部通风机的功率/kW	配套风筒（直径）/mm
<400	5.5×2 或 11	450
400～800	11×2 或 28	450 或 600
800～1500	30（2×15）	600 或 800

2）其他设备选型

按本书中给定的型号选取。

3. 设置安装方法

1）进风巷挡风墙及通风机设置

（1）在回采工作面进风巷口以里 10 ~ 15 m 处（如果该进风巷设置了输送带，应距带式输送机机头储带仓 10 ~ 15 m 处），按永久风门砌筑方法砌筑两道挡风墙，墙体厚度为 50 cm，两道挡风墙间距不小于 5 m（如果是机轨合一巷道，间距应不小于一列车长度）。在该墙上镶设两个所选风筒直径的铁质导风筒，并在行人侧砌筑两道行人小风门，钉好风门底帘。如果该进风巷设置了输送带，此挡风墙要跨带式输送机设置，并在带式输送机通过处设好上下带式输送机挡风帘。两道行人风门要设联锁装置。并且必须安装语音报警器和风门开关传感器。多层采空区流场局部动态平衡设备、设施设置示意图如图 4 - 18 所示。

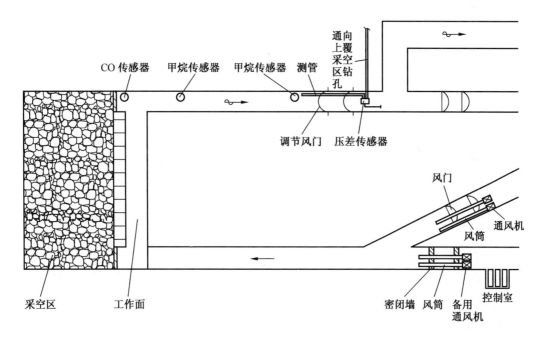

图 4 - 18　多层采空区流场局部动态平衡设备、设施设置示意图

（2）在镶设铁质导风筒的进风巷挡风墙前 3 m 处或在进风巷适当位置搭建通风机稳装平台，在平台上分别放置已经选取的局部通风机，通过双层帆布导风筒将局部通风机与铁质导风筒相连接，要求接头严密不漏风。其中一组局部通风机运转，另一组备用。当运转通风机发生故障时，自动切换启用备用通风机，在两组通风机会合处安装自动切换挡风板装置，保证在局部通风机因故停止运转

时，挡风板能够自动关闭，将出风口封堵严实。

在工作面的头部（转载机处）中部、尾部（溜尾电机处）、两巷的中部各安设一台调压风机开停声光报警器，要求在调压风机出现突然停止运转时，能及时向工作面作业人员发出报警信息。

2）回风巷调节风门设置

（1）在回采工作面回风巷口以里 5～10 m 处，按永久风门砌筑方法砌筑两道调节风门。两道风门间距为运料列车的一列车长度，风门跨在轨道中间。钉好风门底帘，安装好风门底帘挡风装置。两道风门要设联锁装置。根据工作面所需风量，设好自动调节风窗。并且必须安装语音报警器和风门开关传感器。

（2）在调节风门附近，选择顶板完整、支护完好的地点，在顶板上，向上覆采空区施工一个穿层的直径为 108 mm 的垂直钻孔，钻孔要与上部采空区相通。为防止塌孔，应安装套管，并采用聚氨酯固定。

3）监测监控设备的设置

（1）在回风巷调节风门外安装负压传感器（压差计），负压传感器（压差计）一端设在回风巷道两道调节风门里 10 m 处，另一端设在回风巷道调节风门附近的与上层采空区连通的钻孔内，负压传感器（压差计）与变频器相连接，负压传感器（压差计）为回风巷和漏风区测量风压差，为控制提供参量；据试验测定压差保持在 1～3 mmH$_2$O 为宜。

（2）在进风巷挡风墙以里 10 m 处设置风量传感器，测量进风风量，为控制提供参量。在回风巷调节风门以里 10 m 处设置风量传感器，测量出风风量，为控制提供参量。一氧化碳传感器设置在工作面上隅角，报警浓度为 24×10^{-6}，为控制提供参量。

（3）在回风巷距工作面回风口不大于 10 m 处和在距回风绕道口 10～15 m 的回风流中分别安设甲烷传感器。工作面甲烷传感器报警浓度为不小于 1.0%，断电浓度为不小于 1.5%；回风巷甲烷传感器报警浓度为不小于 1.0%，断电浓度为不小于 1.0%。断电范围均为工作面及回风巷中全部非本质安全型电气设备，复电浓度均为小于 1.0%。传感器吊挂标准为距顶板不大于 0.3 m，距煤帮不小于 0.2 m。

监控传感器要实行挂牌管理，监测中心 24 h 不间断监测。

4）监测监控设备与调压风机的连接

局部动态平衡自动控制装置主要由通风机、变频器、负压传感器、一氧化碳传感器、风速传感器、本安电源和接线盒等组成。局部动态平衡自动控制结构如

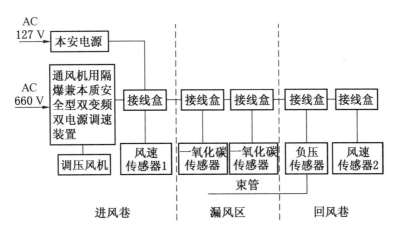

图 4 - 19　局部动态平衡自动控制结构图

图 4 - 19 所示。

　　通风机、变频器、风速传感器 1、本安电源等设置在进风巷内。通风机为局部动态平衡调节的提供风源；变频器为局部动态平衡调节的驱动和控制的核心单元；负压传感器为回风巷和漏风区测量风压差，为控制提供参量；风速传感器 1 测量进风风量，为控制提供参量；风速传感器 2 设在回风巷，测量回风风量，为控制提供参量；两个一氧化碳传感器设置在漏风区域，互为备用，为控制提供参量；本安电源为所有传感器供电，传感器采用 RS485 总线连接。

　　4. 系统启动步骤及方法

　　(1) 由通风副总和通风区长负责共同组织实施多层采空区流场局部动态平衡系统的启动工作。

　　(2) 参加启动的现场必须有救护队员、测风员、瓦斯检查员、安监员、施工队（组）电气维修工及相应的专业人员。

　　(3) 在通风区长的统一指挥下，开启专用调压风机。

　　①启动调压风机前，要派专业人员检查系统中各部机械设备、控制仪器完好状态，设置位置、连接方式是否正确，供电系统、周围环境是否符合要求。

　　②工作面由现场上岗干部负责安排电工将工作面的电源全部切断，电气开关全部打到零位并闭锁。由现场救护队员及瓦斯检查员、安监员、施工队（组）电气维修工及上岗干部共同进入工作面进行安全检查，确认无任何安全隐患后，将人员全部撤离工作面。

　　③关闭进风巷挡风墙的行人风门及输送带上下挡风帘，关闭回风巷调节风门。启动调压风机。

④启动调压风机后，专业人员要在现场观测系统运行状态，发现异常，立即停止运行进行处理，故障排除后，重新启动。

⑤观测时间内，要及时做好记录，待系统运转稳定、各项指标达到要求后，切换第二组调压风机运行，待第二组调压风机系统运转稳定、各项指标达到要求后，方可交付生产。

⑥工作面现场负责人签收后，可责成电工恢复工作面送电，并责令专人负责系统管理，恢复工作面生产。

（4）在多层采空区流场局部动态平衡系统运行期间，通风区要有计划、有组织地安排对工作面进行检查，并测定工作面在各种状态下相关气体下泄时间、压力、风量等参数，并做好纪录。

5. 注意事项

（1）为了防止工作面在初采期间顶板完全垮落后，上覆采空区有害气体异常涌出，造成安全隐患，应在工作面顶板垮落前，先进行初期调压，两巷压力确定应以工作面回风流的一氧化碳浓度不超限为标准（一般在 300 Pa 左右）。采空区漏风量控制 50 m^3/min 左右。

（2）初期调压结束后，必须连续观察，待气体及压力情况稳定后，方可生产。

（3）由于停电或其他原因造成调压风机停止运转，必须按如下顺序进行有关工作：

①迅速将工作面人员全部撤出。

②切断工作面电源。并将进风巷风门打开。

③将回风巷两道调压风门打开，形成全负压通风系统。

④调压风机开启前，由瓦斯检查员检查调压风机及其开关附近 20 m 范围内的 CH_4 浓度，符合《煤矿安全规程》规定后，方可恢复风机运转。关闭进、回风巷的风门。

⑤在调压风机运转 30 min 后，由瓦斯检查员检查工作面各部位有害气体情况，经检查 CH_4 浓度小于 0.5%，CO_2 浓度小于 1.5%，CO 浓度小于 24×10^{-6} 时，方可允许恢复工作面供电及作业。

（4）由于进、出物料将进、回风巷风门损坏，造成工作面多层采空区流场局部动态平衡系统泄压时，必须按如下顺序进行有关工作：

①若进、回风巷风门损坏一道，多层采空区流场局部动态平衡系统保持正常运行时，要组织有关人员立即修复。修复期间，禁止通行，防止多层采空区流场

局部动态平衡系统被破坏。

②若进、回风巷风门损坏一组，工作面人员应迅速撤出并同时切断工作面电源。调压风机停止运转，形成全负压通风系统。组织有关人员立即处理，在风门没有修复前，严禁人员进入。风门修复后，在调压风机开启 30 min 后，由瓦斯检查员检查工作面各地点有害气体情况，若有害气体不超限方可作业。

4.3.3 多层采空区流场局部动态平衡技术在回采工作面应用实例

1. 四台矿回采工作面多层采空区流场局部动态平衡技术

四台矿 404 西部盘区 12 号煤层首采面上覆采空区，因受小煤窑开采的影响，连通关系复杂，自然发火严重，11 号煤层采空区已积聚了大量的高浓度 CO 气体，由于 12 号煤层工作面开采时，负压大于 11 号煤层采空区负压，因此在开采过程中，11 号煤层采空区的 CO 气体很容易通过两层采空区之间的漏风通道进入 12 号煤层采空区，影响 12 号煤层工作面的安全生产，在回采 404 西部盘区首采面 12 号煤层 8405 工作面时，发现 8405 工作面进、回风巷道均出风，且有害气体浓度涌出量较大。于是，四台矿启用了多层采空区流场局部动态平衡技术，从而保证了 8405 工作面的顺利回采。目前，12 号煤层 8703 工作面由于应用了多层采空区流场局部动态平衡技术，保障了该工作面的安全撤架。

多层采空区流场局部动态平衡通风方法示意图如图 4 - 18 所示。

在工作面进风巷入口处设置 1 台 2×45 kW 的局部通风机，局部通风机实行双机双电源自动切换。在局部通风机前设置两道相距 5 m 的风门，局部通风机的 ϕ800 mm、长 10 余米的正压风筒从风门引入进风巷；在回风巷出口处设置两道调节风门，风门上设置滑窗，在风门外设压差传感器，压差传感器的一端用胶管连接伸入调节风门内，另一端伸入在风门外向 11 号煤层采空区打的钻孔中，通过压差传感器测试 11 号煤层采空区和 12 号煤层工作面的压差，为了能实行上、下两层采空区流场局部动态平衡，根据多层采空区流场局部动态平衡理论，压差传感器的压差调到 0 ~ 100 Pa。

(1) 在 12 号煤层回采工作面所有风门均安装风门语音报警器和风门开停传感器。

(2) 在 12 号煤层回采工作面正巷带式输送机机头附近，工作面的头部（转载机处）、中部、尾部（溜尾电机处），两巷的中部各安设一台调压风机开停声光报警器，要求在调压风机出现突然停止运转情况时，能及时向工作面作业人员发出报警信息。

(3) 监测监控设备的安设。在 12 号煤层工作面上隅角安设一台甲烷传感器，其报警点为不小于 1.0%，断电点为不小于 1.5%，复电点为小于 1.0%，断电范围为工作面及回风巷内全部非本质安全型电气设备；安设一台 CO/温度组合传感器，其报警点不小于 0.0024%；在距 12 号煤层工作面回风口不大于 10 m 处，安设一台甲烷传感器，其报警点为不小于 1.0%，断电点为不小于 1.5%，复电点为小于 1.0%，断电范围为工作面及回风巷内全部非本质安全型电气设备；在工作面进、回风断面较好的地点，设置经过校正的风速传感器，用来测试流入和流出工作面的风量。

由于带式输送机穿过局部通风机前的风门，风门有部分漏风，因此工作面的有效风量为 450～550 m³/min。风压的大小直接关系到工作面防火和防瓦斯效果，如果风压过大，虽然能将瓦斯压入采空区深部，但将使采空区漏风加大，氧化带变宽，而且不易测到采空区内部真实气体；如果风压过小，则不能将瓦斯压入采空区，工作面瓦斯将超限，达不到正压通风的目的。

变频器是利用电力半导体器件的通断作用将工频电源变换为另一频率的电能控制装置，能实现对交流异步电机的软启动、变频调速、提高运转精度、改变功率因素、过流/过压/过载保护等功能。因此，在这里通过局部通风机电动机接变频器的方式来实现工作面风量和风压的调节，变频器的工作原理如下。

交流电动机的同步转速表达式为

$$n = \frac{60f(1-s)}{p} \tag{4-1}$$

式中　n——异步电动机的转速；

　　　f——异步电动机的频率；

　　　s——电动机转差率；

　　　p——电动机极对数。

由式（4-1）可知，转速 n 与频率 f 成正比，只要改变频率 f 即可改变电动机的转速，当频率 f 在 0～50 Hz 的范围内变化时，电动机转速调节范围非常宽。变频器是通过改变电动机电源频率实现速度调节的，是一种理想的高效率、高性能的调速手段。

首先通过风窗调节将工作面压差控制在一定范围内，再通过压差传感器自动监测本工作面与上部采空区的压差，压差传感器的监测结果输出至 PLC 控制器，然后 PLC 反馈给矿用局部通风机变频器的电压输入端，变频器通过改变频率对风机转速进行调整进而调节通风量，从而更加精确地实现工作面流场局部动态平衡，防止采空区有害气体进入工作空间。

2. 马脊梁矿回采工作面多层采空区流场局部动态平衡技术

马脊梁矿 14－3 号煤层 305 盘区 8513 工作面，地表地貌为沟谷相间的丘陵台地。地面大部分为耕地和幼树，地面无建筑物，地面高差为 23 m 左右。该工作面对应上覆地表裂隙比较发育，由于地表裂隙的存在，特别是在季节交替期间，受到气候的影响，在大气压力的作用下，工作面气体变化更大。2010 年，为确保回采工作面的安全生产，对该工作面对应的上覆地表裂隙进一步充填，以隔绝矿井漏风通道。工作面北东为 14 号煤层 305 盘区大巷，北西为马脊梁矿和燕子山矿矿界煤柱，南东为本盘区 8511 工作面，南西为小蒜沟村庄煤柱及小煤窑破坏区。上覆 14－2 号煤层 305 盘区 8512 工作面在掘进过程中曾与小蒜沟小煤窑贯通。

该工作面是 14－3 号煤层 305 盘区的首采工作面。工作面倾斜长度为 127.8 m，设计走向长度为 406.6 m，工作面煤层平均厚度为 2.90 m，煤层倾角平均为 3°。局部有一向斜构造，向斜轴 110°。14－2 号煤层与 14－3 号煤层层间距最小为 2.3 m，最大为 9.0 m，平均为 4.50 m 左右。为防止回采期间该面上覆及本层采空区有毒有害气体涌入工作面，影响工作面的安全生产，在 8513 工作面回采前，提前构建了工作面多层采空区流场局部动态平衡技术所需的构筑物。

8513 工作面需风量按配风标准进行计算。

1）按瓦斯涌出量计算

$$Q_采 = 100q_{瓦采}K_采$$

式中　$q_{瓦采}$——工作面回风巷中瓦斯（或二氧化碳）的平均绝对涌出量，取 0.13 m³/min；

　　　$K_采$——工作面瓦斯涌出不均衡备用风量系数，取 2.6。

则

$$Q_采 = (100 \times 0.46 \times 2.6)\, m^3/min = 119.6\ m^3/min$$

2）按气象条件计算

$$Q_采 = Q_{基本}K_{采高}K_{采面长}K_{温度}$$

$$Q_{基本} = 60 \times 工作面平均控顶距 \times 采高 \times 70\% \times V_采$$

式中　$K_{采高}$——采高系数，取 1.5；

　　　$K_{采面长}$——采面长系数，取 1.0；

　　　$K_{温度}$——温度系数，取 1.0。

已知，温度小于 20 ℃时 $K_{温度}$ 取 1.0，$V_采$ 取 1 m/s，工作面平均控顶距为 5.08 m，平均采高为 2.9 m，则

$$Q_{基本} = (60 \times 5.08 \times 2.9 \times 70\% \times 1)\, \mathrm{m^3/min} = 618.7\ \mathrm{m^3/min}$$

$$Q_{采} = (618.7 \times 1.5 \times 1.0 \times 1.0)\, \mathrm{m^3/min} = 928\ \mathrm{m^3/min}$$

3）按工作面温度选择适宜的风速进行计算

$$Q_{采} = 60 V_{采} S_{采}$$

式中　$V_{采}$——采煤工作面风速，取 1 m/s；

　　　$S_{采}$——采煤工作面的平均断面积，取 $5.08 \times 2.9\ \mathrm{m^2}$。

则

$$Q_{采} = (60 \times 1 \times 5.08 \times 2.9)\, \mathrm{m^3/min} = 884\ \mathrm{m^3/min}$$

4）按人数计算

$$Q_{采} = 4N$$

式中　N——工作面同时工作的最多人数，取 70 人。

则

$$Q_{采} = (4 \times 70)\, \mathrm{m^3/min} = 280\ \mathrm{m^3/min}$$

5）按风速验算

$$15S \leqslant Q_{采} \leqslant 240S$$

式中　15——巷道允许最低风速，m/min；

　　　240——巷道允许最高风速，m/min；

　　　S——工作面平均控顶断面积，取 $5.08 \times 2.9\ \mathrm{m^2}$。

则

$$15 \times 5.08 \times 2.9 \leqslant 929 \leqslant 240 \times 5.08 \times 2.9$$

根据以上风量计算，工作面配风量为 928 m³/min。通过对 2×75 kW 风机技术参数的研究，综合考虑风门、挡风帘等漏风因素，选取两台 2×75 kW 风机可满足工作面供风要求。

8513 工作面多层采空区流场局部动态平衡技术所需的构筑物的构建及技术要求如下：

（1）如图 4-20 所示，由通风队负责在 2513 运输巷口以里 35 m 处砌筑跨输送带的挡风墙，在该墙上镶设两个直径 1 m 的铁质导风筒，并在运输巷轨道侧砌筑两道行人小风门，留设行人通道。在 2513 进料斜巷砌筑两道风门，风门规格为 $2.6\ \mathrm{m} \times 2\ \mathrm{m}$，两道风门间距不小于 11 m，风门跨在轨道中间。钉好风门底帘，安装好风门底帘挡风装置。并在风门靠 2513 运输巷侧墙垛上镶设两个直径 1 m 的铁质导风筒。

（2）在镶设铁质导风筒的运输巷挡风墙及风门墙前 2 m 处分别搭建风机稳

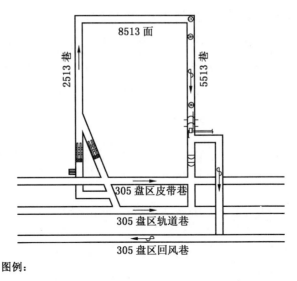

图例:

风机 ⊠　风门 ⌒　回风 ←~　进风 ←　压差传感器 ⎕

均压调节门 ⌒　一氧化碳传感器 ⓒⓄ　瓦斯传感器 ⒸⒽ₄　密闭墙 ▓

图 4-20　8513 工作面多层采空区流场局部动态平衡通风示意图

装平台,在平台上分别放置两台 2×75 kW 的对旋式局部通风机,通过双层帆布导风筒将局部通风机与铁质导风筒相连接,要求接头严密不漏风。其中两台局部通风机运转,另两台备用。进料斜巷处两台局部通风机为主运转风机,运输巷处两台局部通风机为备用风机,当运转风机发生故障时,必须保证能够自动切换启用备用风机。在铁质导风筒出风口处必须安装自动切换挡风板装置,保证在局部通风机因故停止运转时,挡风板能够自动关闭,将出风口封堵严实。

(3) 通风队负责在距 5513 巷回风口以里 5 m 和 25 m 处分别砌筑一道调节风门,风门规格 2.6 m×2.1 m。调节风窗规格 1.8 m×0.5 m。

(4) 在 2513 巷和 5513 巷风门外分别安装压差传感器,并与红胶管一端连接,红胶管另一端延接至第二道风门以里 10 m 处,以建立工作面测压系统。在 5513 巷回风口以里(工作面方向)30 m 顶板处向上覆采空区施工一穿层钻孔(直径 108 mm),并安装压差传感器,以便观察本工作面与上覆采空区间气压差。根据多层采空区流场局部动态平衡理论,本工作面升压压力保持在比上覆采空区压力大 20~30 Pa 范围内。

(5) 在 2513 巷风门、5513 巷风门,以及 5513 巷两道风门处安设风门语音报警装置和风门开停传感器装置。在 5513 巷距工作面回风口不大于 10 m 处和在距回风绕道口 10~15 m 的回风流中分别安设甲烷传感器。工作面甲烷传感器报警浓度为不小于 1.0%，断电浓度为不小于 1.5%；回风巷甲烷传感器报警浓度为不小于 1.0%，断电浓度为不小于 1.0%，断电范围均为工作面及回风巷中全部非本质安全型电气设备，复电浓度均为小于 1.0%。传感器吊挂标准为距顶板不大于 0.3 m，距煤帮不小于 0.2 m。在工作面上隅角安设一氧化碳传感器，报警浓度为 24×10^{-6}。监控传感器要实行挂牌管理，监测中心 24 h 不间断监测。

（6）在工作面头、中、尾及回风巷每隔 200 m 处，2513 巷带式输送机机头，305 盘区变电所处分别安设局部通风机开停声光语音报警装置，使工作面人员随时掌握局部通风机运转情况。

（7）在增阻风门的基础上，再将风机配套电动机接变频器，根据传感器监测工作面压差监测结果，自动通过变频器对局部通风机电动机转速大小进行调节，从而在工作面允许风量的范围内调整风压与流量的大小，达到最佳平衡效果。

按照规定的启动方法和步骤启动后，系统运转正常，有效地防止了上覆采空区的有毒有害气体涌入工作面，实现了安全生产。

5 回采工作面火灾防治理论与技术

5.1 煤活性基团改性理论

5.1.1 煤表面的化学结构及活性结构模型

5.1.1.1 煤表面化学结构模型

煤是一种具有多种化学键和官能团组成的有机大分子，煤分子的化学结构是研究煤炭氧化自燃过程和煤自燃机理的基础。煤中有机大分子的侧链基团对煤的自燃起到重要作用，对揭示阻化机理及预防煤的自燃具有重要意义。本书应用理论和实验相结合的方法研究煤的分子结构。

1. 煤结构的红外光谱实验

实验煤样是取自山西大同煤矿集团、神华集团神东公司、黑龙江双鸭山等矿区所属矿井采集的不同煤层和不同工作面的 90 种原煤样。煤样从井下采集后及时密封，防止氧化。将实验煤样在实验室研磨 250 目以上，真空干燥 24 h，并存放在干燥密封容器中保存。

实验仪器采用德国生产的 TENSOR27 型傅立叶变换红外光谱仪。以 KBr 压片，样品与 KBr 的比率为 1∶180，做定量分析，累加扫描次数 32 次。

实验测得了大同煤矿集团、神华集团神东公司、黑龙江双鸭山等矿区所属矿井 90 多个煤样红外光谱图，部分光谱图如图 5-1 至图 5-3 所示。

2. 实验煤样红外光谱图谱官能团归属

从煤样的红外光谱图可以看出，煤种不同，在红外光谱图表现出峰的高低和峰面积值不同，但是所有煤样显现的峰形基本相似，这说明所有的煤含有同样的官能团。显现峰的强弱不同，说明官能团数量的差异。煤作为一种不均性、非晶态物质，其红外光谱有其自身特点。分子中各种基团红外光谱吸收峰分析结果见表 5-1。

根据煤的红外光谱的分析可知，煤中含有基团为羟基—OH，苯酚，伯胺基团，苯环，带烯烃基团，R—S—CH$_3$ 基团，芳香甲基，芳香亚甲基，羧酸、酯等 C ═O 双键，芳香醚，乙烯醚环氧化合物等。

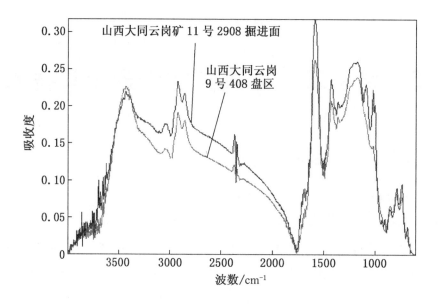

图 5-1　大同云岗矿 9 号煤层 408 盘区和 11 号
煤层 2908 掘进面煤样红外光谱图

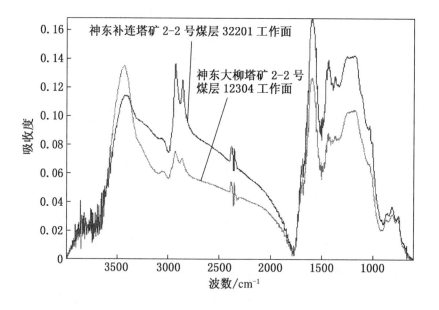

图 5-2　神东补连塔矿 2-2 号煤层 32201 工作面和大柳塔矿
2-2 号煤层 12304 工作面煤样红外光谱图

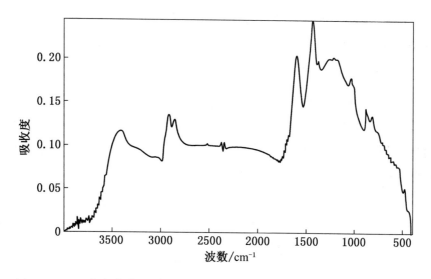

图 5-3　双鸭山东荣二矿 16 号煤层南二下延皮带道煤样红外光谱图

表 5-1　分子中各种基团红外光谱吸收峰分析结果

基 团 名 称	吸收峰范围	吸收峰位置
羟基—OH	3700～3600	3691、3650、3621
苯酚、伯胺基团、羟基 NH 氢和羟基上 H 的伸缩振动，KBr	3606～3308	3419
苯环、烯烃═CH 伸缩振动	3299～3097	3030
R—X—CH$_3$ 基团、芳香甲基 CH$_3$，H 的不对称伸缩振动	3097～2994	3040
芳香亚甲基、含氧环烷 CH$_2$ 中 H 的不对称伸缩振动以及甲基 CH$_3$，H 的对称伸缩振动	2994～2826	2916、2850
苯环及与苯环相联乙烯基团 C═C 双键伸缩振动以及羧酸、酯等 C═O 双键伸缩振动	1680～1519	1590
CH$_2$、CH$_3$，H 的面内变形振动	1519～1359	1432
芳香醚，乙烯醚环氧化合物 H 与苯环 H 变形振动	1350～1125	1187
醚键中 C—O—C 伸缩振动	1133～1061	1101

3. 基于氧化反应煤分子基本结构单元的化学结构建立

近代煤的化学结构观点认为，煤的化学结构是高度交联的非晶质大分子空间网络。每个大分子由许多结构相似而又不完全相同的基本结构单元聚合而成。煤的化学结构具有相似性和高分子聚合性等特点。煤聚合物大分子可大致看做由基本结构单元有关的三个层次部分组成，即基本结构的单元核、核外的官能团和烷基侧链及基本结构单元之间的联结桥键。

煤的基本结构单元的核心部分主要是缩合芳香环、少量的氢化芳香环、脂环和杂环。基本结构单元的外围连接有烷基侧链和各种官能团。烷基侧链主要有—CH_2—、—CH_2—CH_3 等。官能团以含氧官能团为主，包括酚羟基、羧基、甲氧基、羰基、含硫官能团和含氮官能团等。

根据实验测得煤的红外光谱谱图确定的煤的分子结构和存在的基团，以及红外光谱测得的煤在自燃氧化过程中的生成物，并总结前人的研究成果得到基于化学反应的煤化学结构基本单元模型，如图5-4所示。

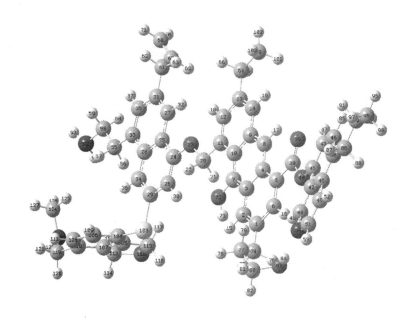

图5-4　优化后自燃煤有机大分子的化学基本结构单元

5.1.1.2　煤表面活性结构的几何构型

作为阻化机理研究的对象，将煤分子基本结构单元简化为一个苯环构成的煤分子骨架上伸出一条含有一个 C 原子和一个活性非碳原子的侧链。

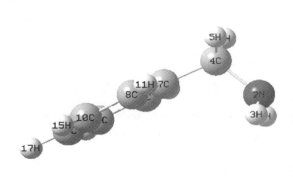

图5-5　煤分子化学结构模型

1. 煤分子含 N 活性基团结构的几何构型及净电荷布居

应用量子化学 Gaussian03 软件程序包，采用密度泛函在 B3LYP/6－311G 水平上计算得到煤分子含 N 活性基团的几何构型，如图5-5所示。

通过计算得到的含 N 活性基团煤

分子结构中原子的电荷布居及自然电子组态见表5-2。

表5-2 煤分子的静电荷布居及自然电子组态

原子序号	原子种类	原子电荷	核外电子排布
1	H	0.34313	1s (0.65)
2	N	-0.82455	[core] 2s (1.39) 2p (4.43) 3p (0.01)
3	H	0.34313	1s (0.65)
4	C	-0.19467	[core] 2s (0.99) 2p (3.19) 3p (0.01)
5	H	0.19113	1s (0.81)
6	H	0.19114	1s (0.81)
7	C	-0.03676	[core] 2s (0.89) 2p (3.14) 3p (0.01)
8	C	-0.21168	[core] 2s (0.94) 2p (3.26) 3p (0.01)
9	C	-0.21168	[core] 2s (0.94) 2p (3.26) 3p (0.01)
10	C	-0.19313	[core] 2s (0.95) 2p (3.24) 3p (0.01)
11	H	0.19815	1s (0.80)
12	C	-0.19313	[core] 2s (0.95) 2p (3.24) 3p (0.01)
13	H	0.19815	1s (0.80)
14	C	-0.20675	[core] 2s (0.95) 2p (3.25) 3p (0.01)
15	H	0.20242	1s (0.80)
16	H	0.20242	1s (0.80)
17	H	0.20267	1s (0.80)

由表5-2可知，煤分子中的 N 原子轨道分布为 2s (1.39) 2p (4.43) 3p (0.01)，2p 轨道存在一个孤对电子，易与金属离子形成配位键。

分子轨道理论认为，HOMO 能级反映了分子失去电子能力的强弱，HOMO 能级越高，该分子越易失去电子。而 LUMO 能级在数值上与分子的电子亲和势相当，LUMO 能级越低，该分子越易得到电子。HOMO 与 LUMO 能隙差 ΔE 的大小反映了电子从占据轨道

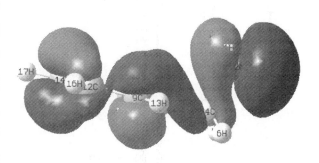

图5-6 煤分子最高占据轨道 HOMO 图

向空轨道发生跃迁的能力，在一定程度上代表了分子参与化学反应的能力。经 B3LYP/6-311G 优化的煤分子结构模型的 HOMO、HOMO$_{-1}$、LUMO、LUMO$_{+1}$ 轨道图如图 5-6 至图 5-9 所示。

图 5-7　煤分子最高占据轨道 HOMO$_{-1}$ 图　　　图 5-8　煤分子最低空轨道 LUMO 图

图 5-9　煤分子最低空轨道 LUMO$_{+1}$ 图

从图 5-6 可以看出，煤分子中 N 原子的最高占据轨道 HOMO 集中在活性基团—NH$_2$ 附近，具有较高的化学活性，容易失去电子与金属离子形成配位键，同时也易与氧发生化学反应导致煤炭自燃。因此，加入带有金属离子的阻化剂，使得煤中的—NH$_2$ 与阻化剂中的金属离子形成了配位化学键，并且与多个 N、O、S、P 等原子配位，形成配位体，降低了煤中活泼基团与氧反应的活性。

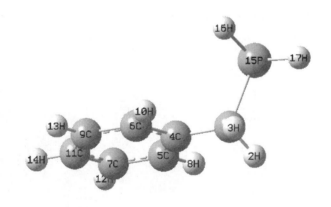

图 5-10　煤分子化学结构模型

2. 煤分子含 P 活性基团结构的几何构型及净电荷布居

应用量子化学 Gaussian03 软件程序包，采用密度泛函在 B3LYP/6 - 311G 水平上计算得到煤含 P 活性基团的几何构型，如图 5 - 10 所示。

通过计算得到的含 P 活性基团煤分子结构中原子的电荷布居及自然电子组态见表 5 - 3。

表 5 - 3　煤分子的静电荷布居及自然电子组态

原子序号	原子种类	原子电荷	核 外 电 子 排 布
1	C	- 0.60863	[core] 2s (1.10) 2p (3.50) 3p (0.01)
2	H	0.21853	1s (0.78)
3	H	0.21243	1s (0.79)
4	C	- 0.04216	[core] 2s (0.87) 2p (3.16) 3p (0.01)
5	C	- 0.20250	[core] 2s (0.94) 2p (3.25) 3p (0.01)
6	C	- 0.20672	[core] 2s (0.94) 2p (3.26) 3p (0.01)
7	C	- 0.19146	[core] 2s (0.95) 2p (3.23) 3p (0.01)
8	H	0.20465	1s (0.79)
9	C	- 0.19303	[core] 2s (0.94) 2p (3.24) 3p (0.01)
10	H	0.20064	1s (0.80)
11	C	- 0.20572	[core] 2s (0.95) 2p (3.25) 3p (0.01)
12	H	0.20364	1s (0.79)
13	H	0.20316	1s (0.79)
14	H	0.20308	1s (0.80)
15	P	0.22472	[core] 3s (1.61) 3p (3.15) 4p (0.01)
16	H	- 0.00780	1s (1.00)
17	H	- 0.01284	1s (1.01)

由表 5 - 3 可知，P 原子的静电荷布居为 3s (1.61) 3p (3.15) 4p (0.01)，3p 轨道有一对孤对电子，煤中含 P 的活性基团易与阻化剂中的金属离子形成配位键。

经 B3LYP/6 - 311G 优化的煤分子结构模型的 HOMO、HOMO$_{-1}$、LUMO、LUMO$_{+1}$ 轨道图如图 5 - 11 至图 5 - 14 所示。

从图 5 - 11 可以看出，煤分子中 P 原子的最高占据轨道 HOMO 集中在活性基团—PH$_2$ 附近电子云密度大，具有较高的化学活性，容易失去电子与金属离子

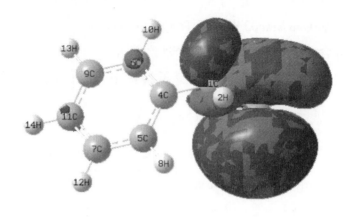

图 5 - 11　煤分子最高占据轨道 HOMO 图

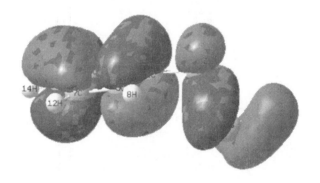

图 5 - 12　煤分子最高占据轨道 $HOMO_{-1}$ 图

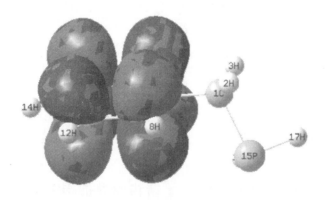

图 5 - 13　煤分子最低空轨道 LUMO 图

图 5-14 煤分子最低空轨道 LUMO$_{+1}$ 图

形成配位键，同时也易与氧发生化学反应导致煤炭自燃。因此，加入带有金属离子的阻化剂，使得煤中的—PH$_2$与阻化剂中的金属离子形成了配位化学键，并且与多个 N、O、S、P 等原子配位，形成配位体，降低了煤中活泼基团与氧反应的活性。

3. 煤分子含 S 活性基团结构的几何构型及净电荷布居

应用量子化学 Gaussian03 软件程序包，采用密度泛函在 B3LYP/6-311G 水平上计算得到煤含 S 活性基团的几何构型，如图 5-15 所示。

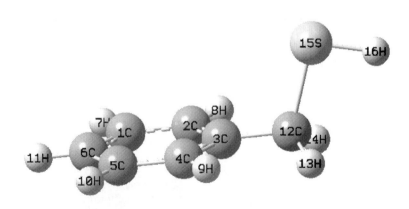

图 5-15 煤分子化学结构模型

通过计算得到的含 S 活性基团煤分子结构中原子的电荷布居及自然电子组态见表 5-4。

由表 5-4 可知，煤中含 S 的活性基团 S 原子 3p 轨道有两对孤对电子，能够与阻化剂中的金属离子形成配位化学键。

表 5-4　煤分子的静电荷布居及自然电子组态

原子序号	原子种类	原子电荷	核外电子排布
1	C	-0.19416	[core] 2s (0.95) 2p (3.24) 3p (0.01)
2	C	-0.19134	[core] 2s (0.94) 2p (3.24) 3p (0.01)
3	C	-0.05890	[core] 2s (0.87) 2p (3.18) 3p (0.01)
4	C	-0.19134	[core] 2s (0.94) 2p (3.24) 3p (0.01)
5	C	-0.19417	[core] 2s (0.95) 2p (3.24) 3p (0.01)
6	C	-0.19599	[core] 2s (0.95) 2p (3.24) 3p (0.01)
7	H	0.20479	1s (0.79)
8	H	0.20514	1s (0.79)
9	H	0.20513	1s (0.79)
10	H	0.20479	1s (0.79)
11	H	0.20368	1s (0.80)
12	C	-0.43732	[core] 2s (1.09) 2p (3.34) 3p (0.01)
13	H	0.20715	1s (0.79)
14	H	0.20715	1s (0.79)
15	S	-0.09640	[core] 3s (1.79) 3p (4.30) 4p (0.01)
16	H	0.12176	1s (0.88)

经 B3LYP/6-311G 优化的煤分子结构模型的 HOMO、HOMO$_{-1}$、LUMO、LUMO$_{+1}$ 轨道图如图 5-16 至图 5-19 所示。

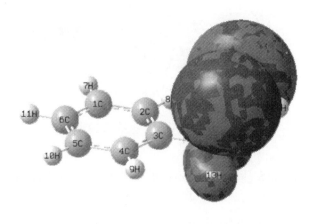

图 5-16　煤分子最高占据轨道 HOMO 图

图 5-17　煤分子最高占据轨道 HOMO$_{-1}$ 图

图 5-18　煤分子最低空轨道 LUMO 图

图 5-19　煤分子最低空轨道 LUMO$_{+1}$ 图

从图 5－16 可以看出，煤分子中 S 原子的最高占据轨道 HOMO 集中在活性基团—SH 附近，电子云密度大，具有较高的化学活性，容易失去电子与金属离子形成配位键，同时也易与氧发生化学反应导致煤炭自燃。因此，加入带有金属离子的阻化剂，使得煤中的—SH 与阻化剂中的金属离子形成了配位化学键，并且与多个 N、O、S、P 等原子配位，形成配位体，降低了煤中活泼基团与氧反应的活性。

5.1.1.3 小结

应用量子化学理论和对分子结构的红外光谱实验研究，得出如下结论：

（1）实验煤样具有相似的显现峰。应用红外光谱实验研究了不同地区煤样的红外光谱特征吸收峰，确定了各吸收峰的归属。根据煤的红外光谱分析可知，煤中含有基团为羟基—OH，苯酚，伯胺基团，苯环，带烯烃基团，R—S—CH$_3$ 基团，芳香甲基，芳香亚甲基，羧酸、酯等 C ═ O 双键，芳香醚，乙烯醚环氧化合物等。

（2）建立了煤分子的化学结构模型。总结已有的研究成果，应用红外光谱技术实验研究了煤分子结构，对煤分子结构的红外光谱谱图进行了分析，得到了煤分子中各官能团的归属。根据煤分子中存在的官能团，建立了煤分子的化学结构模型。

（3）计算得到煤分子结构模型中含 N、S、P 侧链基团分子轨道。采用量子化学密度泛函（DFT）理论计算方法，在 B3LYP/6－311G 计算水平上，对构建的煤分子化学基本结构单元进行了优化，得到了 HOMO 与 LUMO 的分子轨道图，煤分子的最高占据轨道 HOMO 集中在活性基团—NH$_2$、—PH$_2$ 及—SH 原子附近，说明煤分子中的活性基团—NH$_2$、—PH$_2$ 及—SH 具有较高的化学活性，容易失去电子与金属离子形成配位键，同时也易与氧发生化学反应导致煤炭自燃。

5.1.2 Ca^{2+}与含 N 活性基团形成的配合物

5.1.2.1 Ca^{2+}与含 N 活性基团形成二配体

1. 配合物的几何结构

煤表面含 N 活性基团和 Ca^{2+} 形成二配体时，应用量子化学 Gaussian03 软件程序包，采用密度泛函在 B3LYP/6－311G 水平上计算得到二配体的几何构型。

图 5－20 所示为煤与 Ca^{2+} 形成的二配体的几何平衡构型图，Ca^{2+} 与煤分子结构模型侧链上的 N 原子形成了配位键，且 Ca^{2+} 与 2 个 N 原子形成了折线形结构，N(2)—Ca(35)—N(32)键键角为 133.2912°；Ca^{2+} 与 N 原子形成的配位键的

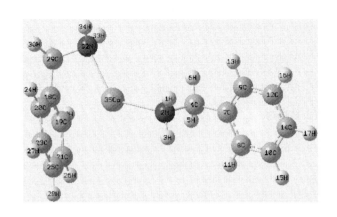

图 5 - 20 经优化后的配合物的化学结构

键长分别为,Ca(35)—N(2)键长 0.24216 nm、Ca(35)—N(32)键长 0.24819 nm。

比较发生配位反应煤表面结构的变化,配位前后煤活性基团的键长、键角的变化不大。对几何优化后的构型进行振动频率计算,计算所得频率均为正值,表明所得构型为势能面上的鞍点,结构较稳定。配位结构可用几何平衡构型的键长、键角及二面角表示,见表 5 - 5 至表 5 - 7。

表 5 - 5 配 位 结 构 键 长   Å

原子关系	键 长	原子关系	键 长	原子关系	键 长
R（1，2）	1.0248	R（10，14）	1.3983	R（21，25）	1.4032
R（2，3）	1.0247	R（10，15）	1.0805	R（21，26）	1.081
R（2，4）	1.5512	R（12，14）	1.3984	R（23，25）	1.4031
R（2，35）	2.4216	R（12，16）	1.0805	R（23，27）	1.0809
R（4，5）	1.0919	R（14，17）	1.0805	R（25，28）	1.0803
R（4，6）	1.0919	R（18，19）	1.4125	R（29，30）	1.0875
R（4，7）	1.5031	R（18，20）	1.4123	R（29，31）	1.0875
R（7，8）	1.4052	R（18，29）	1.5149	R（29，32）	1.5403
R（7，9）	1.4052	R（18，35）	2.7151	R（32，33）	1.0208
R（8，10）	1.3955	R（19，21）	1.405	R（32，34）	1.0209
R（8，11）	1.0842	R（19，22）	1.0833	R（32，35）	2.4819
R（9，12）	1.3954	R（20，23）	1.4049		
R（9，13）	1.0842	R（20，24）	1.0832		

注:1 Å = 0.1 nm,下同。

表 5-6 配 位 结 构 键 角 (°)

原子关系	键 角	原子关系	键 角	原子关系	键 角
A（1，2，3）	103.3971	A（8，10，15）	119.9383	A（25，21，26）	120.0279
A（1，2，4）	106.1439	A（14，10，15）	120.0672	A（20，23，25）	120.1694
A（1，2，35）	113.8105	A（9，12，14）	120.0001	A（20，23，27）	119.7555
A（3，2，4）	106.1198	A（9，12，16）	119.9386	A（25，23，27）	120.0434
A（3，2，35）	114.3394	A（14，12，16）	120.0552	A（21，25，23）	119.775
A（4，2，35）	112.2053	A（10，14，12）	120.1376	A（21，25，28）	120.0833
A（2，4，5）	106.802	A（10，14，17）	119.9346	A（23，25，28）	120.0689
A（2，4，6）	106.7671	A（12，14，17）	119.9223	A（18，29，30）	111.2282
A（2，4，7）	112.3885	A（19，18，20）	118.7658	A（18，29，31）	111.1917
A（5，4，6）	108.7421	A（19，18，29）	120.3703	A（18，29，32）	108.7553
A（5，4，7）	110.9434	A（19，18，35）	85.0164	A（30，29，31）	107.6793
A（6，4，7）	110.9864	A（20，18，29）	120.4356	A（30，29，32）	109.0144
A（4，7，8）	120.2787	A（20，18，35）	85.6069	A（31，29，32）	108.922
A（4，7，9）	120.2806	A（29，18，35）	92.7886	A（29，32，33）	109.4205
A（8，7，9）	119.4251	A（18，19，21）	120.5344	A（29，32，34）	109.4232
A（7，8，10）	120.227	A（18，19，22）	119.7579	A（29，32，35）	101.5742
A（7，8，11）	120.2841	A（21，19，22）	119.5425	A（33，32，34）	104.844
A（10，8，11）	119.4716	A（18，20，23）	120.5594	A（33，32，35）	115.9164
A（7，9，12）	120.2168	A（18，20，24）	119.7618	A（34，32，35）	115.5394
A（7，9，13）	120.2982	A（23，20，24）	119.5245	A（2，35，18）	169.3142
A（12，9，13）	119.4672	A（19，21，25）	120.1785	A（2，35，32）	133.2912
A（8，10，14）	119.9888	A（19，21，26）	119.7585	A（18，35，32）	56.8799

表 5 - 7 配 位 结 构 二 面 角 　　　　　 (°)

原子关系	二面角	原子关系	二面角	原子关系	二面角
D (1, 2, 4, 5)	176.9526	D (13, 9, 12, 14)	-178.2288	D (29, 18, 35, 2)	163.6335
D (1, 2, 4, 6)	-66.8467	D (13, 9, 12, 16)	0.8756	D (29, 18, 35, 32)	0.2838
D (1, 2, 4, 7)	55.068	D (8, 10, 14, 12)	-0.294	D (18, 19, 21, 25)	-0.8503
D (3, 2, 4, 5)	67.3958	D (8, 10, 14, 17)	-179.4403	D (18, 19, 21, 26)	176.9994
D (3, 2, 4, 6)	-176.4034	D (15, 10, 14, 12)	178.8398	D (22, 19, 21, 25)	-176.1675
D (3, 2, 4, 7)	-54.4888	D (15, 10, 14, 17)	-0.3064	D (22, 19, 21, 26)	1.6821
D (35, 2, 4, 5)	-58.1496	D (9, 12, 14, 10)	0.2721	D (18, 20, 23, 25)	0.8189
D (35, 2, 4, 6)	58.0511	D (9, 12, 14, 17)	179.4184	D (18, 20, 23, 27)	-177.1347
D (35, 2, 4, 7)	179.9657	D (16, 12, 14, 10)	-178.8312	D (24, 20, 23, 25)	176.2941
D (1, 2, 35, 18)	-102.0018	D (16, 12, 14, 17)	0.3151	D (24, 20, 23, 27)	-1.6594
D (1, 2, 35, 32)	58.7481	D (20, 18, 19, 21)	0.1582	D (19, 21, 25, 23)	1.5188
D (3, 2, 35, 18)	16.5249	D (20, 18, 19, 22)	175.4654	D (19, 21, 25, 28)	178.42
D (3, 2, 35, 32)	177.2747	D (29, 18, 19, 21)	172.681	D (26, 21, 25, 23)	-176.325
D (4, 2, 35, 18)	137.4415	D (29, 18, 19, 22)	-12.0118	D (26, 21, 25, 28)	0.5762
D (4, 2, 35, 32)	-61.8086	D (35, 18, 19, 21)	82.3657	D (20, 23, 25, 21)	-1.5031
D (2, 4, 7, 8)	89.7937	D (35, 18, 19, 22)	-102.3271	D (20, 23, 25, 28)	-178.4047
D (2, 4, 7, 9)	-88.7641	D (19, 18, 20, 23)	-0.1425	D (27, 23, 25, 21)	176.4446
D (5, 4, 7, 8)	-29.7051	D (19, 18, 20, 24)	-175.6071	D (27, 23, 25, 28)	-0.4571
D (5, 4, 7, 9)	151.737	D (29, 18, 20, 23)	-172.6603	D (18, 29, 32, 33)	123.4929
D (6, 4, 7, 8)	-150.7223	D (29, 18, 20, 24)	11.8751	D (18, 29, 32, 34)	-122.1544
D (6, 4, 7, 9)	30.7199	D (35, 18, 20, 23)	-82.004	D (18, 29, 32, 35)	0.4512
D (4, 7, 8, 10)	-177.8625	D (35, 18, 20, 24)	102.5315	D (30, 29, 32, 33)	-115.0761
D (4, 7, 8, 11)	3.6609	D (19, 18, 29, 30)	153.6719	D (30, 29, 32, 34)	-0.7235
D (9, 7, 8, 10)	0.7077	D (19, 18, 29, 31)	33.6702	D (30, 29, 32, 35)	121.8821
D (9, 7, 8, 11)	-177.769	D (19, 18, 29, 32)	-86.2605	D (31, 29, 32, 33)	2.1627
D (4, 7, 9, 12)	177.8405	D (20, 18, 29, 30)	-33.9308	D (31, 29, 32, 34)	116.5153
D (4, 7, 9, 13)	-3.7004	D (20, 18, 29, 31)	-153.9326	D (31, 29, 32, 35)	-120.8791
D (8, 7, 9, 12)	-0.7296	D (20, 18, 29, 32)	86.1367	D (29, 32, 35, 2)	-176.0987
D (8, 7, 9, 13)	177.7295	D (35, 18, 29, 30)	-120.4721	D (29, 32, 35, 18)	-0.2846
D (7, 8, 10, 14)	-0.1992	D (35, 18, 29, 31)	119.5261	D (33, 32, 35, 2)	65.4202
D (7, 8, 10, 15)	-179.3342	D (35, 18, 29, 32)	-0.4045	D (33, 32, 35, 18)	-118.7656
D (11, 8, 10, 14)	178.2898	D (19, 18, 35, 2)	-76.1108	D (34, 32, 35, 2)	-57.8004
D (11, 8, 10, 15)	-0.8452	D (19, 18, 35, 32)	120.5395	D (34, 32, 35, 18)	118.0137
D (7, 9, 12, 14)	0.2432	D (20, 18, 35, 2)	43.3073		
D (7, 9, 12, 16)	179.3475	D (20, 18, 35, 32)	-120.0424		

2. 分子前沿轨道能量和稳定性分析

经 B3LYP/6－311G 优化的煤分子结构模型与形成的二配体的 HOMO、HOMO$_{-1}$、LUMO、LUMO$_{+1}$轨道图如图 5－21 至图 5－24 所示。

图 5－21　配合物最高占据轨道 HOMO 图

图 5－22　配合物最高占据轨道 HOMO$_{-1}$图

图 5－23　配合物最低空轨道 LUMO 图

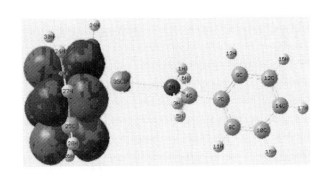

图 5-24　配合物最低空轨道 LUMO$_{+1}$ 图

煤分子的最高占据轨道主要由 N 原子和苯环 C 原子的 P 原子轨道成分组成，最低空轨道则主要由苯环 C 原子的 P 原子轨道成分组成。然而，从图 5-21 至图 5-24 还可以看出，配合物的最高占据轨道的 N 原子的 P 原子轨道的成分急剧减少，降低了煤分子的活性，提高了煤分子的抗氧化性。

物质的动力学稳定性与前沿轨道的能量差 $\Delta E = E_{\text{LUMO-HOMO}}$ 及 HOMO 轨道能量的绝对值密切相关。通常情况，前沿轨道的能量差越大，HOMO 轨道能量绝对值越大，意味着化合物的动力学稳定性越高。前沿轨道及其附近轨道的能级及能隙差 ΔE 见表 5-8。

表 5-8　前沿轨道及其附近轨道的能级及能隙差　　　　　　　　　　　eV

名　称	$E_{\text{HOMO}-1}$	E_{HOMO}	E_{LUMO}	$E_{\text{LUMO}+1}$	ΔE
煤分子	-7.024	-6.057	-0.287	-0.287	5.770
配合物	-12.144	-12.113	-8.855	-8.201	3.258

由表 5-8 可知，在形成配合物前煤分子结构模型的 HOMO 能级为 -6.057 eV，LUMO 能级为 -0.287 eV，能隙差为 5.770 eV；形成配合物后配合物的 HOMO 能级为 -12.113 eV，LUMO 能级为 -8.855 eV，能隙差为 3.258 eV。煤分子的前沿轨道 HOMO 的能级较高，易失去电子，容易被氧化，而配合物占据轨道 HOMO 的能级较低，不易失去电子，被氧化的倾向较低。

配合物的稳定化能公式为

$$\Delta E = \sum E_i - E_e \tag{5-1}$$

式中　E_i——组成该物质的各个单元的能量；

E_e——配合物的总能量。

ΔE 为正值时表明配合物的结构稳定，其值越大表明稳定性越高。配合物由煤分子的侧链基团和 Ca^{2+} 组成，所以式（5-1）中 $\sum E_i$ 为这两部分单独计算所得的能量和，煤分子、配合物及 Ca^{2+} 能量表见表5-9。

表5-9　煤分子、配合物及 Ca^{2+} 能量表　　　　　a. u.

名　称	E	ZPE	$E + ZPE$
煤分子	-326.90127793	0.146402	-326.754876
配合物	-1330.97531394	0.298092	-1330.677221
Ca^{2+}	-676.905759409	0	-676.905759

由式（5-1）计算，煤分子与 Ca^{2+} 形成的二配体的稳定化能约为687.12 kJ/mol，说明形成的二配体化合物的化学稳定性较高。

3. 自然键轨道分析

配合物中部分电子供体轨道 i 和电子受体轨道 j 以及由二级微扰理论得到的它们之间的二阶稳定化相互作用能 E（2）。E（2）越大，表示 i 和 j 的相互作用越强，即 i 提供电子给 j 的倾向越大，电子的离域化程度越大。计算得到形成的配合物的6-311G 自然键轨道分析部分结果见表5-10。

表5-10　配合物的6-311G 自然键轨道分析部分结果　　　　kJ/mol

电子供体	电子受体	二阶稳定化相互作用能	电子供体	电子受体	二阶稳定化相互作用能
LP（1）N2	LP*（1）Ca35	13.60	LP（1）N32	RY*（2）Ca35	0.19
LP（1）N2	RY*（1）Ca35	1.26	LP（1）N32	RY*（3）Ca35	0.21
LP（1）N2	RY*（3）Ca35	0.16	LP（1）N32	RY*（4）Ca35	0.27
LP（1）N2	RY*（4）Ca35	1.05	LP（1）N32	RY*（5）Ca35	0.17
LP（1）N2	RY*（9）Ca35	0.32	LP（1）N32	RY*（6）Ca35	0.06
LP（1）N2	RY*（10）Ca35	0.18	LP（1）N32	RY*（7）Ca35	0.09
LP（1）N2	RY*（12）Ca35	0.52	LP（1）N32	RY*（9）Ca35	0.50
LP（1）N2	RY*（15）Ca35	0.13	LP（1）N32	RY*（10）Ca35	0.15
LP（1）N2	RY*（16）Ca35	0.14	LP（1）N32	RY*（12）Ca35	0.43
LP（1）N2	RY*（17）Ca35	0.54	LP（1）N32	RY*（17）Ca35	0.43
LP（1）N2	RY*（24）Ca35	0.29	LP（1）N32	RY*（24）Ca35	0.23
LP（1）N32	LP*（1）Ca35	11.22	LP*（1）Ca35	RY*（1）N2	0.11
LP（1）N32	RY*（1）Ca35	1.44			

由表 5-10 可知，2 个配体上的 N（2）、N（32）原子的孤对电子都与金属 Ca^{2+} 有较强的相互作用。配体上的 N（2）原子的孤对电子与 Ca^{2+} 的孤对电子的二阶稳定化相互作用能为 56.94 kJ/mol，说明电子从 N（2）原子向金属 Ca^{2+} 转移的倾向较大，二者存在较强的相互作用。N（32）原子上的孤对电子与 Ca^{2+} 之间也存在类似的相互作用，其二阶稳定化相互作用能为 46.98 kJ/mol，说明了配体与 Ca^{2+} 之间发生了较强的配位作用。

4. 净电荷布居及电荷转移

分子中原子的电荷布居亲核与亲电反应的活性部分及原子间的相互作用密切相关。根据自然键轨道分析（NBO），配合物的静电荷布居及自然电子组态见表 5-11。

表 5-11　配合物的静电荷布居及自然电子组态

原子序号	原子种类	原子电荷	核外电子排布
1	H	0.39977	1s（0.60）
2	N	−1.03249	［core］2s（1.49）2p（4.53）3p（0.01）
3	H	0.40015	1s（0.60）
4	C	−0.19258	［core］2s（1.01）2p（3.16）3p（0.01）
5	H	0.20116	1s（0.80）
6	H	0.20158	1s（0.80）
7	C	−0.10182	［core］2s（0.87）2p（3.22）3p（0.01）
8	C	−0.20373	［core］2s（0.94）2p（3.25）3p（0.01）
9	C	−0.20402	［core］2s（0.94）2p（3.25）3p（0.01）
10	C	−0.17032	［core］2s（0.95）2p（3.21）3p（0.01）
11	H	0.20467	1s（0.79）
12	C	−0.17022	［core］2s（0.95）2p（3.21）3p（0.01）
13	H	0.20450	1s（0.79）
14	C	−0.15576	［core］2s（0.96）2p（3.19）3p（0.01）
15	H	0.22694	1s（0.77）
16	H	0.22698	1s（0.77）
17	H	0.22889	1s（0.77）
18	C	−0.11687	［core］2s（0.89）2p（3.20）3s（0.01）3p（0.01）
19	C	−0.28836	［core］2s（0.96）2p（3.31）3p（0.01）
20	C	−0.28406	［core］2s（0.96）2p（3.31）3p（0.01）

表 5 - 11 （续）

原子序号	原子种类	原子电荷	核外电子排布
21	C	- 0.18383	[core] 2s (0.96) 2p (3.20) 3p (0.01)
22	H	0.24586	1s (0.75)
23	C	- 0.18150	[core] 2s (0.96) 2p (3.20) 3p (0.01)
24	H	0.24589	1s (0.75)
25	C	- 0.18903	[core] 2s (0.97) 2p (3.21) 3p (0.01)
26	H	0.24950	1s (0.75)
27	H	0.24985	1s (0.75)
28	H	0.24990	1s (0.75)
29	C	- 0.19646	[core] 2s (1.01) 2p (3.17) 3p (0.01)
30	H	0.23474	1s (0.76)
31	H	0.23444	1s (0.76)
32	N	- 1.00243	[core] 2s (1.47) 2p (4.52) 3p (0.01)
33	H	0.40406	1s (0.59)
34	H	0.40383	1s (0.60)
35	Ca	1.86078	[core] 4s (0.11) 3d (0.01) 5p (0.01)

由表 5 - 11 可知，正电荷主要集中在 Ca 原子上和 H 原子上，负电荷则主要集中在 N （2）原子及 N （32）原子上，其他的负电荷分布在 C 原子上。Ca 在配合物中的价态应为 + 2 价，但实际仅为 + 1.86078 价，这表明金属 Ca^{2+} 从配体上得到部分反馈电子，其 4s、3d 轨道分别得到 0.11、0.01 个电子；N （2）的净电核约为 - 1.03249，N （32）的净电荷约为 - 1.00243，与 Ca 原子类似均偏离其表观电荷，从而在 Ca^{2+} 与配体中的 N 原子形成了部分较明显的共价键。由此说明，N 原子的部分电子转移到 Ca^{2+} 上，形成共价键。

5.1.2.2 Ca^{2+} 与含 N 活性基团形成三配体

1. 配合物的几何结构

煤表面含 N 活性基团和 Ca^{2+} 形成三配体时，应用量子化学 Gaussian03 软件程序包，采用密度泛函在 B3LYP/6 - 311G 水平上计算得到三配体的几何构型。

图 5 - 25 所示为煤与 Ca^{2+} 形成的三配体的几何平衡构型图，比较发生配位反应煤表面结构的变化，配位前后煤表面的键长、键角的变化不大。Ca^{2+} 与煤分子结构模型侧链上的 N 原子形成了配位键，且 Ca^{2+} 与 3 个 N 原子形成了平面三角形结构，Ca^{2+} 位于三角形的中心；Ca^{2+} 与 N 原子形成的配位键的键长分别为，

Ca（52）—N（2）键长 0.246155 nm、Ca（52）—N（46）键长 0.249080 nm、Ca（52）—N（49）键长 0.250010 nm；形成的 3 个键角分别为，N（2）—Ca（52）—N（46）键角 117.58582°、N（2）—Ca（52）—N（49）键角 114.36208°、N（46）—Ca（52）—N（49）键角 128.03985°。

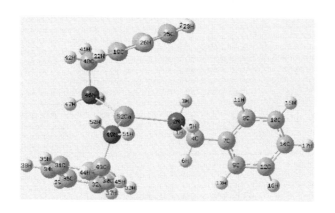

图 5-25 经优化后的配合物的化学结构

对几何优化后的构型进行振动频率计算，计算所得频率均为正值，表明所得构型为势能面上的鞍点，结构较稳定。配位结构可用几何平衡构型的键长、键角及二面角表示，见表 5-12 至表 5-14。

表 5-12 配位结构键长   Å

原子关系	键长	原子关系	键长	原子关系	键长
R（1，2）	1.0231	R（8，11）	1.0842	R（18，52）	3.0136
R（2，3）	1.0236	R（9，12）	1.396	R（19，21）	1.4026
R（2，4）	1.5349	R（9，13）	1.0843	R（19，22）	1.0865
R（2，52）	2.4616	R（10，14）	1.398	R（19，52）	2.9564
R（3，52）	2.9707	R（10，15）	1.0808	R（20，23）	1.4003
R（4，5）	1.0912	R（12，14）	1.3979	R（20，24）	1.0827
R（4，6）	1.0912	R（12，16）	1.0807	R（21，25）	1.4
R（4，7）	1.5075	R（14，17）	1.0806	R（21，26）	1.0815
R（7，8）	1.4041	R（18，19）	1.4133	R（23，25）	1.3992
R（7，9）	1.4043	R（18，20）	1.4044	R（23，27）	1.081
R（8，10）	1.396	R（18，40）	1.5145	R（25，28）	1.0806

表 5 - 12 （续） Å

原子关系	键 长	原子关系	键 长	原子关系	键 长
R (29, 30)	1.4134	R (32, 36)	1.4	R (43, 45)	1.0887
R (29, 31)	1.4051	R (32, 37)	1.0815	R (43, 49)	1.528
R (29, 43)	1.5149	R (34, 36)	1.3991	R (46, 47)	1.0201
R (29, 52)	2.988	R (34, 38)	1.0811	R (46, 48)	1.021
R (30, 32)	1.4021	R (36, 39)	1.0807	R (46, 52)	2.4908
R (30, 33)	1.0861	R (40, 41)	1.089	R (49, 50)	1.0213
R (30, 52)	2.969	R (40, 42)	1.089	R (49, 51)	1.0204
R (31, 34)	1.4005	R (40, 46)	1.5254	R (49, 52)	2.5001
R (31, 35)	1.0828	R (43, 44)	1.089		

表 5 - 13 配 位 结 构 键 角 （°）

原子关系	键 角	原子关系	键 角	原子关系	键 角
A (1, 2, 3)	104.3195	A (12, 9, 13)	119.4492	A (22, 19, 52)	90.7452
A (1, 2, 4)	106.8155	A (8, 10, 14)	120.0013	A (18, 20, 23)	120.5755
A (1, 2, 52)	113.3494	A (8, 10, 15)	119.9685	A (18, 20, 24)	119.824
A (3, 2, 4)	107.0533	A (14, 10, 15)	120.0244	A (23, 20, 24)	119.5341
A (4, 2, 52)	114.681	A (9, 12, 14)	119.9987	A (19, 21, 25)	119.9459
A (2, 4, 5)	106.8912	A (9, 12, 16)	119.9507	A (19, 21, 26)	119.9877
A (2, 4, 6)	106.9306	A (14, 12, 16)	120.045	A (25, 21, 26)	119.9698
A (2, 4, 7)	113.0342	A (10, 14, 12)	120.0385	A (20, 23, 25)	120.3159
A (5, 4, 6)	108.2661	A (10, 14, 17)	119.9812	A (20, 23, 27)	119.6866
A (5, 4, 7)	110.7614	A (12, 14, 17)	119.9749	A (25, 23, 27)	119.9683
A (6, 4, 7)	110.7312	A (19, 18, 20)	118.7222	A (21, 25, 23)	119.8303
A (4, 7, 8)	120.4024	A (19, 18, 40)	120.1242	A (21, 25, 28)	120.0128
A (4, 7, 9)	120.3439	A (20, 18, 40)	121.1374	A (23, 25, 28)	120.0977
A (8, 7, 9)	119.238	A (20, 18, 52)	109.4308	A (30, 29, 31)	118.7086
A (7, 8, 10)	120.3585	A (40, 18, 52)	85.3796	A (30, 29, 43)	120.1397
A (7, 8, 11)	120.0924	A (18, 19, 21)	120.6064	A (31, 29, 43)	121.1491
A (10, 8, 11)	119.5324	A (18, 19, 22)	119.5854	A (31, 29, 52)	108.1774
A (7, 9, 12)	120.3615	A (21, 19, 22)	119.3209	A (43, 29, 52)	85.8671
A (7, 9, 13)	120.1739	A (21, 19, 52)	107.5642	A (29, 30, 32)	120.6062

表 5-13（续） （°）

原子关系	键角	原子关系	键角	原子关系	键角
A（29，30，33）	119.6012	A（29，43，44）	111.1839	A（2，52，46）	117.5858
A（32，30，33）	119.361	A（29，43，45）	110.4603	A（2，52，49）	114.3621
A（32，30，52）	107.7951	A（29，43，49）	110.1125	A（3，52，18）	79.6023
A（33，30，52）	91.6207	A（44，43，45）	107.3749	A（3，52，19）	84.595
A（29，31，34）	120.5676	A（44，43，49）	110.1031	A（3，52，29）	138.4004
A（29，31，35）	119.8181	A（45，43，49）	107.5028	A（3，52，30）	115.3997
A（34，31，35）	119.5271	A（40，46，47）	110.2232	A（3，52，46）	108.861
A（30，32，36）	119.9784	A（40，46，48）	109.2324	A（3，52，49）	120.9162
A（30，32，37）	119.9523	A（40，46，52）	106.1157	A（18，52，29）	141.4265
A（36，32，37）	119.9754	A（47，46，48）	105.5343	A（18，52，30）	150.3528
A（31，34，36）	120.3142	A（47，46，52）	115.8585	A（18，52，46）	52.6519
A（31，34，38）	119.671	A（48，46，52）	109.7975	A（18，52，49）	121.0526
A（36，34，38）	119.9757	A（43，49，50）	109.007	A（19，52，29）	133.9698
A（32，36，34）	119.8225	A（43，49，51）	109.5136	A（19，52，30）	160.0046
A（32，36，39）	120.0097	A（43，49，52）	105.0592	A（19，52，46）	74.5006
A（34，36，39）	120.1083	A（50，49，51）	105.3151	A（19，52，49）	95.2672
A（18，40，41）	111.2171	A（50，49，52）	110.1195	A（29，52，46）	98.198
A（18，40，42）	110.523	A（51，49，52）	117.6676	A（29，52，49）	53.1657
A（18，40，46）	109.7015	A（2，52，18）	97.8962	A（30，52，46）	97.7015
A（41，40，42）	107.4012	A（2，52，19）	103.0501	A（30，52，49）	74.7986
A（41，40，46）	110.307	A（2，52，29）	119.6008	A（46，52，49）	128.0398
A（42，40，46）	107.6035	A（2，52，30）	96.8837		

表 5-14 配位结构二面角 （°）

原子关系	二面角	原子关系	二面角	原子关系	二面角
D（1，2，4，5）	176.5416	D（52，2，4，5）	-56.9779	D（1，2，52，30）	52.5583
D（1，2，4，6）	-67.6835	D（52，2，4，6）	58.797	D（1，2，52，46）	-49.8791
D（1，2，4，7）	54.4238	D（52，2，4，7）	-179.0957	D（1，2，52，49）	128.951
D（3，2，4，5）	65.2594	D（1，2，52，18）	-101.6683	D（4，2，52，18）	135.2963
D（3，2，4，6）	-178.9657	D（1，2，52，19）	-129.0201	D（4，2，52，19）	107.9445
D（3，2，4，7）	-56.8584	D（1，2，52，29）	68.9271	D（4，2，52，29）	-54.1083

表 5 - 14 （续） (°)

原子关系	二面角	原子关系	二面角	原子关系	二面角
D（4，2，52，30）	- 70. 477	D（16，12，14，17）	0. 2936	D（18，19，21，25）	- 0. 1654
D（4，2，52，46）	- 172. 9145	D（20，18，19，21）	0. 0038	D（18，19，21，26）	176. 2599
D（4，2，52，49）	5. 9157	D（20，18，19，22）	171. 9421	D（22，19，21，25）	- 172. 1249
D（2，4，7，8）	89. 9545	D（40，18，19，21）	178. 5542	D（22，19，21，26）	4. 3004
D（2，4，7，9）	- 88. 5931	D（40，18，19，22）	- 9. 5075	D（52，19，21，25）	86. 7222
D（5，4，7，8）	- 29. 9685	D（19，18，20，23）	- 0. 2165	D（52，19，21，26）	- 96. 8525
D（5，4，7，9）	151. 4839	D（19，18，20，24）	- 177. 2409	D（21，19，52，2）	- 36. 8472
D（6，4，7，8）	- 150. 0933	D（40，18，20，23）	- 178. 7515	D（21，19，52，3）	- 40. 9548
D（6，4，7，9）	31. 3592	D（40，18，20，24）	4. 2241	D（21，19，52，29）	121. 2972
D（4，7，8，10）	- 177. 9667	D（52，18，20，23）	- 82. 2451	D（21，19，52，30）	138. 5658
D（4，7，8，11）	3. 5243	D（52，18，20，24）	100. 7305	D（21，19，52，46）	- 152. 2522
D（9，7，8，10）	0. 5968	D（19，18，40，41）	148. 4311	D（21，19，52，49）	79. 6787
D（9，7，8，11）	- 177. 9122	D（19，18，40，42）	29. 2302	D（22，19，52，2）	- 158. 0325
D（4，7，9，12）	177. 9299	D（19，18，40，46）	- 89. 2625	D（22，19，52，3）	- 162. 1401
D（4，7，9，13）	- 3. 506	D（20，18，40，41）	- 33. 0542	D（22，19，52，29）	0. 1118
D（8，7，9，12）	- 0. 6344	D（20，18，40，42）	- 152. 2551	D（22，19，52，30）	17. 3804
D（8，7，9，13）	177. 9296	D（20，18，40，46）	89. 2522	D（22，19，52，46）	86. 5624
D（7，8，10，14）	- 0. 1243	D（52，18，40，41）	- 142. 9985	D（22，19，52，49）	- 41. 5067
D（7，8，10，15）	- 179. 2511	D（52，18，40，42）	97. 8006	D（18，20，23，25）	0. 5936
D（11，8，10，14）	178. 3931	D（52，18，40，46）	- 20. 6921	D（18，20，23，27）	- 177. 4401
D（11，8，10，15）	- 0. 7337	D（20，18，52，2）	12. 2414	D（24，20，23，25）	177. 6266
D（7，9，12，14）	0. 1994	D（20，18，52，3）	17. 0144	D（24，20，23，27）	- 0. 4071
D（7，9，12，16）	179. 3401	D（20，18，52，29）	- 154. 5871	D（19，21，25，23）	0. 5374
D（13，9，12，14）	- 178. 375	D（20，18，52，30）	- 106. 9872	D（19，21，25，28）	177. 7411
D（13，9，12，16）	0. 7657	D（20，18，52，46）	- 106. 5909	D（26，21，25，23）	- 175. 8885
D（8，10，14，12）	- 0. 318	D（20，18，52，49）	136. 9653	D（26，21，25，28）	1. 3151
D（8，10，14，17）	- 179. 4709	D（40，18，52，2）	133. 6811	D（20，23，25，21）	- 0. 7517
D（15，10，14，12）	178. 8084	D（40，18，52，3）	138. 4541	D（20，23，25，28）	- 177. 953
D（15，10，14，17）	- 0. 3446	D（40，18，52，29）	- 33. 1475	D（27，23，25，21）	177. 2764
D（9，12，14，10）	0. 2805	D（40，18，52，30）	14. 4525	D（27，23，25，28）	0. 0752
D（9，12，14，17）	179. 4335	D（40，18，52，46）	14. 8488	D（31，29，30，32）	- 0. 123
D（16，12，14，10）	- 178. 8594	D（40，18，52，49）	- 101. 595	D（31，29，30，33）	- 172. 5356

表 5 - 14 （续） （°）

原子关系	二面角	原子关系	二面角	原子关系	二面角
D（43, 29, 30, 32）	-179.5385	D（33, 30, 32, 37）	-3.9197	D（41, 40, 46, 52）	149.1768
D（43, 29, 30, 33）	8.049	D（52, 30, 32, 36）	-85.047	D（42, 40, 46, 47）	32.2213
D（30, 29, 31, 34）	0.3417	D（52, 30, 32, 37）	98.4754	D（42, 40, 46, 48）	147.7396
D（30, 29, 31, 35）	176.9303	D（32, 30, 52, 2）	-93.77	D（42, 40, 46, 52）	-93.9538
D（43, 29, 31, 34）	179.751	D（32, 30, 52, 3）	-89.7976	D（29, 43, 49, 50）	92.6242
D（43, 29, 31, 35）	-3.6604	D（32, 30, 52, 18）	25.6922	D（29, 43, 49, 51）	-152.6388
D（52, 29, 31, 34）	83.4461	D（32, 30, 52, 19）	90.7308	D（29, 43, 49, 52）	-25.3734
D（52, 29, 31, 35）	-99.9653	D（32, 30, 52, 46）	25.3743	D（44, 43, 49, 50）	-30.3204
D（30, 29, 43, 44）	-146.7497	D（32, 30, 52, 49）	152.7918	D（44, 43, 49, 51）	84.4167
D（30, 29, 43, 45）	-27.6441	D（33, 30, 52, 2）	27.8467	D（44, 43, 49, 52）	-148.318
D（30, 29, 43, 49）	90.9418	D（33, 30, 52, 3）	31.8192	D（45, 43, 49, 50）	-146.9906
D（31, 29, 43, 44）	33.8494	D（33, 30, 52, 18）	147.3089	D（45, 43, 49, 51）	-32.2536
D（31, 29, 43, 45）	152.955	D（33, 30, 52, 19）	-147.6524	D（45, 43, 49, 52）	95.0118
D（31, 29, 43, 49）	-88.4591	D（33, 30, 52, 46）	146.991	D（40, 46, 52, 2）	-93.5518
D（52, 29, 43, 44）	142.6206	D（33, 30, 52, 49）	-85.5914	D（40, 46, 52, 3）	-75.2672
D（52, 29, 43, 45）	-98.2737	D（29, 31, 34, 36）	-0.5675	D（40, 46, 52, 18）	-15.3073
D（52, 29, 43, 49）	20.3122	D（29, 31, 34, 38）	177.156	D（40, 46, 52, 19）	3.3109
D（31, 29, 52, 2）	-153.3117	D（35, 31, 34, 36）	-177.166	D（40, 46, 52, 29）	136.7804
D（31, 29, 52, 3）	-155.8607	D（35, 31, 34, 38）	0.5575	D（40, 46, 52, 30）	164.4949
D（31, 29, 52, 18）	11.6429	D（30, 32, 36, 34）	-0.3464	D（40, 46, 52, 49）	87.8013
D（31, 29, 52, 19）	51.3392	D（30, 32, 36, 39）	-177.5441	D（47, 46, 52, 2）	143.7718
D（31, 29, 52, 46）	-25.0008	D（37, 32, 36, 34）	176.1304	D（47, 46, 52, 3）	162.0565
D（31, 29, 52, 49）	107.0617	D（37, 32, 36, 39）	-1.0674	D（47, 46, 52, 18）	-137.9836
D（43, 29, 52, 2）	85.213	D（31, 34, 36, 32）	0.5659	D（47, 46, 52, 19）	-119.3654
D（43, 29, 52, 3）	82.6641	D（31, 34, 36, 39）	177.7609	D（47, 46, 52, 29）	14.1041
D（43, 29, 52, 18）	-109.8324	D（38, 34, 36, 32）	-177.1506	D（47, 46, 52, 30）	41.8186
D（43, 29, 52, 19）	-70.136	D（38, 34, 36, 39）	0.0444	D（47, 46, 52, 49）	-34.875
D（43, 29, 52, 46）	-146.4761	D（18, 40, 46, 47）	152.5055	D（48, 46, 52, 2）	24.3799
D（43, 29, 52, 49）	-14.4135	D（18, 40, 46, 48）	-91.9762	D（48, 46, 52, 3）	42.6646
D（29, 30, 32, 36）	0.1272	D（18, 40, 46, 52）	26.3304	D（48, 46, 52, 18）	102.6245
D（29, 30, 32, 37）	-176.3504	D（41, 40, 46, 47）	-84.6481	D（48, 46, 52, 19）	121.2427
D（33, 30, 32, 36）	172.5579	D（41, 40, 46, 48）	30.8702	D（48, 46, 52, 29）	-105.2879

表 5 − 14（续）   （°）

原子关系	二面角	原子关系	二面角	原子关系	二面角
D（48，46，52，30）	− 77.5733	D（43，49，52，46）	83.6768	D（51，49，52，2）	27.1092
D（48，46，52，49）	− 154.2669	D（50，49，52，2）	147.7514	D（51，49，52，3）	7.0552
D（43，49，52，2）	− 95.0067	D（50，49，52，3）	127.6974	D（51，49，52，18）	− 89.55
D（43，49，52，3）	− 115.0606	D（50，49，52，18）	31.0921	D（51，49，52，19）	− 79.7889
D（43，49，52，18）	148.3341	D（50，49，52，19）	40.8532	D（51，49，52，29）	136.8827
D（43，49，52，19）	158.0952	D（50，49，52，29）	− 102.4751	D（51，49，52，30）	117.8713
D（43，49，52，29）	14.7668	D（50，49，52，30）	− 121.4866	D（51，49，52，46）	− 154.2073
D（43，49，52，30）	− 4.2446	D（50，49，52，46）	− 33.5652		

2. 分子前沿轨道能量和稳定性分析

经 B3LYP/6 − 311G 优化的三配体的 $HOMO_{-1}$、HOMO、LUMO、$LUMO_{+1}$ 轨道图如图 5 − 26 至图 5 − 29 所示。

图 5 − 26 配合物最高占据轨道 $HOMO_{-1}$ 图

从图 5 − 26 至图 5 − 29 可以看出，配合物的前沿占据分子轨道中，苯环具有良好的共轭离域性，在分子轨道中有较大的电子云体现；3 个配体中，只有 N（2）原子所在的配体对 HOMO 轨道有贡献，但 N（2）原子对 HOMO 轨道的贡献急剧减少；而配合物的最低空轨道主要由另外两个配体提供，且 N 原子的原子轨道的成分急剧减少，其电子云主要分布在配体的苯环上。由于配体中 N 原子对前沿分子轨道的贡献远远小于煤分子结构中 N 原子对前沿分子轨道的贡献，因此降低了煤分子的活性。

物质的动力学稳定性与前沿轨道的能量差 $E_{LUMO-HOMO}$ 及 HOMO 轨道能量的绝对值密切相关。通常情况下，前沿轨道的能量差越大，HOMO 轨道能量绝对值越大，意味着化合物的动力学稳定性越高。前沿轨道及其附近轨道的能级及能隙差 $E_{LUMO-HOMO}$ 见表 5 − 15。

图 5 - 27　配合物最高占据轨道 HOMO 图

图 5 - 28　配合物最低空轨道 LUMO 图

表 5 - 15　前沿轨道能级及能隙差

eV

名　称	E_{HOMO-1}	E_{HOMO}	E_{LUMO}	E_{LUMO+1}	$E_{LUMO-HOMO}$
煤分子	-7.024	-6.057	-0.287	-0.287	5.770
配合物	-11.806	-11.798	-7.280	-7.181	4.518

由表 5 - 15 可知，在形成配合物前煤分子结构模型的 HOMO 能级为 -6.057 eV，LUMO 能级为 -0.287 eV，能隙差为 5.770 eV；形成配合物后配合物的 HOMO 能级为 -11.798 eV，LUMO 能级为 -7.280 eV，能隙差为 4.518 eV。

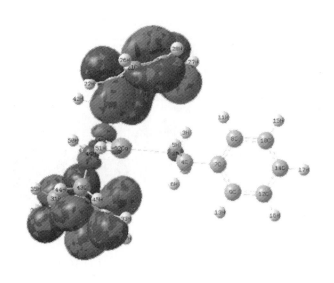

图 5 - 29　配合物最低空轨道 LUMO$_{+1}$图

从氧化还原转移的角度分析，HOMO 能级较低，难以给出电子而被氧化，而煤分子的前沿轨道 HOMO 的能级较高，易失去电子，容易被氧化，配合物占据轨道 HOMO 的能级较低，不易失去电子，被氧化的倾向较低，煤分子、配合物及 Ca^{2+} 能量表见表 5 - 16。

表 5 - 16　煤分子、配合物及 Ca^{2+} 能量表　　　　　　　　a. u.

名　称	E	ZPE	$E + ZPE$
煤分子	- 326.90127793	0.146402	- 326.754876
配合物	- 1657.96676619	0.447656	- 1657.519110
Ca^{2+}	- 676.905759409	0	- 676.905759

配合物的稳定化能为正值时表明配合物的结构稳定，其值越大表明稳定性越高。由式（5 - 1）计算，煤分子与 Ca^{2+} 形成的三配体的稳定化能约为 915.57 kJ/mol，说明形成的三配体化合物的化学稳定性较高。

3. 自然键轨道分析

配合物中部分电子供体轨道 i 和电子受体轨道 j，以及由二级微扰理论得到的它们之间的二阶稳定化相互作用能 E（2）。E（2）越大，表示 i 和 j 的相互作用越强，即 i 提供电子给 j 的倾向越大，电子的离域化程度越大。计算得到形成的配合物的 6 - 311G 自然键轨道分析部分结果见表 5 - 17。

表 5-17　配合物的 6-311G 自然键轨道分析部分结果　　　　kJ/mol

电子供体	电子受体	二阶稳定化相互作用能	电子供体	电子受体	二阶稳定化相互作用能
LP (1) N2	LP* (1) Ca52	13.99	LP (1) N46	RY* (11) Ca52	0.51
LP (1) N2	RY* (1) Ca52	1.73	LP (1) N46	RY* (12) Ca52	0.29
LP (1) N2	RY* (3) Ca52	0.21	LP (1) N46	RY* (13) Ca52	0.39
LP (1) N2	RY* (4) Ca52	0.14	LP (1) N46	RY* (14) Ca52	0.12
LP (1) N2	RY* (5) Ca52	0.12	LP (1) N46	RY* (15) Ca52	0.34
LP (1) N2	RY* (7) Ca52	0.22	LP (1) N46	RY* (17) Ca52	0.65
LP (1) N2	RY* (9) Ca52	0.06	LP (1) N46	RY* (24) Ca52	0.35
LP (1) N2	RY* (10) Ca52	0.34	LP (1) N49	LP* (1) Ca52	12.44
LP (1) N2	RY* (11) Ca52	0.33	LP (1) N49	RY* (1) Ca52	0.72
LP (1) N2	RY* (12) Ca52	0.32	LP (1) N49	RY* (2) Ca52	0.15
LP (1) N2	RY* (13) Ca52	0.82	LP (1) N49	RY* (4) Ca52	1.18
LP (1) N2	RY* (15) Ca52	0.36	LP (1) N49	RY* (6) Ca52	0.07
LP (1) N2	RY* (16) Ca52	0.06	LP (1) N49	RY* (7) Ca52	0.13
LP (1) N2	RY* (17) Ca52	0.81	LP (1) N49	RY* (10) Ca52	0.39
LP (1) N2	RY* (24) Ca52	0.43	LP (1) N49	RY* (11) Ca52	0.11
LP (1) N46	LP* (1) Ca52	12.47	LP (1) N49	RY* (12) Ca52	0.54
LP (1) N46	RY* (1) Ca52	0.44	LP (1) N49	RY* (13) Ca52	0.62
LP (1) N46	RY* (2) Ca52	0.87	LP (1) N49	RY* (15) Ca52	0.20
LP (1) N46	RY* (3) Ca52	0.58	LP (1) N49	RY* (17) Ca52	0.64
LP (1) N46	RY* (4) Ca52	0.15	LP (1) N49	RY* (24) Ca52	0.34
LP (1) N46	RY* (5) Ca52	0.12	LP* (1) Ca52	RY* (1) N2	0.36
LP (1) N46	RY* (6) Ca52	0.08	LP* (1) Ca52	RY* (1) N49	0.20
LP (1) N46	RY* (7) Ca52	0.16	LP* (1) Ca52	RY* (3) N49	0.16
LP (1) N46	RY* (10) Ca52	0.42			

由表 5-17 可知，3 个配体上的 N 原子的孤对电子都与金属 Ca^{2+} 有较强的相互作用，其中配体上的 N (2) 原子的孤对电子与 Ca^{2+} 的孤对电子的二阶稳定化相互作用能为 58.57 kJ/mol，N (46) 原子的孤对电子与 Ca^{2+} 的孤对电子的二阶稳定化相互作用能为 52.21 kJ/mol，N (49) 原子的孤对电子与 Ca^{2+} 的孤对电子的二阶稳定化相互作用能为 52.08 kJ/mol，说明电子从 N 原子的孤对电子向金属

Ca^{2+}转移的倾向较大,二者存在较强的相互作用。而且 N (2)、N (46)、N (49)原子上的孤对电子与 Ca^{2+}的价外层空轨道也存在类似的相互作用,都有较大的二阶稳定化相互作用能,说明了配体与金属之间发生了较强的配位作用。

4. 净电荷布居及电荷转移

分子中原子的电荷布居亲核与亲电反应的活性部分及原子间的相互作用密切相关。根据自然键轨道分析(NBO),配合物的静电荷布居及自然电子组态见表 5-18。

表 5-18 配合物的静电荷布居及自然电子组态

原子序号	原子种类	原子电荷	核外电子排布
1	H	0.38801	1s (0.61)
2	N	-0.99330	[core] 2s (1.47) 2p (4.51) 3p (0.01)
3	H	0.39047	1s (0.61)
4	C	-0.18961	[core] 2s (1.01) 2p (3.17) 3p (0.01)
5	H	0.19922	1s (0.80)
6	H	0.19690	1s (0.80)
7	C	-0.09145	[core] 2s (0.87) 2p (3.21) 3p (0.01)
8	C	-0.20767	[core] 2s (0.94) 2p (3.26) 3p (0.01)
9	C	-0.20752	[core] 2s (0.94) 2p (3.26) 3p (0.01)
10	C	-0.17371	[core] 2s (0.95) 2p (3.21) 3p (0.01)
11	H	0.20092	1s (0.80)
12	C	-0.17242	[core] 2s (0.95) 2p (3.21) 3p (0.01)
13	H	0.20191	1s (0.80)
14	C	-0.16489	[core] 2s (0.96) 2p (3.20) 3p (0.01)
15	H	0.22291	1s (0.78)
16	H	0.22384	1s (0.78)
17	H	0.22607	1s (0.77)
18	C	-0.08863	[core] 2s (0.88) 2p (3.19) 3p (0.01)
19	C	-0.32393	[core] 2s (0.95) 2p (3.35) 3p (0.01)
20	C	-0.20440	[core] 2s (0.95) 2p (3.24) 3p (0.01)
21	C	-0.18245	[core] 2s (0.95) 2p (3.21) 3p (0.01)
22	H	0.22391	1s (0.77)
23	C	-0.16629	[core] 2s (0.96) 2p (3.19) 3p (0.01)

原子序号	原子种类	原子电荷	核外电子排布
24	H	0.22838	1s（0.77）
25	C	－0.18234	［core］2s（0.96）2p（3.21）3p（0.01）
26	H	0.23198	1s（0.77）
27	H	0.23661	1s（0.76）
28	H	0.23577	1s（0.76）
29	C	－0.09732	［core］2s（0.89）2p（3.20）3p（0.01）
30	C	－0.31559	［core］2s（0.95）2p（3.35）3p（0.01）
31	C	－0.20670	［core］2s（0.95）2p（3.25）3p（0.01）
32	C	－0.18091	［core］2s（0.95）2p（3.21）3p（0.01）
33	H	0.22442	1s（0.77）
34	C	－0.16855	［core］2s（0.96）2p（3.20）3p（0.01）
35	H	0.22831	1s（0.77）
36	C	－0.18069	［core］2s（0.96）2p（3.21）3p（0.01）
37	H	0.23276	1s（0.77）
38	H	0.23627	1s（0.76）
39	H	0.23636	1s（0.76）
40	C	－0.19642	［core］2s（1.01）2p（3.17）3p（0.01）
41	H	0.22563	1s（0.77）
42	H	0.21896	1s（0.78）
43	C	－0.19574	［core］2s（1.01）2p（3.17）3p（0.01）
44	H	0.22682	1s（0.77）
45	H	0.21992	1s（0.78）
46	N	－0.97834	［core］2s（1.46）2p（4.50）3p（0.01）
47	H	0.39800	1s（0.60）
48	H	0.38834	1s（0.61）
49	N	－0.97790	［core］2s（1.47）2p（4.50）3p（0.01）
50	H	0.38767	1s（0.61）
51	H	0.39660	1s（0.60）
52	Ca	1.81980	［core］4s（0.15）3d（0.01）5p（0.01）

由表 5－18 可知，正电荷主要集中在 Ca 原子上和 H 原子上。负电荷则主要集中在 N（2）、N（46）、N（49）原子上，其他的负电荷分布在苯环 C 原子上。

由于中心离子 Ca^{2+} 的 4s、3d 及 5p 轨道都得到了电子，其中 3s 轨道得到了 0.15 个电子，因而 Ca^{2+} 所带正电荷为 +1.81980，所有 H 原子均荷正电，但苯环上的 H 比氨基上的 H 带正电荷少。与 Ca^{2+} 直接相连的 N 原子负电荷最集中，分别达到 N（2）为 -0.99330、N（46）为 -0.97834、N（49）为 -0.97790，而煤分子结构中 N 原子所带负电荷为 -0.82455，表明通过 C（4）—N（2）键、C（40）—N（46）键、C（43）—N（49）键将苯环的部分电子转移到 N 原子和 Ca 原子上。

5.1.2.3　Ca^{2+} 与含 N 活性基团形成四配体

1. 配合物的几何结构

煤表面含 N 活性基团与 Ca^{2+} 形成四配体时，优化后的配合物的几何平衡构型及原子编号如图 5-30 所示。

从图 5-30 可以看出，Ca^{2+} 与煤分子结构模型侧链上的 N 原子形成了配位键，且 Ca^{2+} 与 4 个 N 原子形成了四面体结构。Ca^{2+} 与 N 原子形成的配位键的键长分别为，Ca（69）—N（15）键长 0.251347 nm、Ca（69）—N（19）键长 0.249046 nm、Ca（69）—N（63）键长 0.250219 nm、Ca（69）—N（66）键长 0.251955 nm。形成的键角分别为，N（15）—Ca（69）—N（19）键角 105.36854°、N（15）—Ca（69）—N（63）键角 126.71508°、N（15）—Ca（69）—N（66）键角 96.01046°、N（19）—Ca（69）—N（63）键角 109.57951°、N（19）—Ca（69）—N（66）键角 101.32593°、N（63）—Ca（69）—N（66）键角 114.51621°。

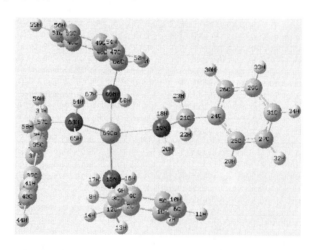

图 5-30　经优化后的配合物的化学结构

对几何优化后的构型进行振动频率计算，计算所得频率均为正值，表明所得构型为势能面上的鞍点，结构较稳定。配位结构可用几何平衡构型的键长、键角及二面角表示，见表 5-19 至表 5-21。

表 5-19　配　位　结　构　键　长　　　　　　　Å

原子关系	键　长	原子关系	键　长	原子关系	键　长
R (1, 2)	1.4044	R (21, 24)	1.5101	R (46, 47)	1.4057
R (1, 6)	1.3992	R (24, 25)	1.4033	R (46, 48)	1.4059
R (1, 7)	1.083	R (24, 26)	1.4043	R (46, 60)	1.5116
R (2, 3)	1.408	R (25, 27)	1.3967	R (47, 49)	1.4002
R (2, 12)	1.5118	R (25, 28)	1.0838	R (47, 50)	1.0841
R (3, 4)	1.4004	R (26, 29)	1.396	R (48, 51)	1.3975
R (3, 8)	1.085	R (26, 30)	1.0847	R (48, 52)	1.0837
R (4, 5)	1.3987	R (27, 31)	1.3975	R (49, 53)	1.3991
R (4, 9)	1.0817	R (27, 32)	1.0809	R (49, 54)	1.0816
R (5, 6)	1.3999	R (29, 31)	1.398	R (51, 53)	1.4001
R (5, 10)	1.0806	R (29, 33)	1.0809	R (51, 55)	1.081
R (6, 11)	1.0808	R (31, 34)	1.0806	R (53, 56)	1.0808
R (12, 13)	1.0902	R (35, 36)	1.4076	R (57, 58)	1.0904
R (12, 14)	1.088	R (35, 37)	1.4061	R (57, 59)	1.088
R (12, 15)	1.5239	R (35, 57)	1.5135	R (57, 63)	1.5226
R (15, 16)	1.021	R (36, 38)	1.4009	R (60, 61)	1.091
R (15, 17)	1.0219	R (36, 39)	1.0846	R (60, 62)	1.0887
R (15, 69)	2.5135	R (37, 40)	1.398	R (60, 66)	1.5243
R (18, 19)	1.022	R (37, 41)	1.0833	R (63, 64)	1.0221
R (19, 20)	1.024	R (38, 42)	1.3989	R (63, 65)	1.0204
R (19, 21)	1.5253	R (38, 43)	1.0818	R (63, 69)	2.5022
R (19, 69)	2.4905	R (40, 42)	1.4002	R (66, 67)	1.0218
R (21, 22)	1.0909	R (40, 44)	1.0812	R (66, 68)	1.022
R (21, 23)	1.0907	R (42, 45)	1.0809	R (66, 69)	2.5196

原子关系	键　角	原子关系	键　角	原子关系	键　角
A（2，1，6）	120.5847	A（18，19，69）	111.9566	A（35，36，39）	119.3352
A（2，1，7）	119.8259	A（20，19，21）	107.4791	A（38，36，39）	119.5926
A（6，1，7）	119.5304	A（20，19，69）	107.863	A（35，37，40）	120.696
A（1，2，3）	118.7205	A（21，19，69）	116.7266	A（35，37，41）	119.8214
A（1，2，12）	121.0412	A（19，21，22）	107.0598	A（40，37，41）	119.3952
A（3，2，12）	120.2329	A（19，21，23）	107.0507	A（36，38，42）	119.941
A（2，3，4）	120.7403	A（19，21，24）	113.6354	A（36，38，43）	120.0483
A（2，3，8）	119.3267	A（22，21，23）	107.8857	A（42，38，43）	119.9206
A（4，3，8）	119.672	A（22，21，24）	110.492	A（37，40，42）	120.2008
A（3，4，5）	119.9526	A（23，21，24）	110.4727	A（37，40，44）	119.8243
A（3，4，9）	120.1677	A（21，24，25）	120.6321	A（42，40，44）	119.9298
A（5，4，9）	119.8125	A（21，24，26）	120.3086	A（38，42，40）	119.7684
A（4，5，6）	119.7747	A（25，24，26）	119.0509	A（38，42，45）	120.1095
A（4，5，10）	120.1415	A（24，25，27）	120.4673	A（40，42，45）	120.0563
A（6，5，10）	120.0429	A（24，25，28）	119.9479	A（47，46，48）	118.7076
A（1，6，5）	120.223	A（27，25，28）	119.5692	A（47，46，60）	120.7295
A（1，6，11）	119.8793	A（24，26，29）	120.5067	A（48，46，60）	120.5334
A（5，6，11）	119.8723	A（24，26，30）	120.1232	A（46，47，49）	120.7404
A（2，12，13）	110.8497	A（29，26，30）	119.3536	A（46，47，50）	119.6894
A（2，12，14）	110.3264	A（25，27，31）	120.03	A（49，47，50）	119.4079
A（2，12，15）	111.4	A（25，27，32）	119.968	A（46，48，51）	120.6651
A（13，12，14）	107.5228	A（31，27，32）	119.9964	A（46，48，52）	119.9272
A（13，12，15）	109.822	A（26，29，31）	119.9875	A（51，48，52）	119.3339
A（14，12，15）	106.7649	A（26，29，33）	119.9749	A（47，49，53）	119.9499
A（12，15，16）	108.6587	A（31，29，33）	120.0308	A（47，49，54）	120.015
A（12，15，17）	108.551	A（27，31，29）	119.9534	A（53，49，54）	119.9696
A（12，15，69）	112.9207	A（27，31，34）	120.0365	A（48，51，53）	120.1256
A（16，15，17）	106.187	A（29，31，34）	120.0043	A（48，51，55）	119.8778
A（16，15，69）	109.4192	A（36，35，37）	118.5783	A（53，51，55）	119.9575
A（17，15，69）	110.8596	A（36，35，57）	120.3892	A（49，53，51）	119.8053
A（18，19，20）	104.7511	A（37，35，57）	121.0009	A（49，53，56）	120.0938
A（18，19，21）	107.3278	A（35，36，38）	120.8116	A（51，53，56）	120.0504

表 5 - 20 （续）　　　　　　　　　　　　　　　（°）

原子关系	键　角	原子关系	键　角	原子关系	键　角
A（35，57，58）	110.7188	A（61，60，66）	109.4995	A（60，66，69）	115.4822
A（35，57，59）	110.2007	A（62，60，66）	107.1175	A（67，66，68）	105.4823
A（35，57，63）	111.7601	A（57，63，64）	108.6361	A（67，66，69）	106.2873
A（58，57，59）	107.3652	A（57，63，65）	109.1566	A（68，66，69）	112.48
A（58，57，63）	109.8028	A（57，63，69）	112.5616	A（15，69，19）	105.3685
A（59，57，63）	106.8255	A（64，63，65）	106.2129	A（15，69，63）	126.7151
A（46，60，61）	110.7031	A（64，63，69）	110.6742	A（15，69，66）	96.0104
A（46，60，62）	110.4668	A（65，63，69）	109.3901	A（19，69，63）	109.5795
A（46，60，66）	111.6547	A（60，66，67）	108.2957	A（19，69，66）	101.3259
A（61，60，62）	107.2383	A（60，66，68）	108.2565	A（63，69，66）	114.5162

表 5 - 21　配位结构二面角　　　　　　　　　　　　　　　（°）

原子关系	二面角	原子关系	二面角	原子关系	二面角
D（6，1，2，3）	- 0.4506	D（2，3，4，5）	0.1112	D（14，12，15，16）	- 153.4301
D（6，1，2，12）	- 179.609	D（2，3，4，9）	- 176.9017	D（14，12，15，17）	- 38.3627
D（7，1，2，3）	176.7437	D（8，3，4，5）	174.2039	D（14，12，15，69）	84.9832
D（7，1，2，12）	- 2.4147	D（8，3，4，9）	- 2.809	D（12，15，69，19）	74.7348
D（2，1，6，5）	- 0.052	D（3，4，5，6）	- 0.6196	D（12，15，69，63）	- 54.9479
D（2，1，6，11）	178.1097	D（3，4，5，10）	- 178.2917	D（12，15，69，66）	178.252
D（7，1，6，5）	- 177.2546	D（9，4，5，6）	176.404	D（16，15，69，19）	- 46.4215
D（7，1，6，11）	0.9072	D（9，4，5，10）	- 1.2681	D（16，15，69，63）	- 176.1041
D（1，2，3，4）	0.4215	D（4，5，6，1）	0.5917	D（16，15，69，66）	57.0958
D（1，2，3，8）	- 173.6913	D（4，5，6，11）	- 177.5702	D（17，15，69，19）	- 163.2073
D（12，2，3，4）	179.587	D（10，5，6，1）	178.2662	D（17，15，69，63）	67.1101
D（12，2，3，8）	5.4741	D（10，5，6，11）	0.1043	D（17，15，69，66）	- 59.6901
D（1，2，12，13）	34.1419	D（2，12，15，16）	86.0585	D（18，19，21，22）	176.5888
D（1，2，12，14）	153.1321	D（2，12，15，17）	- 158.8741	D（18，19，21，23）	- 67.9346
D（1，2，12，15）	- 88.4728	D（2，12，15，69）	- 35.5282	D（18，19，21，24）	54.3116
D（3，2，12，13）	- 145.0039	D（13，12，15，16）	- 37.1447	D（20，19，21，22）	64.3861
D（3，2，12，14）	- 26.0137	D（13，12，15，17）	77.9226	D（20，19，21，23）	179.8627
D（3，2，12，15）	92.3814	D（13，12，15，69）	- 158.7314	D（20，19，21，24）	- 57.8911

表 5-21 （续） (°)

原子关系	二面角	原子关系	二面角	原子关系	二面角
D（69，19，21，22）	-56.8535	D（30，26，29，31）	-178.2016	D（36，38，42，40）	0.5035
D（69，19，21，23）	58.6231	D（30，26，29，33）	0.8454	D（36，38，42，45）	177.5537
D（69，19，21，24）	-179.1307	D（25，27，31，29）	-0.4041	D（43，38，42，40）	-176.0469
D（18，19，69，15）	-164.9581	D（25，27，31，34）	-179.5242	D（43，38，42，45）	1.0033
D（18，19，69，63）	-25.8611	D（32，27，31，29）	178.7327	D（37，40，42，38）	-0.5194
D（18，19，69，66）	95.4982	D（32，27，31，34）	-0.3874	D（37，40，42，45）	-177.5712
D（20，19，69，15）	-50.2268	D（26，29，31，27）	0.2467	D（44，40，42，38）	177.0317
D（20，19，69，63）	88.8702	D（26，29，31，34）	179.3671	D（44，40，42，45）	-0.0201
D（21，19，69，15）	70.8103	D（33，29，31，27）	-178.7998	D（48，46，47，49）	0.6201
D（21，19，69，63）	-150.0927	D（33，29，31，34）	0.3206	D（48，46，47，50）	-174.7224
D（21，19，69，66）	-28.7334	D（37，35，36，38）	-0.528	D（60，46，47，49）	178.656
D（19，21，24，25）	94.251	D（37，35，36，39）	173.5848	D（60，46，47，50）	3.3135
D（19，21，24，26）	-84.6821	D（57，35，36，38）	-178.5023	D（47，46，48，51）	-0.7687
D（22，21，24，25）	-26.1081	D（57，35，36，39）	-4.3895	D（47，46，48，52）	176.0871
D（22，21，24，26）	154.9588	D（36，35，37，40）	0.5127	D（60，46，48，51）	-178.8085
D（23，21，24，25）	-145.4158	D（36，35，37，41）	-176.0665	D（60，46，48，52）	-1.9528
D（23，21，24，26）	35.6512	D（57，35，37，40）	178.4742	D（47，46，60，61）	-136.4382
D（21，24，25，27）	-178.3791	D（57，35，37，41）	1.895	D（47，46，60，62）	-17.8047
D（21，24，25，28）	3.0648	D（36，35，57，58）	139.1061	D（47，46，60，66）	101.2865
D（26，24，25，27）	0.5672	D（36，35，57，59）	20.474	D（48，46，60，61）	41.5618
D（26，24，25，28）	-177.9889	D（36，35，57，63）	-98.1436	D（48，46，60，62）	160.1952
D（21，24，26，29）	178.2242	D（37，35，57，58）	-38.8186	D（48，46，60，66）	-80.7135
D（21，24，26，30）	-3.2625	D（37，35，57，59）	-157.4507	D（46，47，49，53）	0.0627
D（25，24，26，29）	-0.7256	D（37，35，57，63）	83.9317	D（46，47，49，54）	-176.9939
D（25，24，26，30）	177.7877	D（35，36，38，42）	0.024	D（50，47，49，53）	175.4182
D（24，25，27，31）	-0.007	D（35，36，38，43）	176.57	D（50，47，49，54）	-1.6384
D（24，25，27，32）	-179.144	D（39，36，38，42）	-174.0738	D（46，48，51，53）	0.235
D（28，25，27，31）	178.5546	D（39，36，38，43）	2.4722	D（46，48，51，55）	177.9569
D（28，25，27，32）	-0.5824	D（35，37，40，42）	0.0058	D（52，48，51，53）	-176.6393
D（24，26，29，31）	0.323	D（35，37，40，44）	-177.5479	D（52，48，51，55）	1.0827
D（24，26，29，33）	179.37	D（41，37，40，42）	176.5994	D（47，49，53，51）	-0.6076
		D（41，37，40，44）	-0.9543	D（47，49，53，56）	-178.0227

表 5-21（续） （°）

原子关系	二面角	原子关系	二面角	原子关系	二面角
D（54，49，53，51）	176.4503	D（59，57，63，69）	- 86.9549	D（64，63，69，19）	52.8391
D（54，49，53，56）	- 0.9648	D（46，60，66，67）	73.5652	D（64，63，69，66）	- 60.197
D（48，51，53，49）	0.4607	D（46，60，66，68）	- 172.5358	D（65，63，69，15）	64.1846
D（48，51，53，56）	177.8769	D（46，60，66，69）	- 45.4339	D（65，63，69，19）	- 63.8522
D（55，51，53，49）	- 177.2595	D（61，60，66，67）	- 49.3984	D（65，63，69，66）	- 176.8884
D（55，51，53，56）	0.1567	D（61，60，66，68）	64.5005	D（60，66，69，15）	- 164.5523
D（35，57，63，64）	156.5794	D（61，60，66，69）	- 168.3975	D（60，66，69，19）	- 57.5223
D（35，57，63，65）	- 88.0111	D（62，60，66，67）	- 165.3751	D（60，66，69，63）	60.3163
D（35，57，63，69）	33.6516	D（62，60，66，68）	- 51.4762	D（67，66，69，15）	75.3456
D（58，57，63，64）	- 80.1498	D（62，60，66，69）	75.6257	D（67，66，69，19）	- 177.6244
D（58，57，63，65）	35.2596	D（57，63，69，15）	- 57.3455	D（67，66，69，63）	- 59.7858
D（58，57，63，69）	156.9224	D（57，63，69，19）	174.6177	D（68，66，69，15）	- 39.6075
D（59，57，63，64）	35.9729	D（57，63，69，66）	61.5816	D（68，66，69，19）	67.4225
D（59，57，63，65）	151.3824	D（64，63，69，15）	- 179.1241	D（68，66，69，63）	- 174.7389

2. 分子前沿轨道能量和稳定性分析

经 B3LYP/6 - 311G 优化的煤分子结构模型与形成配合物的 HOMO、HOMO$_{-1}$、LUMO、LUMO$_{+1}$ 轨道图如图 5-31 至图 5-34 所示。

图 5-31 配合物最高占据轨道 HOMO 图

图 5-32　配合物最高占据轨道 HOMO$_{-1}$ 图

图 5-33　配合物最低空轨道 LUMO 图

　　从图 5-31 至图 5-34 可以看出，配合物的前沿占据分子轨道中，苯环具有良好的共轭离域性，在分子轨道中有较大的电子云体现；4 个配体中，N（15）、N（20）原子所在的配体对 HOMO 轨道有贡献，但 N（15）、N（20）原子轨道成分对 HOMO 轨道的贡献急剧减少；而配合物的最低空轨道主要由另外 3 个配体提供，且 N 原子的原子轨道的成分急剧减少，其电子云主要分布在配体的苯环上。由于配体中 N 原子对前沿分子轨道的贡献远远小于煤分子结构中 N 原子对前沿分子轨道的贡献，因此降低了煤分子的活性，提高了煤分子活性基团的稳定性。

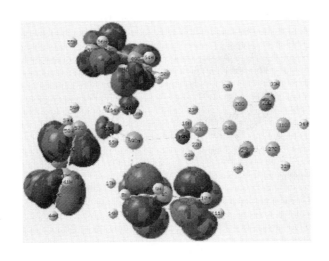

图 5 - 34　配合物最低空轨道 LUMO$_{+1}$ 图

物质的动力学稳定性与前沿轨道的能量差 $E_{LUMO-HOMO}$ 及 HOMO 轨道能量的绝对值密切相关。通常情况下，前沿轨道的能量差越大，HOMO 轨道能量绝对值越大，意味着化合物的动力学稳定性越高。前沿轨道及其附近轨道的能级及能隙差 ΔE 见表 5 - 22。

表 5 - 22　前沿轨道能级及能隙差　　　　　　　　　　eV

名　称	E_{HOMO-1}	E_{HOMO}	E_{LUMO}	E_{LUMO+1}	ΔE
煤分子	-7.024	-6.057	-0.287	-0.287	5.770
配合物	-11.620	-11.583	-6.606	-6.368	4.977

由表 5 - 22 可知，在形成配合物前煤分子结构模型的 HOMO 能级为 -6.057 eV，LUMO 能级为 -0.287 eV，能隙差为 5.770 eV；形成配合物后配合物的 HOMO 能级为 -11.583 eV，LUMO 能级为 -6.606 eV，能隙差为 4.977 eV。煤分子的前沿轨道 HOMO 的能级较高，易失去电子，容易被氧化，而配合物占据轨道 HOMO 的能级较低，不易失去电子，被氧化的倾向较低，且 E_{HOMO} 为 -11.583 eV，说明配合物的动力学稳定性较高。

配合物的稳定化能为正值时表明配合物的结构稳定，其值越大表明稳定性越高。由式 (5 - 1) 计算，煤分子与 Ca^{2+} 形成的四配体的稳定化能约为 1090.20 kJ/mol，说明形成的四配体化合物的化学稳定性较高，煤分子、配合物及 Ca^{2+} 能量表见表 5 - 23。

表 5-23　煤分子、配合物及 Ca^{2+} 能量表　　　　　　　　　a.u.

名　称	E	ZPE	$E + ZPE$
煤分子	-326.90127793	0.146402	-326.754876
配合物	-1984.92412039	0.583622	-1984.340498
Ca^{2+}	-676.905759409	0	-676.905759

3. 自然键轨道分析

配合物中部分电子供体轨道 i 和电子受体轨道 j，以及由二级微扰理论得到的它们之间的二阶稳定化相互作用能 E（2）。E（2）越大，表示 i 和 j 的相互作用越强，即 i 提供电子给 j 的倾向越大，电子的离域化程度越大。计算得到形成的配合物的 6-311G 自然键轨道分析部分结果见表 5-24。

表 5-24　配合物的 6-311G 自然轨道分析部分结果　　　　kJ/mol

电子供体	电子受体	二阶稳定化相互作用能	电子供体	电子受体	二阶稳定化相互作用能
LP（1）N15	LP*（1）Ca69	9.33	LP（1）N63	RY*（1）Ca69	0.33
LP（1）N15	RY*（1）Ca69	0.35	LP（1）N63	RY*（2）Ca69	0.19
LP（1）N15	RY*（2）Ca69	0.85	LP（1）N63	RY*（3）Ca69	0.27
LP（1）N15	RY*（4）Ca69	0.81	LP（1）N63	RY*（4）Ca69	1.08
LP（1）N15	RY*（8）Ca69	0.10	LP（1）N63	RY*（8）Ca69	0.08
LP（1）N15	RY*（12）Ca69	0.08	LP（1）N63	RY*（11）Ca69	0.11
LP（1）N15	RY*（14）Ca69	0.25	LP（1）N63	RY*（12）Ca69	0.05
LP（1）N15	RY*（15）Ca69	0.08	LP（1）N63	RY*（13）Ca69	0.14
LP（1）N15	RY*（17）Ca69	0.26	LP（1）N63	RY*（14）Ca69	0.15
LP（1）N15	RY*（24）Ca69	0.14	LP（1）N63	RY*（15）Ca69	0.10
LP（1）N19	LP*（1）Ca69	9.68	LP（1）N63	RY*（16）Ca69	0.06
LP（1）N19	RY*（1）Ca69	2.20	LP（1）N63	RY*（17）Ca69	0.26
LP（1）N19	RY*（3）Ca69	0.08	LP（1）N63	RY*（24）Ca69	0.14
LP（1）N19	RY*（14）Ca69	0.35	LP（1）N66	LP*（1）Ca69	9.16
LP（1）N19	RY*（15）Ca69	0.14	LP（1）N66	RY*（1）Ca69	0.07
LP（1）N19	RY*（17）Ca69	0.31	LP（1）N66	RY*（2）Ca69	1.85
LP（1）N19	RY*（24）Ca69	0.17	LP（1）N66	RY*（3）Ca69	0.12
LP（1）N63	LP*（1）Ca69	9.69	LP（1）N66	RY*（4）Ca69	0.07

表 5-24（续）   kJ/mol

电子供体	电子受体	二阶稳定化相互作用能	电子供体	电子受体	二阶稳定化相互作用能
LP（1）N66	RY*（14）Ca69	0.26	LP*（1）Ca69	RY*（1）N19	0.27
LP（1）N66	RY*（15）Ca69	0.11	LP*（1）Ca69	RY*（1）N63	0.20
LP（1）N66	RY*（17）Ca69	0.26	LP*（1）Ca69	RY*（3）N63	0.11
LP（1）N66	RY*（24）Ca69	0.14	LP*（1）Ca69	RY*（1）N66	0.18
LP*（1）Ca69	RY*（1）N15	0.22	LP*（1）Ca69	RY*（3）N66	0.10
LP*（1）Ca69	RY*（3）N15	0.09			

由表 5-24 可知，4 个配体上的 N 原子的孤对电子都与金属 Ca^{2+} 有较强的相互作用，其中配体上的 N（15）原子的孤对电子与 Ca^{2+} 的孤对电子的二阶稳定化相互作用能为 39.06 kJ/mol，N（19）原子的孤对电子与 Ca^{2+} 的孤对电子的二阶稳定化相互作用能为 40.53 kJ/mol，N（63）原子的孤对电子与 Ca^{2+} 的孤对电子的二阶稳定化相互作用能为 40.57 kJ/mol，N（66）原子的孤对电子与 Ca^{2+} 的孤对电子的二阶稳定化相互作用能为 38.35 kJ/mol，说明电子从 N 原子的孤对电子向金属 Ca^{2+} 转移的倾向较大，二者存在较强的相互作用。而且 N（15）、N（19）、N（63）、N（66）原子上的孤对电子与 Ca^{2+} 的价外层空轨道也存在类似的相互作用，都有较大的二阶稳定化相互作用能，说明了配体与金属之间发生了较强的配位作用。

4. 净电荷布居及电荷转移

分子中原子的电荷布居亲核与亲电反应的活性部分及原子间的相互作用密切相关。根据自然键轨道分析（NBO），配合物的静电荷布居及自然电子组态见表 5-25。

表 5-25 配合物的静电荷布居及自然电子组态

原子序号	原子种类	原子电荷	核外电子排布
1	C	-0.20851	[core] 2s（0.94）2p（3.25）3p（0.01）
2	C	-0.07333	[core] 2s（0.88）2p（3.18）3p（0.01）
3	C	-0.26830	[core] 2s（0.94）2p（3.31）3p（0.01）
4	C	-0.18864	[core] 2s（0.95）2p（3.22）3p（0.01）
5	C	-0.18632	[core] 2s（0.96）2p（3.22）3p（0.01）

表 5 - 25 （续）

原子序号	原子种类	原子电荷	核 外 电 子 排 布
6	C	− 0.18287	[core] 2s (0.96) 2p (3.21) 3p (0.01)
7	H	0.22048	1s (0.78)
8	H	0.21053	1s (0.79)
9	H	0.22361	1s (0.77)
10	H	0.23237	1s (0.77)
11	H	0.23206	1s (0.77)
12	C	− 0.19357	[core] 2s (1.00) 2p (3.17) 3p (0.01)
13	H	0.21598	1s (0.78)
14	H	0.21645	1s (0.78)
15	N	− 0.97380	[core] 2s (1.46) 2p (4.50) 3p (0.01)
16	H	0.37840	1s (0.62)
17	H	0.39222	1s (0.61)
18	H	0.38031	1s (0.62)
19	N	− 0.98275	[core] 2s (1.47) 2p (4.50) 3p (0.01)
20	H	0.39328	1s (0.60)
21	C	− 0.18859	[core] 2s (1.00) 2p (3.17) 3p (0.01)
22	H	0.19693	1s (0.80)
23	H	0.19109	1s (0.81)
24	C	− 0.08347	[core] 2s (0.87) 2p (3.20) 3p (0.01)
25	C	− 0.20749	[core] 2s (0.94) 2p (3.26) 3p (0.01)
26	C	− 0.21057	[core] 2s (0.94) 2p (3.26) 3p (0.01)
27	C	− 0.17651	[core] 2s (0.95) 2p (3.21) 3p (0.01)
28	H	0.20054	1s (0.80)
29	C	− 0.17405	[core] 2s (0.95) 2p (3.21) 3p (0.01)
30	H	0.19872	1s (0.80)
31	C	− 0.16968	[core] 2s (0.96) 2p (3.20) 3p (0.01)
32	H	0.22077	1s (0.78)
33	H	0.22181	1s (0.78)
34	H	0.22443	1s (0.77)
35	C	− 0.08016	[core] 2s (0.88) 2p (3.18) 3p (0.01)
36	C	− 0.25486	[core] 2s (0.94) 2p (3.30) 3p (0.01)
37	C	− 0.20927	[core] 2s (0.94) 2p (3.25) 3p (0.01)

表 5 - 25（续）

原子序号	原子种类	原子电荷	核外电子排布
38	C	- 0.19658	［core］2s（0.95）2p（3.23）3p（0.01）
39	H	0.20936	1s（0.79）
40	C	- 0.17869	［core］2s（0.95）2p（3.21）3p（0.01）
41	H	0.21962	1s（0.78）
42	C	- 0.18983	［core］2s（0.96）2p（3.22）3p（0.01）
43	H	0.22609	1s（0.77）
44	H	0.23129	1s（0.77）
45	H	0.23160	1s（0.77）
46	C	- 0.07783	［core］2s（0.88）2p（3.19）3p（0.01）
47	C	- 0.23723	［core］2s（0.94）2p（3.28）3p（0.01）
48	C	- 0.20857	［core］2s（0.94）2p（3.25）3p（0.01）
49	C	- 0.20184	［core］2s（0.95）2p（3.23）3p（0.01）
50	H	0.20545	1s（0.79）
51	C	- 0.17960	［core］2s（0.95）2p（3.21）3p（0.01）
52	H	0.21680	1s（0.78）
53	C	- 0.18524	［core］2s（0.96）2p（3.21）3p（0.01）
54	H	0.22673	1s（0.77）
55	H	0.23051	1s（0.77）
56	H	0.23100	1s（0.77）
57	C	- 0.19530	［core］2s（1.00）2p（3.18）3p（0.01）
58	H	0.21713	1s（0.78）
59	H	0.21689	1s（0.78）
60	C	- 0.18815	［core］2s（1.01）2p（3.17）3p（0.01）
61	H	0.21732	1s（0.78）
62	H	0.20607	1s（0.79）
63	N	- 0.97826	［core］2s（1.46）2p（4.50）3p（0.01）
64	H	0.39706	1s（0.60）
65	H	0.37986	1s（0.62）
66	N	- 0.96720	［core］2s（1.47）2p（4.49）3p（0.01）
67	H	0.37727	1s（0.62）
68	H	0.38422	1s（0.61）
69	Ca	1.82282	［core］4s（0.15）3d（0.02）5p（0.01）

从表 5 – 25 可以看出，正电荷主要集中在 Ca 原子上，其所带电荷为 +1.82282，其余正电荷集中在 H 原子上，其中苯环 H 原子所带正电荷处于平均化，为 +0.22 左右，而氨基 H 原子所带正电荷较大，如 H（16）为 +0.37840、H（17）为 +0.39222、H（18）为 +0.38031、H（20）为 +0.39328、H（64）为 +0.39706、H（65）为 +0.37986、H（67）为 +0.37727、H（68）为 +0.38422。负电荷则主要集中在 N 原子以及与其相连的 C 原子上。Ca^{2+} 在配合物中的价态应为 +2 价，但实际仅为 +1.82282 价，这主要是由于金属 Ca^{2+} 的 4s、3d 等轨道从配体得到部分反馈电子，其中 4s 轨道得到大约 0.15 个电子，3d 轨道得到 0.02 个电子，由此说明，N 原子的部分电子转移到 Ca 原子上，形成共价键。

5.1.2.4　小结

（1）建立了煤与 Ca^{2+} 形成配合物的化学结构模型。应用量子化学 Gaussian03 软件程序包，采用密度泛函在 B3LYP/6 – 311G 水平上计算得到 Ca^{2+} 与煤分子含 N 活性基团形成二配体、三配体及四配体化合物的几何构型，得到了形成的配合物的几何构型参数，建立了煤含 N 活性基团与 Ca^{2+} 形成配合物的化学结构模型。

（2）煤含 N 活性基团与 Ca^{2+} 形成的四配体化合物最为稳定。通过形成配合物的稳定化能计算，得到煤活性基团与 Ca^{2+} 形成四配体化合物时的稳定化能最大，其中 Ca^{2+} 与煤含 N 基团形成四配体的稳定化能（1090.20 kJ/mol）大于 Ca^{2+} 与煤含 N 基团形成三配体的稳定化能（915.57 kJ/mol）大于 Ca^{2+} 与煤含 N 基团形成二配体的稳定化能（687.12 kJ/mol）；同时，前沿轨道能级能隙差（4.977 eV）大于 Ca^{2+} 与煤活性基团形成其他配位化合物的前沿轨道能隙差。说明煤含 N 活性基团与 Ca^{2+} 形成的四配体化合物最稳定。

（3）煤分子中的 N 原子的孤对电子与 Ca^{2+} 的孤对电子及价外层空轨道有较强的相互作用能，形成了较强的配位键。通过分析形成的配合物的自然键轨道结果，煤含 N 活性基团形成二配体、三配体及四配体时，配体上的 N 原子的孤对电子都与 Ca^{2+} 的孤对电子及价外层空轨道都有较强的相互作用，说明配体与金属之间发生了较强的配位作用，形成了较强的配位键。

（4）煤分子中的 N 原子转移到 Ca^{2+} 上形成了配位键。通过分析形成煤含 N 活性基团与 Ca^{2+} 配合物的净电荷布居及自然电子组态，金属 Ca^{2+} 的 4s、3d、5p 轨道从配体得到部分反馈电子，导致其偏离表观电荷，表明在 Ca^{2+} 与配体中的 N 原子形成了配位键。

5.1.3 Ca^{2+}与含S活性基团形成的配合物

5.1.3.1 Ca^{2+}与含S活性基团形成二配体

1. 配合物的几何结构

煤表面含S活性基团和Ca^{2+}形成二配体时，应用量子化学Gaussian03软件程序包，采用密度泛函在B3LYP/6-311G水平上计算得到二配体的几何构型。

图5-35所示为煤与Ca^{2+}形成的二配体的几何平衡构型图，比较发生配位反应煤表面结构的变化，配位前后煤表面的键长、键角的变化不大。Ca^{2+}与煤分子结构模型侧链上的S原子形成了配位键，且Ca^{2+}与2个S原子形成了折线形结构，S（32）—Ca（29）—S（30）键角为107.37195°；Ca^{2+}与S原子形成的配位键的键长分别为，Ca（29）—S（30）键长0.305853 nm、Ca（29）—S（32）键长0.303970 nm。

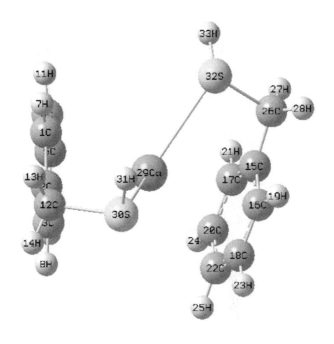

图5-35　经优化后的配合物的化学结构

对几何优化后的构型进行振动频率计算，计算所得频率均为正值，表明所得构型为势能面上的鞍点，结构较稳定。配位结构可用几何平衡构型的键长、键角及二面角表示，见表5-26至表5-28。

2. 分子前沿轨道能量和稳定性分析

经B3LYP/6-311G优化的煤分子结构模型与形成的二配体的HOMO、HOMO$_{-1}$、LUMO、LUMO$_{+1}$轨道图如图5-36至图5-39所示。

表 5-26　配　位　结　构　键　长　　　　　　　　　　Å

原子关系	键长	原子关系	键长	原子关系	键长
R (1, 2)	1.4127	R (5, 10)	1.0804	R (17, 29)	2.9456
R (1, 6)	1.4038	R (6, 11)	1.0808	R (18, 22)	1.4044
R (1, 7)	1.082	R (12, 13)	1.0844	R (18, 23)	1.0807
R (1, 29)	2.9741	R (12, 14)	1.0836	R (20, 22)	1.4064
R (2, 3)	1.4129	R (12, 30)	1.9537	R (20, 24)	1.0809
R (2, 12)	1.4997	R (15, 16)	1.4117	R (22, 25)	1.0804
R (2, 29)	2.8847	R (15, 17)	1.4138	R (26, 27)	1.0845
R (3, 4)	1.4056	R (15, 26)	1.5004	R (26, 28)	1.0835
R (3, 8)	1.0821	R (15, 29)	2.8805	R (26, 32)	1.9547
R (3, 29)	2.9501	R (16, 18)	1.405	R (29, 30)	3.0585
R (4, 5)	1.4053	R (16, 19)	1.0819	R (29, 32)	3.0397
R (4, 9)	1.0809	R (16, 29)	2.9829	R (30, 31)	1.3812
R (4, 29)	3.1155	R (17, 20)	1.4042	R (32, 33)	1.3802
R (5, 6)	1.4061	R (17, 21)	1.0822		

表 5-27　配　位　结　构　键　角　　　　　　　　　　(°)

原子关系	键角	原子关系	键角	原子关系	键角
A (2, 1, 6)	120.6682	A (5, 4, 9)	120.0463	A (16, 15, 17)	118.7067
A (2, 1, 7)	119.6943	A (5, 4, 29)	80.1925	A (16, 15, 26)	120.3666
A (6, 1, 7)	119.5497	A (9, 4, 29)	122.9911	A (17, 15, 26)	120.6997
A (6, 1, 29)	83.3189	A (4, 5, 6)	119.5661	A (26, 15, 29)	106.6026
A (7, 1, 29)	117.823	A (4, 5, 10)	120.1588	A (15, 16, 18)	120.666
A (1, 2, 3)	118.6575	A (6, 5, 10)	120.1261	A (15, 16, 19)	119.6644
A (1, 2, 12)	120.7329	A (1, 6, 5)	120.2422	A (18, 16, 19)	119.5748
A (3, 2, 12)	120.3701	A (1, 6, 11)	119.7187	A (18, 16, 29)	83.8253
A (12, 2, 29)	106.9718	A (5, 6, 11)	119.9961	A (19, 16, 29)	117.8837
A (2, 3, 4)	120.6367	A (2, 12, 13)	113.2985	A (15, 17, 20)	120.5748
A (2, 3, 8)	119.6607	A (2, 12, 14)	113.6674	A (15, 17, 21)	119.6995
A (4, 3, 8)	119.5657	A (2, 12, 30)	107.2599	A (20, 17, 21)	119.5917
A (8, 3, 29)	117.6794	A (13, 12, 14)	109.9831	A (20, 17, 29)	83.8923
A (3, 4, 5)	120.2017	A (13, 12, 30)	106.9715	A (21, 17, 29)	116.9392
A (3, 4, 9)	119.7021	A (14, 12, 30)	105.0603	A (16, 18, 22)	120.187

表 5-27（续）　　　　　　　　　　　　　　　　　　　　　　（°）

原子关系	键　角	原子关系	键　角	原子关系	键　角
A (16, 18, 23)	119.7192	A (1, 29, 16)	162.464	A (4, 29, 17)	106.3479
A (22, 18, 23)	120.0684	A (1, 29, 17)	146.516	A (4, 29, 30)	97.6358
A (17, 20, 22)	120.2148	A (1, 29, 30)	73.1434	A (4, 29, 32)	139.1105
A (17, 20, 24)	119.7268	A (1, 29, 32)	102.0032	A (15, 29, 30)	119.4336
A (22, 20, 24)	120.0106	A (2, 29, 4)	47.9811	A (15, 29, 32)	56.1919
A (18, 22, 20)	119.6227	A (2, 29, 15)	174.9165	A (16, 29, 17)	48.4082
A (18, 22, 25)	120.1064	A (2, 29, 16)	147.1266	A (16, 29, 30)	93.4449
A (20, 22, 25)	120.14	A (2, 29, 17)	154.1282	A (16, 29, 32)	70.7095
A (15, 26, 27)	113.2443	A (2, 29, 30)	55.984	A (17, 29, 30)	140.2456
A (15, 26, 28)	113.632	A (2, 29, 32)	125.9893	A (17, 29, 32)	73.8892
A (15, 26, 32)	107.0667	A (3, 29, 15)	151.5317	A (30, 29, 32)	107.372
A (27, 26, 28)	110.1517	A (3, 29, 16)	138.399	A (12, 30, 29)	89.6395
A (27, 26, 32)	107.0026	A (3, 29, 17)	127.1421	A (12, 30, 31)	99.6294
A (28, 26, 32)	105.1447	A (3, 29, 30)	71.0525	A (29, 30, 31)	115.5167
A (1, 29, 3)	48.4356	A (3, 29, 32)	150.2222	A (26, 32, 29)	89.7957
A (1, 29, 4)	54.8334	A (4, 29, 15)	134.3287	A (26, 32, 33)	100.0376
A (1, 29, 15)	156.3325	A (4, 29, 16)	140.3893	A (29, 32, 33)	119.4158

表 5-28　配位结构二面角　　　　　　　　　　　　　　　　　　（°）

原子关系	二面角	原子关系	二面角	原子关系	二面角
D (6, 1, 2, 3)	0.1011	D (6, 1, 29, 4)	-59.8997	D (7, 1, 29, 30)	67.5851
D (6, 1, 2, 12)	174.5	D (6, 1, 29, 15)	61.559	D (7, 1, 29, 32)	-37.1607
D (7, 1, 2, 3)	176.677	D (6, 1, 29, 16)	146.1948	D (1, 2, 3, 4)	-0.1123
D (7, 1, 2, 12)	-8.9241	D (6, 1, 29, 17)	3.9317	D (1, 2, 3, 8)	-175.8408
D (2, 1, 6, 5)	-1.0005	D (6, 1, 29, 30)	-172.4389	D (12, 2, 3, 4)	-174.5321
D (2, 1, 6, 11)	176.6157	D (6, 1, 29, 32)	82.8153	D (12, 2, 3, 8)	9.7394
D (7, 1, 6, 5)	-177.5814	D (7, 1, 29, 3)	146.9368	D (1, 2, 12, 13)	26.2717
D (7, 1, 6, 11)	0.0349	D (7, 1, 29, 4)	-179.8758	D (1, 2, 12, 14)	152.7841
D (29, 1, 6, 5)	64.1381	D (7, 1, 29, 15)	-58.417	D (1, 2, 12, 30)	-91.5419
D (29, 1, 6, 11)	-118.2456	D (7, 1, 29, 16)	26.2188	D (3, 2, 12, 13)	-159.4254
D (6, 1, 29, 3)	-93.0871	D (7, 1, 29, 17)	-116.0443	D (3, 2, 12, 14)	-32.9129

表 5－28（续） (°)

原子关系	二面角	原子关系	二面角	原子关系	二面角
D（3, 2, 12, 30）	82.7611	D（5, 4, 29, 32）	－3.6645	D（29, 15, 26, 27）	－111.9783
D（29, 2, 12, 13）	114.0812	D（9, 4, 29, 1）	－179.24	D（29, 15, 26, 28）	121.3521
D（29, 2, 12, 14）	－119.4063	D（9, 4, 29, 2）	－144.4279	D（29, 15, 26, 32）	5.717
D（29, 2, 12, 30）	－3.7323	D（9, 4, 29, 15）	29.3597	D（26, 15, 29, 1）	21.0369
D（12, 2, 29, 4）	148.2205	D（9, 4, 29, 16）	－11.2374	D（26, 15, 29, 2）	－121.2134
D（12, 2, 29, 15）	29.1042	D（9, 4, 29, 17）	31.8255	D（26, 15, 29, 3）	158.8047
D（12, 2, 29, 16）	27.135	D（9, 4, 29, 30）	－116.1344	D（26, 15, 29, 4）	123.9239
D（12, 2, 29, 17）	139.959	D（9, 4, 29, 32）	115.9122	D（26, 15, 29, 30）	－96.2177
D（12, 2, 29, 30）	2.7458	D（4, 5, 6, 1）	1.8974	D（26, 15, 29, 32）	－4.2264
D（12, 2, 29, 32）	－84.6765	D（4, 5, 6, 11）	－175.7122	D（15, 16, 18, 22）	－0.8589
D（2, 3, 4, 5）	1.0231	D（10, 5, 6, 1）	177.4688	D（15, 16, 18, 23）	177.3086
D（2, 3, 4, 9）	－176.409	D（10, 5, 6, 11）	－0.1408	D（19, 16, 18, 22）	－177.3063
D（8, 3, 4, 5）	176.7556	D（2, 12, 30, 29）	3.3665	D（19, 16, 18, 23）	0.8612
D（8, 3, 4, 9）	－0.6764	D（2, 12, 30, 31）	119.2073	D（29, 16, 18, 22）	64.0423
D（8, 3, 29, 1）	－147.1224	D（13, 12, 30, 29）	－118.4939	D（29, 16, 18, 23）	－117.7902
D（8, 3, 29, 15）	54.0155	D（13, 12, 30, 31）	－2.6531	D（18, 16, 29, 1）	113.9523
D（8, 3, 29, 16）	9.9144	D（14, 12, 30, 29）	124.6256	D（18, 16, 29, 2）	54.5814
D（8, 3, 29, 17）	76.2642	D（14, 12, 30, 31）	－119.5336	D（18, 16, 29, 3）	9.6043
D（8, 3, 29, 30）	－63.1695	D（17, 15, 16, 18）	0.1207	D（18, 16, 29, 4）	－31.7166
D（8, 3, 29, 32）	－155.2126	D（17, 15, 16, 19）	176.5649	D（18, 16, 29, 17）	－92.8868
D（3, 4, 5, 6）	－1.9078	D（26, 15, 16, 18）	174.6855	D（18, 16, 29, 30）	74.6346
D（3, 4, 5, 10）	－177.4777	D（26, 15, 16, 19）	－8.8703	D（18, 16, 29, 32）	－178.1577
D（9, 4, 5, 6）	175.5154	D（16, 15, 17, 20）	－0.3258	D（19, 16, 29, 1）	－6.3395
D（9, 4, 5, 10）	－0.0545	D（16, 15, 17, 21）	－176.1004	D（19, 16, 29, 2）	－65.7104
D（29, 4, 5, 6）	－61.9113	D（26, 15, 17, 20）	－174.8719	D（19, 16, 29, 3）	－110.6875
D（29, 4, 5, 10）	122.5188	D（26, 15, 17, 21）	9.3535	D（19, 16, 29, 4）	－152.0084
D（5, 4, 29, 1）	61.1833	D（16, 15, 26, 27）	159.8807	D（19, 16, 29, 17）	146.8214
D（5, 4, 29, 2）	95.9954	D（16, 15, 26, 28）	33.2111	D（19, 16, 29, 30）	－45.6572
D（5, 4, 29, 15）	－90.217	D（16, 15, 26, 32）	－82.424	D（19, 16, 29, 32）	61.5505
D（5, 4, 29, 16）	－130.8141	D（17, 15, 26, 27）	－25.6638	D（15, 17, 20, 22）	1.2692
D（5, 4, 29, 17）	－87.7512	D（17, 15, 26, 28）	－152.3333	D（15, 17, 20, 24）	－176.2196
D（5, 4, 29, 30）	124.2889	D（17, 15, 26, 32）	92.0315	D（21, 17, 20, 22）	177.0484

· 128 ·

表 5 - 28（续） （°）

原子关系	二面角	原子关系	二面角	原子关系	二面角
D（21, 17, 20, 24）	- 0.4404	D（17, 20, 22, 18）	- 1.9927	D（16, 29, 30, 31）	90.4532
D（29, 17, 20, 22）	- 65.3573	D（17, 20, 22, 25）	- 177.8388	D（17, 29, 30, 12）	- 154.4025
D（29, 17, 20, 24）	117.1539	D（24, 20, 22, 18）	175.4889	D（17, 29, 30, 31）	105.0906
D（20, 17, 29, 1）	- 101.6718	D（24, 20, 22, 25）	- 0.3572	D（32, 29, 30, 12）	120.104
D（20, 17, 29, 2）	- 45.4128	D（15, 26, 32, 29）	- 5.1902	D（32, 29, 30, 31）	19.597
D（20, 17, 29, 3）	- 32.9887	D（15, 26, 32, 33）	- 125.0679	D（1, 29, 32, 26）	- 166.805
D（20, 17, 29, 4）	- 51.8002	D（27, 26, 32, 29）	116.5168	D（1, 29, 32, 33）	- 65.3802
D（20, 17, 29, 16）	92.6029	D（27, 26, 32, 33）	- 3.3609	D（2, 29, 32, 26）	177.5075
D（20, 17, 29, 30）	72.8921	D（28, 26, 32, 29）	- 126.3554	D（2, 29, 32, 33）	- 81.0677
D（20, 17, 29, 32）	170.8668	D（28, 26, 32, 33）	113.7669	D（3, 29, 32, 26）	- 160.6251
D（21, 17, 29, 1）	18.5074	D（1, 29, 30, 12）	22.4669	D（3, 29, 32, 33）	- 59.2003
D（21, 17, 29, 2）	74.7664	D（1, 29, 30, 31）	- 78.04	D（4, 29, 32, 26）	- 117.6475
D（21, 17, 29, 3）	87.1905	D（2, 29, 30, 31）	- 2.0156	D（4, 29, 32, 33）	- 16.2227
D（21, 17, 29, 4）	68.379	D（2, 29, 30, 31）	- 102.5226	D（15, 29, 32, 26）	3.1076
D（21, 17, 29, 16）	- 147.2179	D（3, 29, 30, 12）	- 28.5609	D（15, 29, 32, 33）	104.5324
D（21, 17, 29, 30）	- 166.9287	D（3, 29, 30, 31）	- 129.0678	D（16, 29, 32, 26）	29.777
D（21, 17, 29, 32）	- 68.954	D（4, 29, 30, 31）	- 27.1558	D（16, 29, 32, 26）	131.2018
D（16, 18, 22, 20）	1.7876	D（4, 29, 30, 31）	- 127.6627	D（17, 29, 32, 26）	- 21.102
D（16, 18, 22, 25）	177.6351	D（15, 29, 30, 12）	- 179.4267	D（17, 29, 32, 33）	80.3228
D（23, 18, 22, 20）	- 176.3735	D（15, 29, 30, 31）	80.0664	D（30, 29, 32, 26）	117.3244
D（23, 18, 22, 25）	- 0.5259	D（16, 29, 30, 12）	- 169.0399	D（30, 29, 32, 33）	- 141.2508

从图 5 - 36 至图 5 - 39 可以看出，配合物的最高占据轨道 HOMO 分子轨道主要由 Ca^{2+} 及两个配体的 S（30）及 S（32）原子轨道组成，因此 HOMO 轨道的电子云分布集中在 S（30）及 S（32）原子上；而配合物最低空轨道 LUMO 的电子云主要分布较均匀，说明配体的 C、H、S 原子的原子轨道成分对配合物的 LUMO 轨道都有贡献。

物质的动力学稳定性与前沿轨道的能量差 $E_{LUMO-HOMO}$ 及 HOMO 轨道能量的绝对值密切相关。通常情况，前沿轨道的能量差越大，HOMO 轨道能量绝对值越大，意味着化合物的动力学稳定性越高。前沿轨道及其附近轨道的能级及能隙差见表 5 - 29。

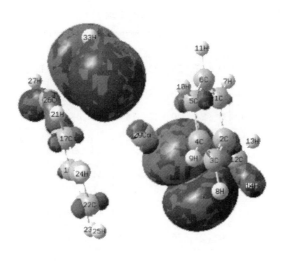

图 5 - 36　配合物最最高占据轨道 HOMO 图

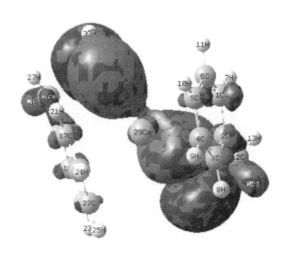

图 5 - 37　配合物最高占据轨道 HOMO$_{-1}$ 图

表 5 - 29　前沿轨道能级及能隙差　　　　　　　　　　　　　　　eV

名　称	E_{HOMO-1}	E_{HOMO}	E_{LUMO}	E_{LUMO+1}	$E_{LUMO-HOMO}$
煤分子	- 6.960	- 6.622	- 0.829	- 0.356	5.793
配合物	- 14.330	- 14.278	- 8.779	- 8.540	5.499

由表 5 - 29 可知，在形成配合物前煤分子结构模型的 HOMO 能级为
- 6.622 eV，而在形成配合物后，其 HOMO 能级下降到 - 14.278 eV，增强了煤

图 5 - 38　配合物最低空轨道 LUMO 图

图 5 - 39　配合物最低空轨道 LUMO$_{+1}$ 图

分子的稳定性；形成配合物的能隙差为 5.499 eV，与煤分子的能隙差接近，说明形成的配合物的化学结构较稳定，煤分子、配合物及 Ca^{2+} 能量表见表 5 - 30。

表 5 - 30　煤分子、配合物及 Ca^{2+} 能量表　　　　a. u.

名　称	E	ZPE	$E + ZPE$
煤分子	- 669. 74655809	0. 127881	- 669. 618677
配合物	- 2016. 62504988	0. 257872	- 2016. 367178
Ca^{2+}	- 676. 905759409	0	- 676. 905759

配合物的稳定化能为正值时表明配合物的结构稳定，其值越大表明稳定性越高。由式（5-1）计算，煤分子与 Ca^{2+} 形成的二配体的稳定化能约为 588.28 kJ/mol，说明形成的二配体化合物的化学稳定性较高。

3. 自然键轨道分析

配合物中部分电子供体轨道 i 和电子受体轨道 j，以及由二级微扰理论得到的它们之间的二阶稳定化相互作用能 $E(2)$。$E(2)$ 越大，表示 i 和 j 的相互作用越强，即 i 提供电子给 j 的倾向越大，电子的离域化程度越大。计算得到形成的配合物的 6-311G 自然键轨道分析部分结果见表 5-31。

表 5-31　配合物的 6-311G 自然轨道分析部分结果　　　　　　kJ/mol

电子供体	电子受体	二阶稳定化相互作用能	电子供体	电子受体	二阶稳定化相互作用能
LP (1) S30	LP* (1) Ca29	4.57	LP (2) S30	RY* (15) Ca29	0.38
LP (1) S30	RY* (2) Ca29	0.15	LP (2) S30	RY* (16) Ca29	0.08
LP (1) S30	RY* (7) Ca29	0.56	LP (2) S30	RY* (17) Ca29	1.30
LP (1) S30	RY* (9) Ca29	0.14	LP (2) S30	RY* (24) Ca29	0.70
LP (1) S30	RY* (12) Ca29	0.21	LP (1) S32	LP* (1) Ca29	4.81
LP (1) S30	RY* (13) Ca29	0.61	LP (1) S32	RY* (1) Ca29	0.13
LP (1) S30	RY* (14) Ca29	0.06	LP (1) S32	RY* (7) Ca29	0.60
LP (1) S30	RY* (15) Ca29	0.06	LP (1) S32	RY* (9) Ca29	0.07
LP (1) S30	RY* (17) Ca29	0.34	LP (1) S32	RY* (11) Ca29	0.10
LP (1) S30	RY* (24) Ca29	0.18	LP (1) S32	RY* (12) Ca29	0.48
LP (2) S30	LP* (1) Ca29	17.08	LP (1) S32	RY* (13) Ca29	0.49
LP (2) S30	RY* (1) Ca29	0.98	LP (1) S32	RY* (14) Ca29	0.05
LP (2) S30	RY* (2) Ca29	0.07	LP (1) S32	RY* (17) Ca29	0.36
LP (2) S30	RY* (5) Ca29	0.09	LP (1) S32	RY* (24) Ca29	0.19
LP (2) S30	RY* (7) Ca29	0.96	LP (2) S32	LP* (1) Ca29	17.32
LP (2) S30	RY* (8) Ca29	0.08	LP (2) S32	RY* (1) Ca29	0.32
LP (2) S30	RY* (9) Ca29	0.47	LP (2) S32	RY* (2) Ca29	0.10
LP (2) S30	RY* (11) Ca29	0.13	LP (2) S32	RY* (3) Ca29	0.22
LP (2) S30	RY* (12) Ca29	1.10	LP (2) S32	RY* (6) Ca29	0.34
LP (2) S30	RY* (13) Ca29	1.68	LP (2) S32	RY* (7) Ca29	1.04
LP (2) S30	RY* (14) Ca29	0.28	LP (2) S32	RY* (8) Ca29	0.09

表 5 - 31 （续） kJ/mol

电子供体	电子受体	二阶稳定化相互作用能	电子供体	电子受体	二阶稳定化相互作用能
LP（2）S32	RY*（9）Ca29	0.08	LP*（1）Ca29	RY*（3）S32	0.53
LP（2）S32	RY*（11）Ca29	0.31	LP*（1）Ca29	RY*（4）S32	0.07
LP（2）S32	RY*（12）Ca29	1.00	LP*（1）Ca29	RY*（6）S32	0.08
LP（2）S32	RY*（13）Ca29	1.80	LP*（1）Ca29	RY*（1）S30	0.79
LP（2）S32	RY*（14）Ca29	0.27	LP*（1）Ca29	RY*（2）S30	0.20
LP（2）S32	RY*（15）Ca29	0.25	LP*（1）Ca29	RY*（3）S30	0.39
LP（2）S32	RY*（17）Ca29	1.25	LP*（1）Ca29	RY*（4）S30	0.07
LP（2）S32	RY*（24）Ca29	0.68	LP*（1）Ca29	RY*（7）S30	0.11
LP*（1）Ca29	RY*（1）S32	0.79			

由表 5 - 31 可知，2 个配体上的 S（30）、S（32）原子的孤对电子都与金属 Ca^{2+} 有较强的相互作用。配体上的 S（30）原子的孤对电子与 Ca^{2+} 的孤对电子的二阶稳定化相互作用能为 71.51 kJ/mol，S（32）原子的孤对电子与 Ca^{2+} 的孤对电子的二阶稳定化相互作用能为 72.52 kJ/mol，说明电子从 S 原子向金属 Ca^{2+} 具有一定的转移倾向。同时，S（30）、S（32）原子的孤对电子与 Ca^{2+} 的价外层空轨道之间也存在类似的相互作用，都有较大的二阶稳定化相互作用能，说明了配体与金属之间存在配位作用，形成了配位键。

4. 净电荷布居及电荷转移

分子中原子的电荷布居亲核与亲电反应的活性部分及原子间的相互作用密切相关。根据自然键轨道分析（NBO），配合物的静电荷布居及自然电子组态见表 5 - 32。

表 5 - 32 配合物的静电荷布居及自然电子组态

原子序号	原子种类	原子电荷	核外电子排布
1	C	-0.25895	［core］2s（0.96）2p（3.29）3p（0.01）
2	C	-0.10433	［core］2s（0.89）2p（3.19）3s（0.01）3p（0.02）
3	C	-0.27454	［core］2s（0.96）2p（3.30）3p（0.01）
4	C	-0.21373	［core］2s（0.97）2p（3.23）3p（0.01）
5	C	-0.22709	［core］2s（0.97）2p（3.24）3p（0.01）

表 5 - 32（续）

原子序号	原子种类	原子电荷	核外电子排布
6	C	- 0.20893	［core］2s（0.97）2p（3.23）3p（0.01）
7	H	0.25114	1s（0.75）
8	H	0.25358	1s（0.74）
9	H	0.25296	1s（0.75）
10	H	0.25315	1s（0.75）
11	H	0.25320	1s（0.75）
12	C	- 0.41898	［core］2s（1.09）2p（3.31）3p（0.01）
13	H	0.24943	1s（0.75）
14	H	0.25380	1s（0.74）
15	C	- 0.10876	［core］2s（0.89）2p（3.20）3s（0.01）3p（0.02）
16	C	- 0.26194	［core］2s（0.96）2p（3.29）3p（0.01）
17	C	- 0.27354	［core］2s（0.96）2p（3.30）3p（0.01）
18	C	- 0.19998	［core］2s（0.97）2p（3.22）3p（0.01）
19	H	0.25320	1s（0.74）
20	C	- 0.21463	［core］2s（0.97）2p（3.23）3p（0.01）
21	H	0.25027	1s（0.75）
22	C	- 0.22368	［core］2s（0.97）2p（3.24）3p（0.01）
23	H	0.25528	1s（0.74）
24	H	0.25223	1s（0.75）
25	H	0.25285	1s（0.75）
26	C	- 0.41480	［core］2s（1.09）2p（3.31）3p（0.01）
27	H	0.24739	1s（0.75）
28	H	0.25419	1s（0.74）
29	Ca	1.80046	［core］4s（0.16）3d（0.01）5p（0.03）
30	S	- 0.16933	［core］3s（1.77）3p（4.38）4p（0.01）
31	H	0.20848	1s（0.79）
32	S	- 0.17807	［core］3s（1.77）3p（4.40）4p（0.01）
33	H	0.20967	1s（0.79）

由表 5 - 32 可知，正电荷主要集中在 Ca 原子上和 H 原子上，负电荷则主要集中在 S（30）、S（32）及部分 C 原子上，S（30）的净电荷为 - 0.16933，S（32）的净电荷为 - 0.17807，C（12）的净电荷为 - 0.41898，C（26）的净电

荷为 − 0. 41480，C（2）的净电荷为 − 0. 10433，C（15）的净电荷为 − 0. 10876，其余苯环 C 原子的净电荷分布均匀。由于 Ca^{2+} 的 4s、3d、5p 轨道分别得到了 0. 16、0. 01 和 0. 03 个电子，因此 Ca^{2+} 在配合物中的净电荷变为 + 1. 80046 价，这表明金属 Ca^{2+} 从配体上得到部分的反馈电子，形成了配位键。

5. 1. 3. 2　Ca^{2+} 与含 S 活性基团形成三配体

1. 配合物的几何结构

煤表面含 S 活性基团和 Ca^{2+} 形成三配体时，应用量子化学 Gaussian03 软件程序包，采用密度泛函在 B3LYP/6 − 311G 水平上计算得到三配体的几何构型。

图 5 − 40 所示为煤与 Ca^{2+} 形成的三配体的几何平衡构型图，比较发生配位反应煤表面结构的变化，配位前后煤表面的键长、键角的变化不大。Ca^{2+} 与煤分子结构模型侧链上的 S 原子形成了配位键，且 Ca^{2+} 与 3 个 S 原子形成了三角形结构，Ca^{2+} 位于结构的中心；Ca^{2+} 与 S 原子形成的配位键的键长分别为，Ca（43）—S（44）键长 0. 291153 nm、Ca（43）—S（46）键长 0. 302072 nm、Ca（43）—S（48）键长 0. 298622 nm；形成的 3 个键角分别为，S（44）—Ca（43）—S（46）键角 100. 05801°、S（44）—Ca（43）—S（48）键角 120. 86828°、S（46）—Ca（43）—S（48）键角 138. 88026°。

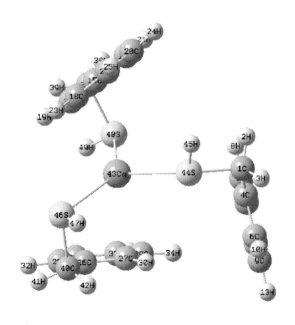

图 5 − 40　经优化后的配合物的化学结构

对几何优化后的构型进行振动频率计算，计算所得频率均为正值，表明所得构型为势能面上的鞍点，结构较稳定。配位结构可用几何平衡构型的键长、键角及二面角表示，见表5-33至表5-35。

表5-33　配 位 结 构 键 长　　　　　　Å

原子关系	键长	原子关系	键长	原子关系	键长
R（1，2）	1.0841	R（16，18）	1.4034	R（29，33）	1.4032
R（1，3）	1.084	R（16，19）	1.0872	R（29，34）	1.0818
R（1，4）	1.4897	R（16，43）	2.8802	R（31，33）	1.3978
R（1，44）	1.9844	R（17，20）	1.4005	R（31，35）	1.0809
R（4，5）	1.4073	R（17，21）	1.0818	R（33，36）	1.0806
R（4，6）	1.407	R（18，22）	1.4019	R（37，38）	1.0831
R（5，7）	1.3969	R（18，23）	1.0818	R（37，39）	1.0853
R（5，8）	1.0836	R（20，22）	1.3979	R（37，48）	1.9512
R（6，9）	1.3959	R（20，24）	1.0808	R（40，41）	1.0832
R（6，10）	1.0826	R（22，25）	1.0806	R（40，42）	1.0851
R（7，11）	1.3994	R（26，27）	1.4171	R（40，46）	1.9517
R（7，12）	1.081	R（26，28）	1.4046	R（43，44）	2.9115
R（9，11）	1.4004	R（26，40）	1.5012	R（43，46）	3.0207
R（9，13）	1.0808	R（26，43）	3.1328	R（43，48）	2.9862
R（11，14）	1.081	R（27，29）	1.4031	R（44，45）	1.3784
R（15，16）	1.4163	R（27，30）	1.0858	R（46，47）	1.3804
R（15，17）	1.4034	R（27，43）	2.8411	R（48，49）	1.3788
R（15，37）	1.5012	R（28，31）	1.4018		
R（15，43）	3.2209	R（28，32）	1.0819		

表 5-34　配 位 结 构 键 角　(°)

原子关系	键 角	原子关系	键 角	原子关系	键 角
A (2, 1, 3)	111.2738	A (20, 17, 21)	119.6878	A (38, 37, 48)	105.5584
A (2, 1, 4)	113.5904	A (16, 18, 22)	120.0412	A (39, 37, 48)	106.3081
A (2, 1, 44)	104.855	A (16, 18, 23)	119.7526	A (26, 40, 41)	113.0993
A (3, 1, 4)	113.6691	A (22, 18, 23)	120.0803	A (26, 40, 42)	112.7806
A (3, 1, 44)	102.3831	A (17, 20, 22)	120.4331	A (26, 40, 46)	108.7416
A (4, 1, 44)	110.0903	A (17, 20, 24)	119.5588	A (41, 40, 42)	110.1582
A (1, 4, 5)	120.2923	A (22, 20, 24)	119.9865	A (41, 40, 46)	105.3751
A (1, 4, 6)	120.4349	A (18, 22, 20)	119.7392	A (42, 40, 46)	106.1674
A (5, 4, 6)	119.1871	A (18, 22, 25)	119.9824	A (15, 43, 26)	142.8894
A (4, 5, 7)	120.3993	A (20, 22, 25)	120.2159	A (15, 43, 27)	158.6894
A (4, 5, 8)	119.9089	A (27, 26, 28)	118.7399	A (15, 43, 44)	105.948
A (7, 5, 8)	119.6008	A (27, 26, 40)	120.3964	A (15, 43, 46)	114.2864
A (4, 6, 9)	120.3207	A (28, 26, 40)	120.8584	A (15, 43, 48)	53.6633
A (4, 6, 10)	119.8357	A (28, 26, 43)	105.1004	A (16, 43, 26)	126.826
A (9, 6, 10)	119.8105	A (40, 26, 43)	99.7095	A (16, 43, 27)	153.3966
A (5, 7, 11)	119.9771	A (26, 27, 29)	120.5227	A (16, 43, 44)	112.1401
A (5, 7, 12)	119.9072	A (26, 27, 30)	119.624	A (16, 43, 46)	88.2061
A (11, 7, 12)	120.0801	A (29, 27, 30)	119.384	A (16, 43, 48)	73.6881
A (6, 9, 11)	120.0875	A (29, 27, 43)	95.1792	A (26, 43, 44)	110.7977
A (6, 9, 13)	119.8595	A (30, 27, 43)	93.5491	A (26, 43, 46)	54.4897
A (11, 9, 13)	120.0253	A (26, 28, 31)	120.5476	A (26, 43, 48)	108.4756
A (7, 11, 9)	120.0265	A (26, 28, 32)	119.6979	A (27, 43, 44)	90.8991
A (7, 11, 14)	120.0197	A (31, 28, 32)	119.6908	A (27, 43, 46)	74.2822
A (9, 11, 14)	119.9293	A (27, 29, 33)	119.949	A (27, 43, 48)	106.5508
A (16, 15, 17)	118.7723	A (27, 29, 34)	119.802	A (44, 43, 46)	100.058
A (16, 15, 37)	120.3797	A (33, 29, 34)	120.1621	A (44, 43, 48)	120.8683
A (17, 15, 37)	120.8413	A (28, 31, 33)	120.4133	A (46, 43, 48)	138.8802
A (17, 15, 43)	108.8869	A (28, 31, 35)	119.4964	A (1, 44, 43)	123.6516
A (37, 15, 43)	97.6072	A (33, 31, 35)	120.0684	A (1, 44, 45)	100.8184
A (15, 16, 18)	120.4242	A (29, 33, 31)	119.8188	A (43, 44, 45)	117.0371
A (15, 16, 19)	119.5855	A (29, 33, 36)	119.896	A (40, 46, 43)	93.5036
A (18, 16, 19)	119.2646	A (31, 33, 36)	120.2366	A (40, 46, 47)	99.9018
A (18, 16, 43)	97.519	A (15, 37, 38)	113.0993	A (43, 46, 47)	115.5633
A (19, 16, 43)	90.443	A (15, 37, 39)	112.83	A (37, 48, 43)	95.8276
A (15, 17, 20)	120.579	A (15, 37, 48)	108.2283	A (37, 48, 49)	100.4293
A (15, 17, 21)	119.6801	A (38, 37, 39)	110.2987	A (43, 48, 49)	119.2343

表 5 - 35　配　位　结　构　二　面　角　　　　　　　　　（°）

原子关系	二面角	原子关系	二面角	原子关系	二面角
D (2, 1, 4, 5)	- 18.5526	D (6, 9, 11, 7)	- 0.2059	D (37, 15, 43, 48)	14.946
D (2, 1, 4, 6)	158.0534	D (6, 9, 11, 14)	177.9953	D (15, 16, 18, 22)	- 0.8835
D (3, 1, 4, 5)	- 147.1384	D (13, 9, 11, 7)	- 178.2872	D (15, 16, 18, 23)	175.0394
D (3, 1, 4, 6)	29.4676	D (13, 9, 11, 14)	- 0.0861	D (19, 16, 18, 22)	- 171.0846
D (44, 1, 4, 5)	98.6798	D (17, 15, 16, 18)	1.0955	D (19, 16, 18, 23)	4.8383
D (44, 1, 4, 6)	- 84.7142	D (17, 15, 16, 19)	171.2652	D (43, 16, 18, 22)	94.1601
D (2, 1, 44, 43)	80.7234	D (37, 15, 16, 18)	- 177.9694	D (43, 16, 18, 23)	- 89.917
D (2, 1, 44, 45)	- 52.3685	D (37, 15, 16, 19)	- 7.7996	D (18, 16, 43, 26)	101.791
D (3, 1, 44, 43)	- 163.0102	D (16, 15, 17, 20)	- 1.0342	D (18, 16, 43, 27)	108.4387
D (3, 1, 44, 45)	63.8979	D (16, 15, 17, 21)	- 178.374	D (18, 16, 43, 44)	- 39.7968
D (4, 1, 44, 43)	- 41.8154	D (37, 15, 17, 20)	178.0262	D (18, 16, 43, 46)	60.334
D (4, 1, 44, 45)	- 174.9073	D (37, 15, 17, 21)	0.6864	D (18, 16, 43, 48)	- 157.0595
D (1, 4, 5, 7)	176.1527	D (43, 15, 17, 20)	- 70.4285	D (19, 16, 43, 26)	- 17.8206
D (1, 4, 5, 8)	- 0.3662	D (43, 15, 17, 21)	112.2317	D (19, 16, 43, 27)	- 11.173
D (6, 4, 5, 7)	- 0.4954	D (16, 15, 37, 38)	160.2998	D (19, 16, 43, 44)	- 159.4085
D (6, 4, 5, 8)	- 177.0143	D (16, 15, 37, 39)	34.2304	D (19, 16, 43, 46)	- 59.2776
D (1, 4, 6, 9)	- 176.3198	D (16, 15, 37, 48)	- 83.1186	D (19, 16, 43, 48)	83.3289
D (1, 4, 6, 10)	1.5874	D (17, 15, 37, 38)	- 18.7454	D (15, 17, 20, 22)	0.7649
D (5, 4, 6, 9)	0.3235	D (17, 15, 37, 39)	- 144.8149	D (15, 17, 20, 24)	- 177.5437
D (5, 4, 6, 10)	178.2307	D (17, 15, 37, 48)	97.8362	D (21, 17, 20, 22)	178.1044
D (4, 5, 7, 11)	0.3187	D (43, 15, 37, 38)	- 136.1395	D (21, 17, 20, 24)	- 0.2041
D (4, 5, 7, 12)	- 177.5114	D (43, 15, 37, 39)	97.791	D (16, 18, 22, 20)	0.5923
D (8, 5, 7, 11)	176.8483	D (43, 15, 37, 48)	- 19.5579	D (16, 18, 22, 25)	177.723
D (8, 5, 7, 12)	- 0.9818	D (17, 15, 43, 26)	177.2975	D (23, 18, 22, 20)	- 175.3172
D (4, 6, 9, 11)	0.0244	D (17, 15, 43, 27)	- 135.5188	D (23, 18, 22, 25)	1.8136
D (4, 6, 9, 13)	178.109	D (17, 15, 43, 44)	5.5088	D (17, 20, 22, 18)	- 0.5316
D (10, 6, 9, 11)	- 177.8833	D (17, 15, 43, 46)	114.6693	D (17, 20, 22, 25)	- 177.6556
D (10, 6, 9, 13)	0.2012	D (17, 15, 43, 48)	- 111.3771	D (24, 20, 22, 18)	177.7697
D (5, 7, 11, 9)	0.0345	D (37, 15, 43, 26)	- 56.3794	D (24, 20, 22, 25)	0.6457
D (5, 7, 11, 14)	- 178.165	D (37, 15, 43, 27)	- 9.1958	D (28, 26, 27, 29)	- 0.7574
D (12, 7, 11, 9)	177.8608	D (37, 15, 43, 44)	131.8319	D (28, 26, 27, 30)	- 172.8498
D (12, 7, 11, 14)	- 0.3386	D (37, 15, 43, 46)	- 119.0076	D (40, 26, 27, 29)	178.4072

表 5-35 （续） （°）

原子关系	二面角	原子关系	二面角	原子关系	二面角
D (40, 26, 27, 30)	6.3148	D (29, 27, 43, 15)	42.25	D (42, 40, 46, 43)	103.6405
D (27, 26, 28, 31)	1.0695	D (29, 27, 43, 16)	108.6531	D (42, 40, 46, 47)	-13.0737
D (27, 26, 28, 32)	178.1578	D (29, 27, 43, 44)	-100.5347	D (15, 43, 44, 1)	-84.0345
D (40, 26, 28, 31)	-178.0912	D (29, 27, 43, 46)	159.2682	D (15, 43, 44, 45)	42.3274
D (40, 26, 28, 32)	-1.0029	D (29, 27, 43, 48)	22.1471	D (16, 43, 44, 1)	-110.8862
D (43, 26, 28, 31)	70.5189	D (30, 27, 43, 15)	162.1997	D (16, 43, 44, 45)	15.4756
D (43, 26, 28, 32)	-112.3928	D (30, 27, 43, 16)	-131.3972	D (26, 43, 44, 1)	101.2546
D (27, 26, 40, 41)	-159.1443	D (30, 27, 43, 44)	19.4151	D (26, 43, 44, 45)	-132.3836
D (27, 26, 40, 42)	-33.308	D (30, 27, 43, 46)	-80.782	D (27, 43, 44, 1)	82.7508
D (27, 26, 40, 46)	84.1696	D (30, 27, 43, 48)	142.0969	D (27, 43, 44, 45)	-150.8874
D (28, 26, 40, 41)	20.0024	D (26, 28, 31, 33)	-0.9858	D (46, 43, 44, 1)	156.945
D (28, 26, 40, 42)	145.8387	D (26, 28, 31, 35)	177.309	D (46, 43, 44, 45)	-76.6932
D (28, 26, 40, 46)	-96.6836	D (32, 28, 31, 33)	-178.0743	D (48, 43, 44, 1)	-27.2051
D (43, 26, 40, 41)	134.2146	D (32, 28, 31, 35)	0.2205	D (48, 43, 44, 45)	99.1567
D (43, 26, 40, 42)	-99.9491	D (27, 29, 33, 31)	-0.2501	D (15, 43, 46, 40)	148.7368
D (43, 26, 40, 46)	17.5285	D (27, 29, 33, 36)	-177.7219	D (15, 43, 46, 47)	-108.5387
D (28, 26, 43, 15)	28.7972	D (34, 29, 33, 31)	176.3535	D (16, 43, 46, 40)	149.282
D (28, 26, 43, 16)	58.3466	D (34, 29, 33, 36)	-1.1183	D (16, 43, 46, 47)	-107.9936
D (28, 26, 43, 44)	-159.65	D (28, 31, 33, 29)	0.5633	D (26, 43, 46, 40)	9.9017
D (28, 26, 43, 46)	112.7297	D (28, 31, 33, 36)	178.0264	D (26, 43, 46, 47)	112.6262
D (28, 26, 43, 48)	-24.7753	D (35, 31, 33, 29)	-177.7217	D (27, 43, 46, 40)	-10.4579
D (40, 26, 43, 15)	-97.0164	D (35, 31, 33, 36)	-0.2587	D (27, 43, 46, 47)	92.2666
D (40, 26, 43, 16)	-67.467	D (15, 37, 48, 43)	21.0847	D (44, 43, 46, 40)	-98.5461
D (40, 26, 43, 44)	74.5364	D (15, 37, 48, 49)	142.2796	D (44, 43, 46, 47)	4.1784
D (40, 26, 43, 46)	-13.0839	D (38, 37, 48, 43)	142.4477	D (48, 43, 46, 40)	86.874
D (40, 26, 43, 48)	-150.5889	D (38, 37, 48, 49)	-96.3574	D (48, 43, 46, 47)	-170.4016
D (26, 27, 29, 33)	0.354	D (39, 37, 48, 43)	-100.3802	D (15, 43, 48, 37)	-11.4026
D (26, 27, 29, 34)	-176.262	D (39, 37, 48, 49)	20.8147	D (15, 43, 48, 49)	-116.8078
D (30, 27, 29, 33)	172.4652	D (26, 40, 46, 43)	-17.9661	D (16, 43, 48, 37)	7.4341
D (30, 27, 29, 34)	-4.1507	D (26, 40, 46, 47)	-134.6803	D (16, 43, 48, 49)	-97.971
D (43, 27, 29, 33)	-90.5056	D (41, 40, 46, 43)	-139.4978	D (26, 43, 48, 37)	131.5373
D (43, 27, 29, 34)	92.8785	D (41, 40, 46, 47)	103.7881	D (26, 43, 48, 49)	26.1322

原子关系	二面角	原子关系	二面角	原子关系	二面角
D（27, 43, 48, 37）	159.6769	D（44, 43, 48, 37）	-98.9787	D（46, 43, 48, 37）	74.8009
D（27, 43, 48, 49）	54.2718	D（44, 43, 48, 49）	155.6161	D（46, 43, 48, 49）	-30.6043

2. 分子前沿轨道能量和稳定性分析

经 B3LYP/6 - 311G 优化的三配体的 HOMO$_{-1}$、HOMO、LUMO、LUMO$_{+1}$轨道图如图 5 - 41 至图 5 - 44 所示。

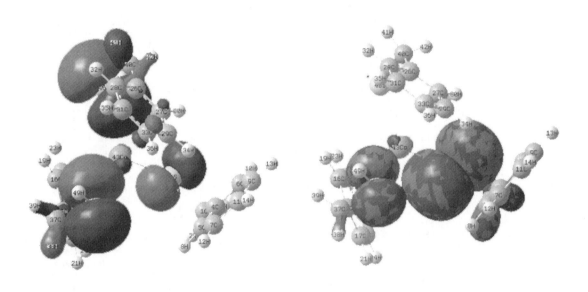

图 5 - 41　配合物最高占据   图 5 - 42　配合物最高占据

轨道 HOMO$_{-1}$图   轨道 HOMO 图

从图 5 - 41 至图 5 - 44 可以看出，形成的配合物的最高占据轨道 HOMO 的电子云主要分布在 S（44）、S（48）原子上，S（46）原子对 HOMO 轨道几乎没有贡献。配合物最低空轨道 LUMO 与最高占据轨道 HOMO 的电子云分布相反，其电子云主要分布在配体的苯环上，S 原子对 LUMO 轨道的贡献急剧减少，降低了煤分子中—SH 基团的活性。

物质的动力学稳定性与前沿轨道的能量差 $E_{\text{LUMO-HOMO}}$ 及 HOMO 轨道能量的绝对值密切相关。通常情况下，前沿轨道的能量差越大，HOMO 轨道能量绝对值越大，意味着化合物的动力学稳定性越高。前沿轨道及其附近轨道的能级及能隙差 ΔE 见表 5 - 36。

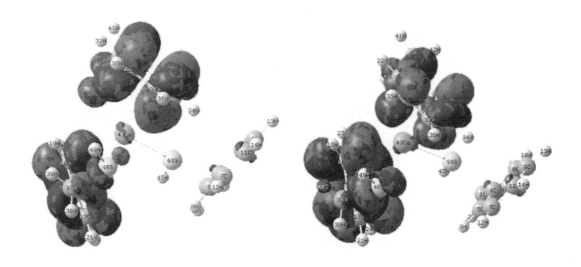

图5-43　配合物最低空轨道 LUMO 图　　　图5-44　配合物最低空轨道 LUMO$_{+1}$ 图

表5-36　前沿轨道能级及能隙差　　　　　　　　　　eV

名　称	E_{HOMO-1}	E_{HOMO}	E_{LUMO}	E_{LUMO+1}	ΔE
煤分子	-6.960	-6.622	-0.829	-0.356	5.793
配合物	-12.466	-12.431	-7.789	-7.655	4.462

由表5-36可知，在形成配合物前煤分子结构模型的 HOMO 能级为
-6.622 eV，LUMO 能级为 -0.829 eV，能隙差为5.793 eV；形成配合物后配合
物的 HOMO 能级为 -12.431 eV，LUMO 能级为 -7.789 eV。由于配合物的形成，
大大降低了煤分子的前沿轨道 HOMO 及 LUMO 的能级，使形成的配位结构不易
失去电子，被氧化的倾向降低，煤分子、配合物及 Ca^{2+} 能量表见表5-37。

表5-37　煤分子、配合物及 Ca^{2+} 能量表　　　　　　a. u.

名　称	E	ZPE	$E+ZPE$
煤分子	-669.74655809	0.127881	-669.618677
配合物	-2686.41508591	0.387791	-2686.027295
Ca^{2+}	-676.905759409	0	-676.905759

配合物的稳定化能为正值时表明配合物结构稳定，其值越大表明稳定性越
高。由式(5-1)计算，煤分子与 Ca^{2+} 形成的三配体稳定化能约为697.08 kJ/mol，

说明形成的三配体化合物化学稳定性较高。

3. 自然键轨道分析

配合物中部分电子供体轨道 i 和电子受体轨道 j，以及由二级微扰理论得到的它们之间的二阶稳定化相互作用能 $E(2)$。$E(2)$ 越大，表示 i 和 j 的相互作用越强，即 i 提供电子给 j 的倾向越大，电子的离域化程度越大。计算得到形成的配合物的 6-311G 自然键轨道分析部分结果见表 5-38。

表 5-38　配合物的 6-311G 自然键轨道分析部分结果

电子供体	电子受体	二阶稳定化相互作用能	电子供体	电子受体	二阶稳定化相互作用能
LP (1) S44	LP* (1) Ca43	4.30	LP (2) S44	RY* (13) Ca43	0.25
LP (1) S44	RY* (2) Ca43	0.10	LP (2) S44	RY* (14) Ca43	0.09
LP (1) S44	RY* (3) Ca43	0.15	LP (2) S44	RY* (15) Ca43	0.06
LP (1) S44	RY* (4) Ca43	0.13	LP (2) S44	RY* (16) Ca43	0.73
LP (1) S44	RY* (5) Ca43	0.11	LP (2) S44	RY* (17) Ca43	1.43
LP (1) S44	RY* (6) Ca43	0.10	LP (2) S44	RY* (24) Ca43	0.78
LP (1) S44	RY* (7) Ca43	0.09	LP (1) S48	LP* (1) Ca43	4.65
LP (1) S44	RY* (9) Ca43	0.26	LP (1) S48	RY* (1) Ca43	0.07
LP (1) S44	RY* (10) Ca43	0.22	LP (1) S48	RY* (2) Ca43	0.07
LP (1) S44	RY* (11) Ca43	0.09	LP (1) S48	RY* (4) Ca43	0.07
LP (1) S44	RY* (12) Ca43	0.27	LP (1) S48	RY* (5) Ca43	0.15
LP (1) S44	RY* (16) Ca43	0.11	LP (1) S48	RY* (8) Ca43	0.11
LP (1) S44	RY* (17) Ca43	0.19	LP (1) S48	RY* (9) Ca43	0.31
LP (1) S44	RY* (24) Ca43	0.10	LP (1) S48	RY* (10) Ca43	0.15
LP (2) S44	LP* (1) Ca43	18.39	LP (1) S48	RY* (11) Ca43	0.13
LP (2) S44	RY* (2) Ca43	0.54	LP (1) S48	RY* (12) Ca43	0.28
LP (2) S44	RY* (4) Ca43	0.51	LP (1) S48	RY* (13) Ca43	0.06
LP (2) S44	RY* (6) Ca43	0.74	LP (1) S48	RY* (16) Ca43	0.08
LP (2) S44	RY* (7) Ca43	0.08	LP (1) S48	RY* (17) Ca43	0.21
LP (2) S44	RY* (9) Ca43	1.04	LP (1) S48	RY* (24) Ca43	0.11
LP (2) S44	RY* (10) Ca43	1.23	LP (2) S48	LP* (1) Ca43	16.64
LP (2) S44	RY* (11) Ca43	0.50	LP (2) S48	RY* (1) Ca43	0.61
LP (2) S44	RY* (12) Ca43	1.58	LP (2) S48	RY* (2) Ca43	0.19

电子供体	电子受体	二阶稳定化相互作用能	电子供体	电子受体	二阶稳定化相互作用能
LP（2）S48	RY*（12）Ca43	1.23	LP（2）S46	RY*（4）Ca43	0.34
LP（2）S48	RY*（13）Ca43	0.20	LP（2）S46	RY*（5）Ca43	0.25
LP（2）S48	RY*（14）Ca43	0.07	LP（2）S46	RY*（9）Ca43	0.59
LP（2）S48	RY*（15）Ca43	0.12	LP（2）S46	RY*（10）Ca43	0.60
LP（2）S48	RY*（16）Ca43	0.42	LP（2）S46	RY*（11）Ca43	0.95
LP（2）S48	RY*（17）Ca43	1.06	LP（2）S46	RY*（12）Ca43	1.49
LP（2）S48	RY*（24）Ca43	0.58	LP（2）S46	RY*（13）Ca43	0.19
LP（1）S46	LP*（1）Ca43	4.54	LP（2）S46	RY*（15）Ca43	0.13
LP（1）S46	RY*（1）Ca43	0.12	LP（2）S46	RY*（16）Ca43	0.47
LP（1）S46	RY*（4）Ca43	0.08	LP（2）S46	RY*（17）Ca43	1.12
LP（1）S46	RY*（5）Ca43	0.16	LP（2）S46	RY*（24）Ca43	0.61
LP（1）S46	RY*（6）Ca43	0.06	LP*（1）Ca43	RY*（2）S44	0.71
LP（1）S46	RY*（9）Ca43	0.18	LP*（1）Ca43	RY*（3）S44	0.75
LP（1）S46	RY*（10）Ca43	0.19	LP*（1）Ca43	RY*（3）S48	0.57
LP（1）S46	RY*（11）Ca43	0.32	LP*（1）Ca43	RY*（6）S48	0.05
LP（1）S46	RY*（12）Ca43	0.31	LP*（1）Ca43	RY*（1）S46	0.63
LP（1）S46	RY*（16）Ca43	0.11	LP*（1）Ca43	RY*（2）S46	0.45
LP（1）S46	RY*（17）Ca43	0.23	LP*（1）Ca43	RY*（5）S46	0.07
LP（1）S46	RY*（24）Ca43	0.12	LP（2）S48	RY*（8）Ca43	0.69
LP（2）S46	LP*（1）Ca43	16.16	LP（2）S48	RY*（9）Ca43	1.18
LP（2）S46	RY*（1）Ca43	1.36	LP（2）S48	RY*（10）Ca43	0.48
LP（2）S46	RY*（2）Ca43	0.30	LP（2）S48	RY*（11）Ca43	0.36
LP（2）S46	RY*（3）Ca43	0.09	LP（2）S48	RY*（4）Ca43	0.35

由表 5－38 可知，3 个配体上的 S（44）、S（46）及 S（48）原子的孤对电子都与金属 Ca^{2+} 有较强的相互作用。配体上的 S（44）原子的孤对电子与 Ca^{2+} 的孤对电子的二阶稳定化相互作用能为 77.00 kJ/mol，S（46）原子的孤对电子与 Ca^{2+} 的孤对电子的二阶稳定化相互作用能为 67.66 kJ/mol，S（48）原子的孤对电子与 Ca^{2+} 的孤对电子的二阶稳定化相互作用能为 69.67 kJ/mol，说明电子从 S 原子的孤对电子向金属 Ca^{2+} 转移的倾向较大。同时，S（44）、S（46）、

S（48）原子的孤对电子与 Ca^{2+} 的价外层空轨道之间也存在类似的相互作用，都有较大的二阶稳定化相互作用能，说明了配体与金属之间发生了较强的配位作用。

4. 净电荷布居及电荷转移

分子中原子的电荷布居亲核与亲电反应的活性部分及原子间的相互作用密切相关。根据自然键轨道分析（NBO），配合物的静电荷布居及自然电子组态见表 5－39。

表 5－39　配合物的静电荷布居及自然电子组态

原子序号	原子种类	原子电荷	核外电子排布
1	C	－ 0.34825	[core] 2s（1.10）2p（3.24）3p（0.01）
2	H	0.22360	1s（0.77）
3	H	0.23640	1s（0.76）
4	C	－ 0.10937	[core] 2s（0.87）2p（3.22）3p（0.01）
5	C	－ 0.20307	[core] 2s（0.94）2p（3.25）3p（0.01）
6	C	－ 0.18583	[core] 2s（0.94）2p（3.23）3p（0.01）
7	C	－ 0.19024	[core] 2s（0.95）2p（3.23）3p（0.01）
8	H	0.21127	1s（0.79）
9	C	－ 0.18478	[core] 2s（0.95）2p（3.22）3p（0.01）
10	H	0.22105	1s（0.78）
11	C	－ 0.17592	[core] 2s（0.96）2p（3.20）3p（0.01）
12	H	0.22509	1s（0.77）
13	H	0.22902	1s（0.77）
14	H	0.22781	1s（0.77）
15	C	－ 0.09130	[core] 2s（0.88）2p（3.20）3p（0.01）
16	C	－ 0.35697	[core] 2s（0.96）2p（3.38）3s（0.01）3p（0.01）
17	C	－ 0.18559	[core] 2s（0.95）2p（3.23）3p（0.01）
18	C	－ 0.20117	[core] 2s（0.96）2p（3.23）3p（0.01）
19	H	0.23451	1s（0.76）
20	C	－ 0.15286	[core] 2s（0.96）2p（3.18）3p（0.01）
21	H	0.23454	1s（0.76）
22	C	－ 0.18256	[core] 2s（0.96）2p（3.21）3p（0.01）
23	H	0.23755	1s（0.76）

表 5 - 39 （续）

原子序号	原子种类	原子电荷	核外电子排布
24	H	0.23734	1s (0.76)
25	H	0.23712	1s (0.76)
26	C	- 0.09928	[core] 2s (0.88) 2p (3.20) 3p (0.01)
27	C	- 0.35094	[core] 2s (0.96) 2p (3.37) 3s (0.01) 3p (0.01)
28	C	- 0.19348	[core] 2s (0.95) 2p (3.23) 3p (0.01)
29	C	- 0.20827	[core] 2s (0.96) 2p (3.23) 3p (0.01)
30	H	0.24132	1s (0.76)
31	C	- 0.16061	[core] 2s (0.96) 2p (3.19) 3p (0.01)
32	H	0.23704	1s (0.76)
33	C	- 0.18615	[core] 2s (0.96) 2p (3.21) 3p (0.01)
34	H	0.24481	1s (0.75)
35	H	0.23795	1s (0.76)
36	H	0.23674	1s (0.76)
37	C	- 0.40797	[core] 2s (1.09) 2p (3.30) 3p (0.01)
38	H	0.24530	1s (0.75)
39	H	0.23775	1s (0.76)
40	C	- 0.41049	[core] 2s (1.09) 2p (3.31) 3p (0.01)
41	H	0.24630	1s (0.75)
42	H	0.24051	1s (0.76)
43	Ca	1.76620	[core] 4s (0.19) 3d (0.01) 5p (0.03)
44	S	- 0.31078	[core] 3s (1.75) 3p (4.54) 4p (0.01)
45	H	0.20313	1s (0.79)
46	S	- 0.19820	[core] 3s (1.77) 3p (4.42) 4s (0.01) 4p (0.01)
47	H	0.20376	1s (0.79)
48	S	- 0.20636	[core] 3s (1.76) 3p (4.43) 4p (0.01)
49	H	0.20434	1s (0.79)

由表 5 - 39 可知，正电荷主要集中在 Ca^{2+} 上和 H 原子上，H （45）原子的净电荷为 +0.20313，H （47）原子的净电荷为 +0.20376，H （49）原子的净电荷为 +0.20434，苯环 H 原子所带正电荷较大，约为 +0.22，与煤分子结构相比，配合物中的—SH 中的 H 原子的净电荷增加，对比起核外电子排布可知，H

原子的 1s 轨道失去了大约 0.09 个电子，并通过 S 原子转移到 Ca^{2+} 上。同时 Ca^{2+} 的 4s 轨道得到了 0.19 个电子，说明 Ca^{2+} 与配体中的 S 原子形成了配位键，并导致 Ca^{2+} 表观电荷的降低。

5.1.3.3　Ca^{2+} 与含 S 活性基团形成四配体

1. 配合物的几何结构

煤表面含 S 活性基团与 Ca^{2+} 形成四配体时，优化后的配合物的几何平衡构型及原子编号如图 5-45 所示。

从图 5-45 可以看出，Ca^{2+} 与煤分子结构模型侧链上的 S 原子形成了配位键。Ca^{2+} 与 S 原子形成的配位键的键长分别为，Ca（57）—S（58）键长 0.303866 nm、Ca（57）—S（60）键长 0.300325 nm、Ca（57）—S（62）键长 0.300630 nm、Ca（57）—S（64）键长 0.295819 nm。形成的键角分别为，S（58）—Ca（57）—S（60）键角 171.15448°、S（58）—Ca（57）—S（62）键角 82.72364°、S（58）—Ca（57）—S（64）键角 92.13458°、S（60）—Ca（57）—S（62）键角 102.55941°、S（60）—Ca（57）—S（64）键角 94.27346°、S（62）—Ca（57）—S（64）键角 96.55550°。

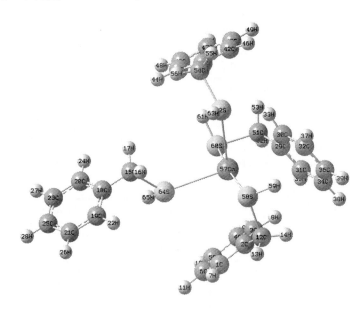

图 5-45　经优化后的配合物的化学结构（Ca^{2+} 与含 S 活性基团形成的四配体）

对几何优化后的构型进行振动频率计算，计算所得频率均为正值，表明所得构型为势能面上的鞍点，结构较稳定。配位结构可用几何平衡构型的键长、键角及二面角表示，见表5-40至表5-42。

表5-40　配 位 结 构 键 长　　Å

原子关系	键 长	原子关系	键 长	原子关系	键 长
R（1，2）	1.4005	R（20，23）	1.3948	R（41，44）	1.083
R（1，6）	1.3996	R（20，24）	1.0836	R（42，45）	1.3967
R（1，7）	1.0814	R（21，25）	1.3995	R（42，46）	1.0827
R（2，3）	1.4155	R（21，26）	1.0807	R（43，47）	1.4009
R（2，12）	1.5003	R（23，25）	1.3981	R（43，48）	1.0814
R（3，4）	1.4029	R（23，27）	1.0807	R（45，47）	1.4001
R（3，8）	1.0876	R（25，28）	1.0807	R（45，49）	1.0811
R（3，57）	2.8807	R（29，30）	1.4142	R（47，50）	1.081
R（4，5）	1.4015	R（29，31）	1.4024	R（51，52）	1.0835
R（4，9）	1.082	R（29，51）	1.502	R（51，53）	1.0859
R（5，6）	1.3962	R（30，32）	1.4015	R（51，60）	1.9472
R（5，10）	1.0805	R（30，33）	1.0861	R（54，55）	1.0843
R（6，11）	1.0805	R（30，57）	2.9699	R（54，56）	1.0841
R（12，13）	1.0832	R（31，34）	1.401	R（54，62）	1.9673
R（12，14）	1.0854	R（31，35）	1.0819	R（57，58）	3.0387
R（12，58）	1.9527	R（32，36）	1.4016	R（57，60）	3.0033
R（15，16）	1.0852	R（32，37）	1.082	R（57，62）	3.0063
R（15，17）	1.0841	R（34，36）	1.3974	R（57，64）	2.9582
R（15，18）	1.4838	R（34，38）	1.0809	R（58，59）	1.3802
R（15，64）	1.9978	R（36，39）	1.0807	R（60，61）	1.3867
R（18，19）	1.4063	R（40，41）	1.4055	R（62，63）	1.3786
R（18，20）	1.4066	R（40，42）	1.4063	R（64，65）	1.3761
R（19，21）	1.3935	R（40，54）	1.4939		
R（19，22）	1.0827	R（41，43）	1.399		

表 5-41　配　位　结　构　键　角　　　　　　　(°)

原子关系	键角	原子关系	键角	原子关系	键角
A (2, 1, 6)	120.6075	A (18, 15, 64)	111.6083	A (30, 32, 37)	119.6679
A (2, 1, 7)	119.7335	A (15, 18, 19)	120.6777	A (36, 32, 37)	120.1873
A (6, 1, 7)	119.6479	A (15, 18, 20)	120.0786	A (31, 34, 36)	120.4235
A (1, 2, 3)	118.8301	A (19, 18, 20)	119.2346	A (31, 34, 38)	119.577
A (1, 2, 12)	120.6829	A (18, 19, 21)	120.2912	A (36, 34, 38)	119.9862
A (3, 2, 12)	120.4863	A (18, 19, 22)	119.8472	A (32, 36, 34)	119.6606
A (2, 3, 4)	120.3448	A (21, 19, 22)	119.8602	A (32, 36, 39)	120.1612
A (2, 3, 8)	119.5768	A (18, 20, 23)	120.3637	A (34, 36, 39)	120.1241
A (2, 3, 57)	96.1902	A (18, 20, 24)	119.9748	A (41, 40, 42)	119.0561
A (4, 3, 8)	119.322	A (23, 20, 24)	119.6503	A (41, 40, 54)	120.3677
A (4, 3, 57)	98.3737	A (19, 21, 25)	120.0649	A (42, 40, 54)	120.5208
A (8, 3, 57)	83.9506	A (19, 21, 26)	119.9457	A (40, 41, 43)	120.4788
A (3, 4, 5)	120.0735	A (25, 21, 26)	119.9874	A (40, 41, 44)	119.8271
A (3, 4, 9)	119.9566	A (20, 23, 25)	119.952	A (43, 41, 44)	119.6404
A (5, 4, 9)	119.8665	A (20, 23, 27)	119.9715	A (40, 42, 45)	120.4978
A (4, 5, 6)	119.6843	A (25, 23, 27)	120.0732	A (40, 42, 46)	119.7143
A (4, 5, 10)	120.0283	A (21, 25, 23)	120.0932	A (45, 42, 46)	119.755
A (6, 5, 10)	120.2486	A (21, 25, 28)	119.9512	A (41, 43, 47)	119.9995
A (1, 6, 5)	120.4519	A (23, 25, 28)	119.9535	A (41, 43, 48)	119.9498
A (1, 6, 11)	119.552	A (30, 29, 31)	118.6742	A (47, 43, 48)	119.9915
A (5, 6, 11)	119.9939	A (30, 29, 51)	120.5578	A (42, 45, 47)	120.0883
A (2, 12, 13)	112.9612	A (31, 29, 51)	120.7298	A (42, 45, 49)	119.8481
A (2, 12, 14)	112.931	A (29, 30, 32)	120.5919	A (47, 45, 49)	120.0249
A (2, 12, 58)	108.5853	A (29, 30, 33)	119.5437	A (43, 47, 45)	119.8792
A (13, 12, 14)	110.3461	A (29, 30, 57)	94.4935	A (43, 47, 50)	119.9896
A (13, 12, 58)	105.498	A (32, 30, 33)	119.2162	A (45, 47, 50)	120.0957
A (14, 12, 58)	105.9858	A (32, 30, 57)	100.6017	A (29, 51, 52)	112.6966
A (16, 15, 17)	111.0844	A (33, 30, 57)	82.7271	A (29, 51, 53)	112.55
A (16, 15, 18)	113.933	A (29, 31, 34)	120.6089	A (29, 51, 60)	110.9027
A (16, 15, 64)	100.7783	A (29, 31, 35)	119.7493	A (52, 51, 53)	109.8222
A (17, 15, 18)	113.6787	A (34, 31, 35)	119.5957	A (52, 51, 60)	105.3019
A (17, 15, 64)	104.6192	A (30, 32, 36)	120.0334	A (53, 51, 60)	105.0535

表 5 - 41 （续） （°）

原子关系	键角	原子关系	键角	原子关系	键角
A （40，54，55）	113.2637	A （30，57，58）	103.4372	A （12，58，59）	99.7077
A （40，54，56）	113.1218	A （30，57，60）	70.813	A （57，58，59）	117.6026
A （40，54，62）	110.1693	A （30，57，62）	80.8196	A （51，60，57）	99.0399
A （55，54，56）	110.8576	A （30，57，64）	163.6704	A （51，60，61）	98.7282
A （55，54，62）	103.236	A （58，57，60）	171.1545	A （57，60，61）	109.2233
A （56，54，62）	105.4372	A （58，57，62）	82.7236	A （54，62，57）	130.0164
A （3，57，30）	93.7542	A （58，57，64）	92.1346	A （54，62，63）	100.1031
A （3，57，58）	72.4494	A （60，57，62）	102.5594	A （57，62，63）	118.1349
A （3，57，60）	100.8137	A （60，57，64）	94.2735	A （15，64，57）	128.235
A （3，57，62）	152.6642	A （62，57，64）	96.5555	A （15，64，65）	98.1958
A （3，57，64）	95.6388	A （12，58，57）	96.6845	A （57，64，65）	115.0508

表 5 - 42　配位结构二面角 （°）

原子关系	二面角	原子关系	二面角	原子关系	二面角
D （6，1，2，3）	0.4328	D （3，2，12，13）	- 162.6627	D （4，3，57，62）	179.5497
D （6，1，2，12）	- 179.2669	D （3，2，12，14）	- 36.5592	D （4，3，57，64）	63.393
D （7，1，2，3）	179.2193	D （3，2，12，58）	80.6818	D （8，3，57，30）	15.5945
D （7，1，2，12）	- 0.4804	D （2，3，4，5）	0.706	D （8，3，57，58）	- 87.32
D （2，1，6，5）	- 0.6694	D （2，3，4，9）	- 175.5922	D （8，3，57，60）	86.7633
D （2，1，6，11）	178.7928	D （8，3，4，5）	170.7027	D （8，3，57，62）	- 61.6233
D （7，1，6，5）	- 179.4569	D （8，3，4，9）	- 5.5955	D （8，3，57，64）	- 177.78
D （7，1，6，11）	0.0053	D （57，3，4，5）	- 101.5608	D （3，4，5，6）	- 0.9293
D （1，2，3，4）	- 0.453	D （57，3，4，9）	82.141	D （3，4，5，10）	- 178.6683
D （1，2，3，8）	- 170.4244	D （2，3，57，30）	134.7886	D （9，4，5，6）	175.3722
D （1，2，3，57）	103.0343	D （2，3，57，58）	31.8741	D （9，4，5，10）	- 2.3667
D （12，2，3，4）	179.2472	D （2，3，57，60）	- 154.0426	D （4，5，6，1）	0.9114
D （12，2，3，8）	9.2758	D （2，3，57，62）	57.5708	D （4，5，6，11）	- 178.5484
D （12，2，3，57）	- 77.2654	D （2，3，57，64）	- 58.5859	D （10，5，6，1）	178.6453
D （1，2，12，13）	17.0319	D （4，3，57，30）	- 103.2325	D （10，5，6，11）	- 0.8145
D （1，2，12，14）	143.1354	D （4，3，57，58）	153.853	D （2，12，58，57）	- 26.1827
D （1，2，12，58）	- 99.6236	D （4，3，57，60）	- 32.0636	D （2，12，58，59）	- 145.7426

表 5 - 42 （续）　　　　　　　　　　　　　　　　　　　（°）

原子关系	二面角	原子关系	二面角	原子关系	二面角
D (13, 12, 58, 57)	- 147.5376	D (19, 21, 25, 23)	- 0.189	D (29, 30, 57, 60)	- 38.239
D (13, 12, 58, 59)	92.9025	D (19, 21, 25, 28)	- 179.6671	D (29, 30, 57, 62)	- 145.0651
D (14, 12, 58, 57)	95.4131	D (26, 21, 25, 23)	179.2832	D (29, 30, 57, 64)	- 63.1303
D (14, 12, 58, 59)	- 24.1469	D (26, 21, 25, 28)	- 0.1949	D (32, 30, 57, 3)	- 60.3683
D (16, 15, 18, 19)	- 28.6733	D (20, 23, 25, 21)	0.1439	D (32, 30, 57, 58)	12.4727
D (16, 15, 18, 20)	150.2205	D (20, 23, 25, 28)	179.622	D (32, 30, 57, 60)	- 160.5194
D (17, 15, 18, 19)	- 157.3109	D (27, 23, 25, 21)	- 179.1915	D (32, 30, 57, 62)	92.6545
D (17, 15, 18, 20)	21.5828	D (27, 23, 25, 28)	0.2866	D (32, 30, 57, 64)	174.5893
D (64, 15, 18, 19)	84.6467	D (31, 29, 30, 32)	0.8265	D (33, 30, 57, 3)	- 178.8399
D (64, 15, 18, 20)	- 96.4596	D (31, 29, 30, 33)	171.5271	D (33, 30, 57, 58)	- 105.9989
D (16, 15, 64, 57)	- 61.1378	D (31, 29, 30, 57)	- 104.2939	D (33, 30, 57, 60)	81.009
D (16, 15, 64, 65)	167.7066	D (51, 29, 30, 32)	- 176.9423	D (33, 30, 57, 62)	- 25.8171
D (17, 15, 64, 57)	54.2099	D (51, 29, 30, 33)	- 6.2417	D (33, 30, 57, 64)	56.1176
D (17, 15, 64, 65)	- 76.9456	D (51, 29, 30, 57)	77.9373	D (29, 31, 34, 36)	0.767
D (18, 15, 64, 57)	177.5587	D (30, 29, 31, 34)	- 0.9128	D (29, 31, 34, 38)	- 177.9021
D (18, 15, 64, 65)	46.4031	D (30, 29, 31, 35)	- 178.4325	D (35, 31, 34, 36)	178.2905
D (15, 18, 19, 21)	178.7446	D (51, 29, 31, 34)	176.852	D (35, 31, 34, 38)	- 0.3786
D (15, 18, 19, 22)	- 0.832	D (51, 29, 31, 35)	- 0.6677	D (30, 32, 36, 34)	0.422
D (20, 18, 19, 21)	- 0.1584	D (30, 29, 51, 52)	169.5117	D (30, 32, 36, 39)	177.7522
D (20, 18, 19, 22)	- 179.735	D (30, 29, 51, 53)	44.6454	D (37, 32, 36, 34)	- 175.7283
D (15, 18, 20, 23)	- 178.7962	D (30, 29, 51, 60)	- 72.7171	D (37, 32, 36, 39)	1.6019
D (15, 18, 20, 24)	- 0.015	D (31, 29, 51, 52)	- 8.2109	D (31, 34, 36, 32)	- 0.5098
D (19, 18, 20, 23)	0.1135	D (31, 29, 51, 53)	- 133.0772	D (31, 34, 36, 39)	- 177.841
D (19, 18, 20, 24)	178.8947	D (31, 29, 51, 60)	109.5603	D (38, 34, 36, 32)	178.1539
D (18, 19, 21, 25)	0.1968	D (29, 30, 32, 36)	- 0.5885	D (38, 34, 36, 39)	0.8227
D (18, 19, 21, 26)	- 179.2756	D (29, 30, 32, 37)	175.5818	D (42, 40, 41, 43)	0.0872
D (22, 19, 21, 25)	179.7733	D (33, 30, 32, 36)	- 171.3193	D (42, 40, 41, 44)	- 177.2399
D (22, 19, 21, 26)	0.301	D (33, 30, 32, 37)	4.851	D (54, 40, 41, 43)	177.3941
D (18, 20, 23, 25)	- 0.107	D (57, 30, 32, 36)	101.1388	D (54, 40, 41, 44)	0.067
D (18, 20, 23, 27)	179.2291	D (57, 30, 32, 37)	- 82.6909	D (41, 40, 42, 45)	- 0.1726
D (24, 20, 23, 25)	- 178.8921	D (29, 30, 57, 3)	61.9121	D (41, 40, 42, 46)	177.7358
D (24, 20, 23, 27)	0.4439	D (29, 30, 57, 58)	134.7531	D (54, 40, 42, 45)	- 177.4752

表 5 - 42（续） (°)

原子关系	二面角	原子关系	二面角	原子关系	二面角
D（54, 40, 42, 46）	0.4332	D（52, 51, 60, 57）	137.7219	D（58, 57, 60, 61）	- 142.217
D（41, 40, 54, 55）	- 144.0312	D（52, 51, 60, 61）	- 111.072	D（62, 57, 60, 51）	86.3814
D（41, 40, 54, 56）	- 16.8041	D（53, 51, 60, 57）	- 106.3244	D（62, 57, 60, 61）	- 16.2223
D（41, 40, 54, 62）	100.9178	D（53, 51, 60, 61）	4.8817	D（64, 57, 60, 51）	- 175.9214
D（42, 40, 54, 55）	33.2359	D（40, 54, 62, 57）	- 34.6974	D（64, 57, 60, 61）	81.4749
D（42, 40, 54, 56）	160.4631	D（40, 54, 62, 63）	- 175.5034	D（3, 57, 62, 54）	169.5604
D（42, 40, 54, 62）	- 81.815	D（55, 54, 62, 57）	- 155.9389	D（3, 57, 62, 63）	- 55.3105
D（40, 41, 43, 47）	0.0692	D（55, 54, 62, 63）	63.2551	D（30, 57, 62, 54）	89.2439
D（40, 41, 43, 48）	- 177.1327	D（56, 54, 62, 57）	87.6758	D（30, 57, 62, 63）	- 135.6271
D（44, 41, 43, 47）	177.4013	D（56, 54, 62, 63）	- 53.1302	D（58, 57, 62, 54）	- 165.8081
D（44, 41, 43, 48）	0.1995	D（3, 57, 58, 12）	- 2.6013	D（58, 57, 62, 63）	- 30.6791
D（40, 42, 45, 47）	0.1013	D（3, 57, 58, 59）	102.0454	D（60, 57, 62, 54）	21.397
D（40, 42, 45, 49）	177.8357	D（30, 57, 58, 12）	- 92.3172	D（60, 57, 62, 63）	156.526
D（46, 42, 45, 47）	- 177.8063	D（30, 57, 58, 59）	12.3295	D（64, 57, 62, 54）	- 74.4831
D（46, 42, 45, 49）	- 0.0719	D（60, 57, 58, 12）	- 43.783	D（64, 57, 62, 63）	60.6459
D（41, 43, 47, 45）	- 0.1419	D（60, 57, 58, 59）	60.8637	D（3, 57, 64, 15）	154.9296
D（41, 43, 47, 50）	- 177.9787	D（62, 57, 58, 12）	- 171.0216	D（3, 57, 64, 65）	- 80.4181
D（48, 43, 47, 45）	177.0587	D（62, 57, 58, 59）	- 66.3749	D（30, 57, 64, 15）	- 80.2497
D（48, 43, 47, 50）	- 0.7781	D（64, 57, 58, 12）	92.6393	D（30, 57, 64, 65）	44.4027
D（42, 45, 47, 43）	0.0571	D（64, 57, 58, 59）	- 162.714	D（58, 57, 64, 15）	82.3598
D（42, 45, 47, 50）	177.8916	D（3, 57, 60, 51）	- 79.3417	D（58, 57, 64, 65）	- 152.9879
D（49, 45, 47, 43）	- 177.6733	D（3, 57, 60, 61）	178.0546	D（60, 57, 64, 15）	- 103.742
D（49, 45, 47, 50）	0.1612	D（30, 57, 60, 51）	10.894	D（60, 57, 64, 65）	20.9103
D（29, 51, 60, 57）	15.5332	D（30, 57, 60, 61）	- 91.7097	D（62, 57, 64, 15）	- 0.5579
D（29, 51, 60, 61）	126.7393	D（58, 57, 60, 51）	- 39.6133	D（62, 57, 64, 65）	124.0944

2. 分子前沿轨道能量和稳定性分析

经 B3LYP/6 - 311G 优化的煤分子结构模型与形成配合物的 HOMO、HOMO$_{-1}$、LUMO、LUMO$_{+1}$轨道图如图 5 - 46 至图 5 - 49 所示。

从图 5 - 46 至图 5 - 49 可以看出，配合物的最高占据轨道 HOMO 分子轨道主要由 Ca^{2+}及配体中的 S 原子的原子轨道组成，因此 HOMO 轨道的电子云分布集

图 5 − 46　配合物最高占据轨道 HOMO 图

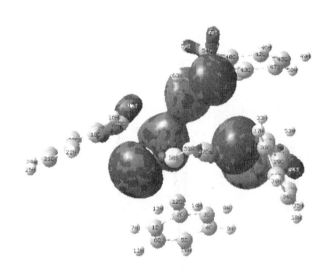

图 5 − 47　配合物最高占据轨道 $HOMO_{-1}$ 图

中在形成的配位键 Ca—S 上；而配合物最低空轨道 LUMO 的电子云分布较分散，主要分布在配体的苯环上，说明配合物前沿轨道 LUMO 主要是由苯环 C 原子的原子轨道成分组成。

物质的动力学稳定性与前沿轨道的能量差 $E_{LUMO-HOMO}$ 及 HOMO 轨道能量的绝对值密切相关。通常情况下，前沿轨道的能量差越大，HOMO 轨道能量绝对值越大，意味着化合物的动力学稳定性越高。前沿轨道及其附近轨道的能级及能隙差 ΔE 见表 5 − 43。

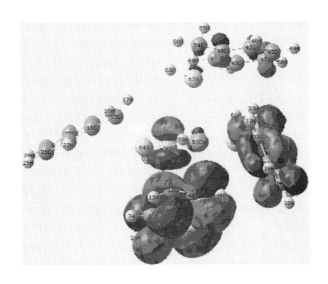

图 5 – 48　配合物最低空轨道 LUMO 图

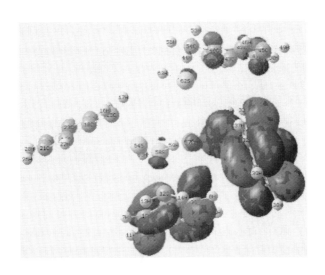

图 5 – 49　配合物最低空轨道 LUMO$_{+1}$ 图

表 5 – 43　前沿轨道能级及能隙差　　　　　　　　　　　　　　　　　　　　eV

名　称	$E_{\text{HOMO}-1}$	E_{HOMO}	E_{LUMO}	$E_{\text{LUMO}+1}$	ΔE
煤分子	− 6.960	− 6.622	− 0.829	− 0.356	5.793
配合物	− 11.436	− 11.377	− 7.196	− 7.139	4.181

由表 5 – 43 可知，在形成配合物前煤分子结构模型的 HOMO 能级为 − 6.622 eV，LUMO 能级为 − 0.829 eV，能隙差为 5.793 eV；形成配合物后配合

物的 HOMO 能级为 -11.377 eV，LUMO 能级为 -7.196 eV，能隙差为 4.181 eV，说明配位结构的化学稳定性较高。且形成配位结构后，前沿轨道 HOMO 的能级大大降低，使煤的活性基团—NH_2 不易失去电子，被氧化的倾向降低，煤分子、配合物及 Ca^{2+} 能量表见表 5-44。

表 5-44   煤分子、配合物及 Ca^{2+} 能量表   a. u.

名　称	E	ZPE	$E+ZPE$
煤分子	-669.74655809	0.127881	-669.618677
配合物	-3356.19742391	0.516979	-3355.680445
Ca^{2+}	-676.905759409	0	-676.905759

配合物的稳定化能为正值时表明配合物的结构稳定，其值越大表明稳定性越高。由式（5-1）计算，煤分子与 Ca^{2+} 形成的四配体的稳定化能约为 787.59 kJ/mol，说明形成的四配体化合物的化学稳定性较高。

3. 自然键轨道分析

配合物中部分电子供体轨道 i 和电子受体轨道 j，以及由二级微扰理论得到的它们之间的二阶稳定化相互作用能 E（2）。E（2）越大，表示 i 和 j 的相互作用越强，即 i 提供电子给 j 的倾向越大，电子的离域化程度越大。计算得到形成的配合物的 6-311G 自然键轨道分析部分结果见表 5-45。

表 5-45   配合物的 6-311G 自然轨道分析部分结果   kJ/mol

电子供体	电子受体	二阶稳定化相互作用能	电子供体	电子受体	二阶稳定化相互作用能
LP（1）S58	LP*（1）Ca57	4.53	LP（1）S58	RY*（24）Ca57	0.12
LP（1）S58	RY*（6）Ca57	0.10	LP（2）S58	LP*（1）Ca57	16.13
LP（1）S58	RY*（7）Ca57	0.06	LP（2）S58	RY*（1）Ca57	1.35
LP（1）S58	RY*（8）Ca57	0.46	LP（2）S58	RY*（6）Ca57	0.21
LP（1）S58	RY*（9）Ca57	0.06	LP（2）S58	RY*（8）Ca57	1.67
LP（1）S58	RY*（11）Ca57	0.10	LP（2）S58	RY*（9）Ca57	0.15
LP（1）S58	RY*（12）Ca57	0.27	LP（2）S58	RY*（11）Ca57	0.52
LP（1）S58	RY*（17）Ca57	0.23	LP（2）S58	RY*（12）Ca57	1.31

表 5 - 45 （续） kJ/mol

电子供体	电子受体	二阶稳定化相互作用能	电子供体	电子受体	二阶稳定化相互作用能
LP（2）S58	RY˙（13）Ca57	0.11	LP（1）S60	RY˙（9）Ca57	0.05
LP（2）S58	RY˙（15）Ca57	0.06	LP（1）S60	RY˙（11）Ca57	0.24
LP（2）S58	RY˙（17）Ca57	1.23	LP（1）S60	RY˙（12）Ca57	0.16
LP（2）S58	RY˙（24）Ca57	0.67	LP（1）S60	RY˙（17）Ca57	0.21
LP（1）S64	LP˙（1）Ca57	3.32	LP（2）S60	RY˙（12）Ca57	1.33
LP（1）S64	RY˙（1）Ca57	0.18	LP（2）S60	RY˙（15）Ca57	0.07
LP（1）S64	RY˙（5）Ca57	0.08	LP（2）S60	RY˙（17）Ca57	1.15
LP（1）S64	RY˙（8）Ca57	0.31	LP（2）S60	RY˙（24）Ca57	0.63
LP（1）S64	RY˙（11）Ca57	0.10	LP（1）S62	LP˙（1）Ca57	3.50
LP（1）S64	RY˙（12）Ca57	0.15	LP（1）S62	RY˙（5）Ca57	0.15
LP（1）S64	RY˙（17）Ca57	0.11	LP（1）S62	RY˙（7）Ca57	0.10
LP（1）S64	RY˙（24）Ca57	0.06	LP（1）S62	RY˙（8）Ca57	0.25
LP（2）S64	LP˙（1）Ca57	18.92	LP（1）S62	RY˙（9）Ca57	0.06
LP（2）S64	RY˙（2）Ca57	0.31	LP（1）S62	RY˙（11）Ca57	0.14
LP（2）S64	RY˙（3）Ca57	0.36	LP（1）S62	RY˙（12）Ca57	0.19
LP（2）S64	RY˙（4）Ca57	0.05	LP（1）S62	RY˙（17）Ca57	0.16
LP（2）S64	RY˙（5）Ca57	0.15	LP（1）S62	RY˙（24）Ca57	0.08
LP（2）S64	RY˙（7）Ca57	0.75	LP（2）S62	LP˙（1）Ca57	16.00
LP（2）S64	RY˙（8）Ca57	2.09	LP（2）S62	RY˙（2）Ca57	0.16
LP（2）S64	RY˙（11）Ca57	1.61	LP（2）S62	RY˙（4）Ca57	0.61
LP（2）S64	RY˙（12）Ca57	1.67	LP（2）S62	RY˙（5）Ca57	0.16
LP（2）S64	RY˙（15）Ca57	0.14	LP（2）S62	RY˙（7）Ca57	0.75
LP（2）S64	RY˙（17）Ca57	1.79	LP（2）S62	RY˙（8）Ca57	1.54
LP（2）S64	RY˙（24）Ca57	0.97	LP（2）S62	RY˙（9）Ca57	0.58
LP（1）S60	LP˙（1）Ca57	4.62	LP（2）S62	RY˙（11）Ca57	0.97
LP（1）S60	RY˙（1）Ca57	0.12	LP（2）S62	RY˙（12）Ca57	1.11
LP（1）S60	RY˙（3）Ca57	0.11	LP（2）S62	RY˙（15）Ca57	0.18
LP（1）S60	RY˙（5）Ca57	0.11	LP（2）S62	RY˙（17）Ca57	1.42
LP（1）S60	RY˙（6）Ca57	0.12	LP（2）S62	RY˙（24）Ca57	0.77
LP（1）S60	RY˙（7）Ca57	0.09	LP˙（1）Ca57	RY˙（2）S62	1.11
LP（1）S60	RY˙（8）Ca57	0.31	LP˙（1）Ca57	RY˙（4）S62	0.44

表 5 - 45（续） kJ/mol

电子供体	电子受体	二阶稳定化相互作用能	电子供体	电子受体	二阶稳定化相互作用能
LP* (1) Ca57	RY* (6) S62	0.07	LP* (1) Ca57	RY* (7) S58	0.17
LP* (1) Ca57	RY* (1) S60	0.89	LP (1) S60	RY* (24) Ca57	0.11
LP* (1) Ca57	RY* (2) S60	0.20	LP (2) S60	LP* (1) Ca57	17.71
LP* (1) Ca57	RY* (3) S60	1.01	LP (2) S60	RY* (1) Ca57	0.38
LP* (1) Ca57	RY* (6) S60	0.21	LP (2) S60	RY* (2) Ca57	0.38
LP* (1) Ca57	RY* (1) S64	1.38	LP (2) S60	RY* (6) Ca57	0.46
LP* (1) Ca57	RY* (2) S64	1.14	LP (2) S60	RY* (7) Ca57	0.34
LP* (1) Ca57	RY* (3) S64	0.58	LP (2) S60	RY* (8) Ca57	0.79
LP* (1) Ca57	RY* (4) S64	0.21	LP (2) S60	RY* (9) Ca57	0.25
LP* (1) Ca57	RY* (1) S58	1.05	LP (2) S60	RY* (10) Ca57	0.10
LP* (1) Ca57	RY* (2) S58	0.08	LP (2) S60	RY* (11) Ca57	1.25
LP* (1) Ca57	RY* (3) S58	0.38			

由表 5 - 45 可知，4 个配体上的 S（58）、S（60）、S（62）及 S（64）原子的孤对电子都与金属 Ca^{2+} 有较强的相互作用。配体上的 S（58）原子的孤对电子与 Ca^{2+} 的孤对电子的二阶稳定化相互作用能为 67.53 kJ/mol，S（60）原子的孤对电子与 Ca^{2+} 的孤对电子的二阶稳定化相互作用能为 74.15 kJ/mol，S（62）原子的孤对电子与 Ca^{2+} 的孤对电子的二阶稳定化相互作用能为 66.99 kJ/mol，S（64）原子的孤对电子与 Ca^{2+} 的孤对电子的二阶稳定化相互作用能为 79.21 kJ/mol，说明电子从 S 原子向金属 Ca^{2+} 转移的倾向较大。同时，S（58）、S（60）、S（62）及 S（64）原子的孤对电子与 Ca^{2+} 的价外层空轨道之间也存在类似的相互作用，都有较大的二阶稳定化相互作用能，说明了配体与金属之间发生了较强的配位作用。

4. 净电荷布居及电荷转移

分子中原子的电荷布居亲核与亲电反应的活性部分及原子间的相互作用密切相关。根据自然键轨道分析（NBO），配合物的静电荷布居及自然电子组态见表 5 - 46。

由表 5 - 46 可知，正电荷主要集中在 Ca 原子上，部分正电荷在 H 原子上，而负电荷则主要集中在 S 原子和 C 原子上。—SH 上 H 原子所带正电荷较小，H（59）为 +0.19208，H（61）为 +0.19938，H（63）为 +0.20102，H（65）

为 + 0.19748，由 H 原子的核外电子排布可知，H 原子的 1s 轨道失去了部分电子，导致其净电荷增加。Ca^{2+} 在配合物中的价态应为 + 2 价，但实际仅为 + 1.74120价，这表明金属 Ca^{2+} 从配体得到部分反馈电子，其 4s 轨道得到了 0.22 个电子，说明 Ca^{2+} 与配体中的 S 原子有一定的配位作用，并导致了 Ca^{2+} 偏离其表观电荷。苯环 C 原子的净电荷分布比较均匀，而 S 原子所带的负电荷较大。

表 5 - 46　配合物的静电荷布居及自然电子组态

原子序号	原子种类	原子电荷	核外电子排布
1	C	− 0.16814	[core] 2s (0.94) 2p (3.21) 3p (0.01)
2	C	− 0.07586	[core] 2s (0.88) 2p (3.19) 3p (0.01)
3	C	− 0.36662	[core] 2s (0.95) 2p (3.39) 3s (0.01) 3p (0.01)
4	C	− 0.20422	[core] 2s (0.95) 2p (3.24) 3p (0.01)
5	C	− 0.17978	[core] 2s (0.96) 2p (3.21) 3p (0.01)
6	C	− 0.14221	[core] 2s (0.96) 2p (3.17) 3p (0.01)
7	H	0.23025	1s (0.77)
8	H	0.22812	1s (0.77)
9	H	0.22689	1s (0.77)
10	H	0.23289	1s (0.77)
11	H	0.23410	1s (0.76)
12	C	− 0.40511	[core] 2s (1.09) 2p (3.30) 3p (0.01)
13	H	0.24116	1s (0.76)
14	H	0.23021	1s (0.77)
15	C	− 0.34947	[core] 2s (1.09) 2p (3.25) 3p (0.01)
16	H	0.22360	1s (0.77)
17	H	0.21201	1s (0.79)
18	C	− 0.10822	[core] 2s (0.87) 2p (3.23) 3p (0.01)
19	C	− 0.17626	[core] 2s (0.94) 2p (3.22) 3p (0.01)
20	C	− 0.18859	[core] 2s (0.94) 2p (3.24) 3p (0.01)
21	C	− 0.17996	[core] 2s (0.95) 2p (3.22) 3p (0.01)
22	H	0.20902	1s (0.79)
23	C	− 0.18163	[core] 2s (0.95) 2p (3.22) 3p (0.01)
24	H	0.20383	1s (0.79)
25	C	− 0.15785	[core] 2s (0.96) 2p (3.19) 3p (0.01)

表 5 - 46 （续）

原子序号	原子种类	原子电荷	核外电子排布
26	H	0.22185	1s （0.78）
27	H	0.22198	1s （0.78）
28	H	0.22332	1s （0.78）
29	C	-0.07485	［core］2s （0.88） 2p （3.18） 3p （0.01）
30	C	-0.34218	［core］2s （0.95） 2p （3.37） 3s （0.01） 3p （0.01）
31	C	-0.19055	［core］2s （0.94） 2p （3.23） 3p （0.01）
32	C	-0.19669	［core］2s （0.95） 2p （3.23） 3p （0.01）
33	H	0.23128	1s （0.77）
34	C	-0.16014	［core］2s （0.96） 2p （3.19） 3p （0.01）
35	H	0.23007	1s （0.77）
36	C	-0.19084	［core］2s （0.96） 2p （3.22） 3p （0.01）
37	H	0.22956	1s （0.77）
38	H	0.23567	1s （0.76）
39	H	0.23182	1s （0.77）
40	C	-0.09402	［core］2s （0.87） 2p （3.21） 3p （0.01）
41	C	-0.19786	［core］2s （0.94） 2p （3.24） 3p （0.01）
42	C	-0.18971	［core］2s （0.94） 2p （3.23） 3p （0.01）
43	C	-0.21513	［core］2s （0.96） 2p （3.25） 3p （0.01）
44	H	0.21296	1s （0.78）
45	C	-0.19076	［core］2s （0.95） 2p （3.22） 3p （0.01）
46	H	0.22110	1s （0.78）
47	C	-0.17936	［core］2s （0.96） 2p （3.21） 3p （0.01）
48	H	0.22923	1s （0.77）
49	H	0.22781	1s （0.77）
50	H	0.22845	1s （0.77）
51	C	-0.41905	［core］2s （1.09） 2p （3.32） 3p （0.01）
52	H	0.23849	1s （0.76）
53	H	0.24017	1s （0.76）
54	C	-0.36536	［core］2s （1.09） 2p （3.26） 3p （0.01）
55	H	0.23439	1s （0.76）
56	H	0.22341	1s （0.77）
57	Ca	1.74120	［core］4s （0.22） 3d （0.01） 5p （0.03）

表 5 - 46（续）

原子序号	原子种类	原子电荷	核外电子排布
58	S	- 0.19745	[core] 3s (1.77) 3p (4.42) 4p (0.01)
59	H	0.19208	1s (0.81)
60	S	- 0.19901	[core] 3s (1.76) 3p (4.43) 4p (0.01)
61	H	0.19938	1s (0.80)
62	S	- 0.28489	[core] 3s (1.75) 3p (4.52) 4p (0.01)
63	H	0.20102	1s (0.80)
64	S	- 0.31303	[core] 3s (1.76) 3p (4.54) 4p (0.01)
65	H	0.19748	1s (0.80)

5.1.3.4 小结

（1）建立了煤与 Ca^{2+} 形成配合物的化学结构模型。应用量子化学 Gaussian03 软件程序包，采用密度泛函在 B3LYP/6 - 311G 水平上计算得到 Ca^{2+} 与煤分子含 S 活性基团形成二配体、三配体及四配体化合物的几何构型，得到了形成的配合物的几何构型参数，建立了煤含 S 活性基团与 Ca^{2+} 形成配合物的化学结构模型。

（2）煤中含 S 活性基团与 Ca^{2+} 形成的二配体化合物最稳定。通过形成配合物的稳定化能计算，得到煤含 S 活性基团与 Ca^{2+} 形成配体化合物时的稳定化能都较大，对比形成配合物的前沿轨道能隙差，表明 Ca^{2+} 与煤含 S 活性基团形成二配体化合物时的化学结构稳定性最高，Ca^{2+} 与煤含 S 活性基团形成二配体的能隙差（5.499 eV）> Ca^{2+} 与煤含 S 活性基团形成三配体的能隙差（4.462 eV）> Ca^{2+} 与煤含 S 活性基团形成四配体的能隙差（4.181 eV），说明煤含 S 活性基团与 Ca^{2+} 形成的二配位化合物最稳定。

（3）煤分子中的 S 原子的孤对电子与 Ca^{2+} 的孤对电子及价外层空轨道有较强的相互作用能，形成了较强的配位键。通过分析形成的配合物的自然键轨道结果，煤含 S 活性基团形成二配体、三配体及四配体时，配体上的 S 原子的孤对电子与 Ca^{2+} 的孤对电子及价外层空轨道都有较强的相互作用，说明配体与金属之间发生了较强的配位作用，形成了较强的配位键。

（4）煤分子中的 S 原子转移到 Ca^{2+} 上形成了配位键。通过分析形成煤含 S 活性基团与 Ca^{2+} 配合物的净电荷布居及自然电子组态，金属 Ca^{2+} 的 4s、3d、5p 轨道从配体得到部分反馈电子，导致其偏离表观电荷，表明在 Ca^{2+} 与配体中的 S 原子形成了配位键。

5.1.4 Ca²⁺与含P活性基团形成的配合物

5.1.4.1 Ca²⁺与含P活性基团形成二配体

1. 配合物的几何结构

煤表面含P活性基团和Ca²⁺形成二配体时，应用量子化学Gaussian03软件程序包，采用密度泛函在B3LYP/6-311G水平上计算得到二配体的几何构型。

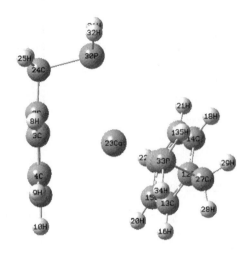

图5-50 经优化后的配合物
的化学结构

图5-50所示为煤与Ca²⁺形成的二配体的几何平衡构型图，比较发生配位反应煤表面结构的变化，配位前后煤表面的键长、键角的变化不大。Ca²⁺与煤分子结构模型侧链上的P原子形成了配位键，且Ca²⁺与2个P原子形成了折线形结构，P(30)—Ca(23)—P（33）键键角为107.21328°；Ca²⁺与P原子形成的配位键的键长分别为，Ca(23)—P（33）键长0.311791 nm、Ca(23)—P（30）键长0.311821 nm。

对几何优化后的构型进行振动频率计算，计算所得频率均为正值，表明所得构型为势能面上的鞍点，结构较稳定。配位结构可用几何平衡构型的键长、键角及二面角表示，见表5-47至表5-49。

表5-47 配位结构键长　　　　　　　　　　　Å

原子关系	键 长	原子关系	键 长	原子关系	键 长
R(1, 2)	1.4134	R(4, 5)	1.4047	R(13, 15)	1.4054
R(1, 6)	1.4054	R(4, 9)	1.0809	R(13, 16)	1.0821
R(1, 7)	1.0821	R(5, 6)	1.4053	R(13, 23)	2.9635
R(1, 23)	2.9642	R(5, 10)	1.0803	R(14, 17)	1.4049
R(2, 3)	1.4123	R(6, 11)	1.081	R(14, 18)	1.0819
R(2, 23)	2.9292	R(6, 23)	3.109	R(14, 23)	3.0066
R(2, 24)	1.5063	R(12, 13)	1.4135	R(15, 19)	1.4053
R(3, 4)	1.4049	R(12, 14)	1.4123	R(15, 20)	1.081
R(3, 8)	1.0819	R(12, 23)	2.9296	R(15, 23)	3.1084
R(3, 23)	3.0051	R(12, 27)	1.5063	R(17, 19)	1.4046

表 5-47（续）　　　　　　　　　　　　Å

原子关系	键 长	原子关系	键 长	原子关系	键 长
R(17, 21)	1.0809	R(24, 26)	1.0868	R(30, 31)	1.4316
R(19, 22)	1.0803	R(24, 30)	1.9468	R(30, 32)	1.4323
R(23, 30)	3.1182	R(27, 28)	1.0868	R(33, 34)	1.4316
R(23, 33)	3.1179	R(27, 29)	1.0866	R(33, 35)	1.4323
R(24, 25)	1.0866	R(27, 33)	1.9466		

表 5-48　配 位 结 构 键 角　　　　　　　　　　　　（°）

原子关系	键 角	原子关系	键 角	原子关系	键 角
A(2, 1, 6)	120.8494	A(13, 12, 14)	118.2808	A(1, 23, 3)	47.9467
A(2, 1, 7)	119.5462	A(13, 12, 27)	120.6636	A(1, 23, 12)	150.4004
A(6, 1, 7)	119.444	A(14, 12, 27)	120.7721	A(1, 23, 13)	125.4862
A(7, 1, 23)	117.5743	A(23, 12, 27)	107.9083	A(1, 23, 14)	139.6539
A(1, 2, 3)	118.2827	A(12, 13, 15)	120.8496	A(1, 23, 15)	102.6835
A(1, 2, 24)	120.6757	A(12, 13, 16)	119.5468	A(1, 23, 30)	71.264
A(3, 2, 24)	120.7594	A(15, 13, 16)	119.4431	A(1, 23, 33)	149.9711
A(23, 2, 24)	107.9209	A(16, 13, 23)	117.5312	A(2, 23, 6)	47.7937
A(2, 3, 4)	120.8792	A(12, 14, 17)	120.8801	A(2, 23, 13)	150.4949
A(2, 3, 8)	119.6022	A(12, 14, 18)	119.6047	A(2, 23, 14)	152.7689
A(4, 3, 8)	119.407	A(17, 14, 18)	119.4038	A(2, 23, 15)	130.3174
A(4, 3, 23)	82.421	A(17, 14, 23)	82.4251	A(2, 23, 30)	54.8044
A(8, 3, 23)	118.5424	A(18, 14, 23)	118.5748	A(2, 23, 33)	126.7033
A(3, 4, 5)	120.298	A(13, 15, 19)	120.2595	A(3, 23, 6)	54.5534
A(3, 4, 9)	119.6541	A(13, 15, 20)	119.6608	A(3, 23, 12)	153.0908
A(5, 4, 9)	120.0109	A(19, 15, 20)	120.0365	A(3, 23, 13)	139.9178
A(4, 5, 6)	119.4002	A(19, 15, 23)	80.1291	A(3, 23, 14)	168.2477
A(4, 5, 10)	120.2146	A(20, 15, 23)	122.0531	A(3, 23, 15)	136.9754
A(6, 5, 10)	120.2379	A(14, 17, 19)	120.3001	A(3, 23, 30)	70.4144
A(1, 6, 5)	120.2591	A(14, 17, 21)	119.6513	A(3, 23, 33)	102.4995
A(1, 6, 11)	119.6618	A(19, 17, 21)	120.0122	A(6, 23, 12)	130.3901
A(5, 6, 11)	120.0361	A(15, 19, 17)	119.3984	A(6, 23, 13)	102.7645
A(5, 6, 23)	80.0872	A(15, 19, 22)	120.2372	A(6, 23, 14)	136.8943
A(11, 6, 23)	122.0926	A(17, 19, 22)	120.2168	A(6, 23, 15)	85.2994

表 5 - 48 （续） （°）

原子关系	键角	原子关系	键角	原子关系	键角
A(6, 23, 30)	97.7253	A(30, 23, 33)	107.2133	A(23, 30, 24)	90.239
A(6, 23, 33)	137.7236	A(2, 24, 25)	112.2666	A(23, 30, 31)	130.7213
A(12, 23, 15)	47.7978	A(2, 24, 26)	112.1115	A(23, 30, 32)	124.8445
A(12, 23, 30)	126.4624	A(2, 24, 30)	107.0059	A(24, 30, 31)	103.0402
A(12, 23, 33)	54.7987	A(25, 24, 26)	108.2603	A(24, 30, 32)	102.6234
A(13, 23, 14)	47.939	A(25, 24, 30)	108.7421	A(31, 30, 32)	98.5121
A(13, 23, 30)	149.6672	A(26, 24, 30)	108.3357	A(23, 33, 27)	90.2576
A(13, 23, 33)	71.2911	A(12, 27, 28)	112.0911	A(23, 33, 34)	131.2055
A(14, 23, 15)	54.5464	A(12, 27, 29)	112.2837	A(23, 33, 35)	124.3429
A(14, 23, 30)	102.2238	A(12, 27, 33)	107.0	A(27, 33, 34)	103.08
A(14, 23, 33)	70.3724	A(28, 27, 29)	108.2631	A(27, 33, 35)	102.5877
A(15, 23, 30)	137.4197	A(28, 27, 33)	108.3169	A(34, 33, 35)	98.51
A(15, 23, 33)	97.7536	A(29, 27, 33)	108.7674		

表 5 - 49　配位结构二面角表　　　　　　　　（°）

原子关系	二面角	原子关系	二面角	原子关系	二面角
D(6, 1, 2, 3)	0.8879	D(1, 2, 3, 8)	-176.8614	D(23, 2, 24, 26)	116.9363
D(6, 1, 2, 24)	174.8319	D(24, 2, 3, 4)	-174.6622	D(23, 2, 24, 30)	-1.7063
D(7, 1, 2, 3)	176.2598	D(24, 2, 3, 8)	9.1998	D(2, 3, 4, 5)	1.1834
D(7, 1, 2, 24)	-9.7961	D(24, 2, 23, 6)	-148.2666	D(2, 3, 4, 9)	-176.6057
D(2, 1, 6, 5)	-1.5129	D(24, 2, 23, 13)	-152.6724	D(8, 3, 4, 5)	177.3288
D(2, 1, 6, 11)	176.1028	D(24, 2, 23, 14)	-35.2091	D(8, 3, 4, 9)	-0.4603
D(7, 1, 6, 5)	-176.8895	D(24, 2, 23, 15)	-124.432	D(23, 3, 4, 5)	-64.0957
D(7, 1, 6, 11)	0.7262	D(24, 2, 23, 30)	1.2466	D(23, 3, 4, 9)	118.1153
D(7, 1, 23, 3)	147.4001	D(24, 2, 23, 33)	86.9969	D(4, 3, 23, 1)	93.5447
D(7, 1, 23, 12)	-65.1012	D(1, 2, 24, 25)	153.2227	D(4, 3, 23, 6)	60.2336
D(7, 1, 23, 13)	-84.1105	D(1, 2, 24, 26)	31.0944	D(4, 3, 23, 12)	-50.5518
D(7, 1, 23, 14)	-19.6762	D(1, 2, 24, 30)	-87.5482	D(4, 3, 23, 13)	-4.6336
D(7, 1, 23, 15)	-68.8765	D(3, 2, 24, 25)	-32.9839	D(4, 3, 23, 14)	-131.7618
D(7, 1, 23, 30)	67.2312	D(3, 2, 24, 26)	-155.1122	D(4, 3, 23, 15)	35.7638
D(7, 1, 23, 33)	159.3882	D(3, 2, 24, 30)	86.2452	D(4, 3, 23, 30)	175.6015
D(1, 2, 3, 4)	-0.7235	D(23, 2, 24, 25)	-120.9354	D(4, 3, 23, 33)	-80.3435

表 5 - 49（续）

原子关系	二面角	原子关系	二面角	原子关系	二面角
D（8，3，23，1）	- 147.0162	D（4，3，23，1）	93.5447	D（5，6，23，30）	- 120.6988
D（8，3，23，6）	179.6726	D（4，3，23，6）	60.2336	D（5，6，23，33）	5.6815
D（8，3，23，12）	68.8873	D（4，3，23，12）	- 50.5518	D（11，6，23，2）	144.6811
D（8，3，23，13）	114.8054	D（4，3，23，13）	- 4.6336	D（11，6，23，3）	179.1631
D（8，3，23，14）	- 12.3228	D（4，3，23，14）	- 131.7618	D（11，6，23，12）	- 34.5845
D（8，3，23，15）	155.2028	D（4，3，23，15）	35.7638	D（11，6，23，13）	- 37.5421
D（8，3，23，30）	- 64.9595	D（4，3，23，30）	175.6015	D（11，6，23，14）	2.7147
D（8，3，23，33）	39.0955	D（4，3，23，33）	- 80.3435	D（11，6，23，15）	- 17.3107
D（3，4，5，6）	- 1.7719	D（8，3，23，1）	- 147.0162	D（11，6，23，30）	119.9481
D（3，4，5，10）	- 177.3706	D（8，3，23，6）	179.6726	D（11，6，23，33）	- 113.6716
D（9，4，5，6）	176.0093	D（8，3，23，12）	68.8873	D（14，12，13，15）	0.8907
D（9，4，5，10）	0.4105	D（8，3，23，13）	114.8054	D（14，12，13，16）	176.2598
D（4，5，6，1）	1.9348	D（8，3，23，14）	- 12.3228	D（27，12，13，15）	174.8228
D（4，5，6，11）	- 175.6719	D（8，3，23，15）	155.2028	D（27，12，13，16）	- 9.8081
D（4，5，6，23）	62.8642	D（8，3，23，30）	- 64.9595	D（13，12，14，17）	- 0.7266
D（10，5，6，1）	177.5325	D（8，3，23，33）	39.0955	D（13，12，14，18）	- 176.867
D（10，5，6，11）	- 0.0742	D（3，4，5，6）	- 1.7719	D（27，12，14，17）	- 174.6518
D（10，5，6，23）	- 121.538	D（3，4，5，10）	- 177.3706	D（27，12，14，18）	9.2078
D（1，2，24，26）	31.0944	D（9，4，5，6）	176.0093	D（27，12，23，1）	- 153.2281
D（1，2，24，30）	- 87.5482	D（9，4，5，10）	0.4105	D（27，12，23，3）	- 35.0585
D（3，2，24，25）	- 32.9839	D（4，5，6，1）	1.9348	D（27，12，23，6）	- 124.7067
D（3，2，24，26）	- 155.1122	D（4，5，6，11）	- 175.6719	D（27，12，23，15）	- 148.2534
D（3，2，24，30）	86.2452	D（4，5，6，23）	62.8642	D（27，12，23，30）	87.2856
D（23，2，24，25）	- 120.9354	D（10，5，6，1）	177.5325	D（27，12，23，33）	1.3565
D（23，2，24，26）	116.9363	D（10，5，6，11）	- 0.0742	D（13，12，27，28）	30.9726
D（23，2，24，30）	- 1.7063	D（10，5，6，23）	- 121.538	D（13，12，27，29）	153.102
D（2，3，4，5）	1.1834	D（5，6，23，2）	- 95.9658	D（13，12，27，33）	- 87.6318
D（2，3，4，9）	- 176.6057	D（5，6，23，3）	- 61.4839	D（14，12，27，28）	- 155.2473
D（8，3，4，5）	177.3288	D（5，6，23，12）	84.7686	D（14，12，27，29）	- 33.1179
D（8，3，4，9）	- 0.4603	D（5，6，23，13）	81.811	D（14，12，27，33）	86.1483
D（23，3，4，5）	- 64.0957	D（5，6，23，14）	122.0678	D（23，12，27，28）	116.7478
D（23，3，4，9）	118.1153	D（5，6，23，15）	102.0424	D（23，12，27，29）	- 121.1228

表 5-49（续） (°)

原子关系	二面角	原子关系	二面角	原子关系	二面角
D(23, 12, 27, 33)	-1.8566	D(18, 14, 23, 30)	39.2578	D(17, 14, 23, 30)	-80.1848
D(12, 13, 15, 19)	-1.5147	D(18, 14, 23, 33)	-64.8775	D(17, 14, 23, 33)	175.6799
D(12, 13, 15, 20)	176.0973	D(13, 15, 19, 17)	1.9358	D(18, 14, 23, 1)	114.6255
D(16, 13, 15, 19)	-176.8886	D(13, 15, 19, 22)	177.5299	D(18, 14, 23, 2)	69.0489
D(16, 13, 15, 20)	0.7234	D(20, 15, 19, 17)	-175.6672	D(18, 14, 23, 3)	-10.755
D(16, 13, 23, 1)	-84.4568	D(20, 15, 19, 22)	-0.0731	D(18, 14, 23, 6)	154.8994
D(16, 13, 23, 2)	-65.7381	D(23, 15, 19, 17)	62.8909	D(18, 14, 23, 13)	-147.0092
D(16, 13, 23, 3)	-19.9509	D(23, 15, 19, 22)	-121.515	D(18, 14, 23, 15)	179.6688
D(16, 13, 23, 6)	-69.0829	D(19, 15, 23, 1)	81.5463	D(18, 14, 23, 30)	39.2578
D(16, 13, 23, 14)	147.4146	D(12, 13, 15, 19)	-1.5147	D(18, 14, 23, 33)	-64.8775
D(16, 13, 23, 30)	159.6104	D(12, 13, 15, 20)	176.0973	D(13, 15, 19, 17)	1.9358
D(16, 13, 23, 33)	67.3245	D(16, 13, 15, 19)	-176.8886	D(13, 15, 19, 22)	177.5299
D(12, 14, 17, 19)	1.1858	D(16, 13, 15, 20)	0.7234	D(20, 15, 19, 17)	-175.6672
D(12, 14, 17, 21)	-176.6196	D(16, 13, 23, 1)	-84.4568	D(20, 15, 19, 22)	-0.0731
D(18, 14, 17, 19)	177.3339	D(16, 13, 23, 2)	-65.7381	D(23, 15, 19, 17)	62.8909
D(18, 14, 17, 21)	-0.4715	D(16, 13, 23, 3)	-19.9509	D(23, 15, 19, 22)	-121.515
D(23, 14, 17, 19)	-64.0512	D(16, 13, 23, 6)	-69.0829	D(19, 15, 23, 1)	81.5463
D(23, 14, 17, 21)	118.1434	D(16, 13, 23, 14)	147.4146	D(19, 15, 23, 2)	84.3611
D(17, 14, 23, 1)	-4.8171	D(16, 13, 23, 30)	159.6104	D(19, 15, 23, 3)	121.6294
D(17, 14, 23, 2)	-50.3937	D(16, 13, 23, 33)	67.3245	D(19, 15, 23, 6)	101.839
D(17, 14, 23, 3)	-130.1976	D(12, 14, 17, 19)	1.1858	D(19, 15, 23, 12)	-95.9374
D(17, 14, 23, 6)	35.4568	D(12, 14, 17, 21)	-176.6196	D(19, 15, 23, 14)	-61.4667
D(17, 14, 23, 13)	93.5482	D(18, 14, 17, 19)	177.3339	D(19, 15, 23, 30)	5.5319
D(17, 14, 23, 15)	60.2262	D(18, 14, 17, 21)	-0.4715	D(19, 15, 23, 33)	-120.5947
D(17, 14, 23, 30)	-80.1848	D(23, 14, 17, 19)	-64.0512	D(20, 15, 23, 1)	-37.8273
D(17, 14, 23, 33)	175.6799	D(23, 14, 17, 21)	118.1434	D(20, 15, 23, 2)	-35.0125
D(18, 14, 23, 1)	114.6255	D(17, 14, 23, 1)	-4.8171	D(20, 15, 23, 3)	2.2558
D(18, 14, 23, 2)	69.0489	D(17, 14, 23, 2)	-50.3937	D(20, 15, 23, 6)	-17.5346
D(18, 14, 23, 3)	-10.755	D(17, 14, 23, 3)	-130.1976	D(20, 15, 23, 12)	144.689
D(18, 14, 23, 6)	154.8994	D(17, 14, 23, 6)	35.4568	D(20, 15, 23, 14)	179.1597
D(18, 14, 23, 13)	-147.0092	D(17, 14, 23, 13)	93.5482	D(20, 15, 23, 30)	-113.8417
D(18, 14, 23, 15)	179.6688	D(17, 14, 23, 15)	60.2262	D(20, 15, 23, 33)	120.0317

表 5 - 49 （续） (°)

原子关系	二面角	原子关系	二面角	原子关系	二面角
D(14, 17, 19, 15)	- 1.7732	D(1, 23, 33, 34)	46.1961	D(14, 23, 30, 32)	- 91.4545
D(14, 17, 19, 22)	- 177.3682	D(1, 23, 33, 35)	- 100.5739	D(15, 23, 30, 24)	112.8248
D(21, 17, 19, 15)	176.0243	D(2, 23, 33, 27)	177.5674	D(15, 23, 30, 31)	5.2887
D(21, 17, 19, 22)	0.4293	D(2, 23, 33, 34)	69.8245	D(15, 23, 30, 32)	- 141.5591
D(1, 23, 30, 24)	24.3405	D(2, 23, 33, 35)	- 76.9455	D(33, 23, 30, 24)	- 124.0901
D(1, 23, 30, 31)	- 83.1956	D(3, 23, 33, 27)	163.0282	D(33, 23, 30, 31)	128.3739
D(1, 23, 30, 32)	129.9566	D(3, 23, 33, 34)	55.2853	D(33, 23, 30, 32)	- 18.4739
D(2, 23, 30, 24)	- 0.9177	D(3, 23, 33, 35)	- 91.4848	D(1, 23, 33, 27)	153.939
D(2, 23, 30, 31)	- 108.4537	D(6, 23, 33, 27)	112.7605	D(1, 23, 33, 34)	46.1961
D(2, 23, 30, 32)	104.6985	D(6, 23, 33, 34)	5.0177	D(1, 23, 33, 35)	- 100.5739
D(3, 23, 30, 24)	- 26.6052	D(6, 23, 33, 35)	- 141.7524	D(2, 23, 33, 27)	177.5674
D(3, 23, 30, 31)	- 134.1412	D(12, 23, 33, 27)	- 0.9987	D(2, 23, 33, 34)	69.8245
D(3, 23, 30, 32)	79.011	D(12, 23, 33, 34)	- 108.7416	D(2, 23, 33, 35)	- 76.9455
D(6, 23, 30, 24)	21.3692	D(12, 23, 33, 35)	104.4883	D(3, 23, 33, 27)	163.0282
D(6, 23, 30, 31)	- 86.1669	D(13, 23, 33, 27)	24.2345	D(3, 23, 33, 34)	55.2853
D(6, 23, 30, 32)	126.9853	D(13, 23, 33, 34)	- 83.5084	D(3, 23, 33, 35)	- 91.4848
D(12, 23, 30, 24)	177.3387	D(13, 23, 33, 35)	129.7215	D(6, 23, 33, 27)	112.7605
D(12, 23, 30, 31)	69.8026	D(14, 23, 33, 27)	- 26.7041	D(6, 23, 33, 34)	5.0177
D(12, 23, 30, 32)	- 77.0451	D(14, 23, 33, 34)	- 134.4469	D(6, 23, 33, 35)	- 141.7524
D(13, 23, 30, 24)	153.6946	D(14, 23, 33, 35)	78.783	D(12, 23, 33, 27)	- 0.9987
D(13, 23, 30, 31)	46.1585	D(15, 23, 33, 27)	21.2239	D(12, 23, 33, 34)	- 108.7416
D(13, 23, 30, 32)	- 100.6893	D(15, 23, 33, 34)	- 86.519	D(12, 23, 33, 35)	104.4883
D(14, 23, 30, 24)	162.9294	D(15, 23, 33, 35)	126.7109	D(13, 23, 33, 27)	24.2345
D(14, 23, 30, 31)	55.3933	D(30, 23, 33, 27)	- 123.8761	D(13, 23, 33, 34)	- 83.5084
D(14, 23, 30, 32)	- 91.4545	D(30, 23, 33, 34)	128.3811	D(13, 23, 33, 35)	129.7215
D(15, 23, 30, 24)	112.8248	D(30, 23, 33, 35)	- 18.389	D(14, 23, 33, 27)	- 26.7041
D(15, 23, 30, 31)	5.2887	D(2, 24, 30, 23)	1.5251	D(14, 23, 33, 34)	- 134.4469
D(15, 23, 30, 32)	- 141.5591	D(2, 24, 30, 31)	133.6401	D(14, 23, 33, 35)	78.783
D(33, 23, 30, 24)	- 124.0901	D(2, 24, 30, 32)	- 124.38	D(15, 23, 33, 27)	21.2239
D(33, 23, 30, 31)	128.3739	D(25, 24, 30, 23)	123.0052	D(15, 23, 33, 34)	- 86.519
D(33, 23, 30, 32)	- 18.4739	D(25, 24, 30, 31)	- 104.8797	D(15, 23, 33, 35)	126.7109
D(1, 23, 33, 27)	153.939	D(25, 24, 30, 32)	- 2.8998	D(30, 23, 33, 27)	- 123.8761

表 5 - 49 （续）　　　　　　　　　　　　　　　　　　　　　（°）

原子关系	二面角	原子关系	二面角	原子关系	二面角
D(30, 23, 33, 34)	128.3811	D(25, 24, 30, 32)	- 2.8998	D(28, 27, 33, 23)	- 119.3686
D(30, 23, 33, 35)	- 18.389	D(26, 24, 30, 23)	- 119.5415	D(28, 27, 33, 34)	13.2691
D(2, 24, 30, 23)	1.5251	D(26, 24, 30, 31)	12.5735	D(28, 27, 33, 35)	115.2478
D(2, 24, 30, 31)	133.6401	D(26, 24, 30, 32)	114.5534	D(29, 27, 33, 23)	123.1714
D(2, 24, 30, 32)	- 124.38	D(12, 27, 33, 23)	1.6599	D(29, 27, 33, 34)	- 104.1909
D(25, 24, 30, 23)	123.0052	D(12, 27, 33, 34)	134.2976	D(29, 27, 33, 35)	- 2.2123
D(25, 24, 30, 31)	- 104.8797	D(12, 27, 33, 35)	- 123.7238		

2. 分子前沿轨道能量和稳定性分析

经 B3LYP/6 - 311G 优化的煤分子结构模型与形成的二配体的 HOMO、HOMO$_{-1}$、LUMO、LUMO$_{+1}$轨道图如图 5 - 51 至图 5 - 54 所示。

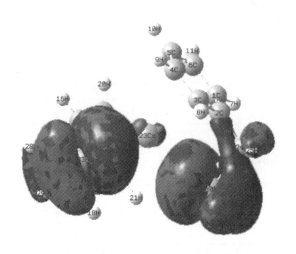

图 5 - 51　配合物最高占据轨道 HOMO 图

从图 5 - 51 至图 5 - 54 可以看出，配合物的前沿占据分子轨道 HOMO 中，苯环具有良好的共轭离域性，在分子轨道中有较大的电子云体现；而 2 个配体中，P(30) 及 P(33) 原子轨道成分对 HOMO 轨道的贡献急剧减少；而配合物的最低空轨道 LUMO 主要由 2 个配体的苯环 C 原子提供，P 原子的原子轨道对其几乎没有贡献，因此 LUMO 轨道的电子云主要分布在配体的苯环上。由于配体中 P 原子对前沿分子轨道的贡献远远小于煤分子结构中 P 原子对前沿分子轨道的贡献，因此降低了煤分子的活性，提高了煤分子活性基团的稳定性。

图 5 - 52　配合物最高占据轨道　　　　　　图 5 - 53　配合物最低空
HOMO$_{-1}$ 图　　　　　　　　　　　　　　轨道 LUMO 图

　　物质的动力学稳定性与前沿轨道的
能量差 $\Delta E = E_{\text{LUMO-HOMO}}$ 及 HOMO 轨道
能量的绝对值密切相关。通常情况下，
前沿轨道的能量差越大，HOMO 轨道能
量绝对值越大，意味着化合物的动力学
稳定性越高。前沿轨道及其附近轨道的
能级及能隙差 ΔE 见表 5 - 50。

　　由表 5 - 50 可知，在形成配合物前
煤分子结构模型的 HOMO 能级为
-6.654 eV，LUMO 能级为 -0.486 eV，

图 5 - 54　配合物最低空轨道 LUMO$_{+1}$ 图

能隙差为 6.168 eV；形成配合物后配合物的 HOMO 能级为 -14.379 eV，LUMO
能级为 -8.369 eV，能隙差为 6.010 eV。煤分子的前沿轨道 HOMO 的能级较高，
易失去电子，容易被氧化，而配合物占据轨道 HOMO 的能级较低，不易失去电
子，被氧化的倾向较低，煤分子、配合物、Ca^{2+} 能量表见表 5 - 51。

表 5 - 50　煤分子结构模型与形成的配合物分子前线轨道能级及能隙差　　　　eV

名　称	$E_{\text{HOMO}-1}$	E_{HOMO}	E_{LUMO}	$E_{\text{LUMO}+1}$	ΔE
煤分子	-7.009	-6.654	-0.486	-0.290	6.168
配合物	-14.431	-14.379	-8.369	-8.253	6.010

表5-51　煤分子、配合物及 Ca^{2+} 能量表　　　　　a. u.

名　　称	E	ZPE	$E+ZPE$
煤分子	-613.49814941	0.136292	-613.361857
配合物	-1904.13777051	0.275194	-1903.862576
Ca^{2+}	-676.905759409	0	-676.905759

配合物的稳定化能为正值时表明配合物的结构稳定，其值越大表明稳定性越高。由式（5-1）计算，煤分子与 Ca^{2+} 形成的二配体的稳定化能约为 612.01 kJ/mol，说明形成的二配体化合物的化学稳定性较高。

3. 自然键轨道分析

配合物中部分电子供体轨道 i 和电子受体轨道 j，以及由二级微扰理论得到的它们之间的二阶稳定化相互作用能 E（2）。E（2）越大，表示 i 和 j 的相互作用越强，即 i 提供电子给 j 的倾向越大，电子的离域化程度越大。计算得到形成的配合物的 6-311 G 自然键轨道分析部分结果见表5-52。

表5-52　配合物的 6-311 G 自然轨道分析部分结果　　　　　kJ/mol

电子供体	电子受体	二阶稳定化相互作用能	电子供体	电子受体	二阶稳定化相互作用能
LP(1)P30	LP*(1)Ca23	20.51	LP(1)P33	LP*(1)Ca23	20.53
LP(1)P30	RY*(1)Ca23	0.57	LP(1)P33	RY*(1)Ca23	0.56
LP(1)P30	RY*(2)Ca23	0.22	LP(1)P33	RY*(2)Ca23	0.22
LP(1)P30	RY*(3)Ca23	0.07	LP(1)P33	RY*(3)Ca23	0.08
LP(1)P30	RY*(5)Ca23	0.15	LP(1)P33	RY*(5)Ca23	0.16
LP(1)P30	RY*(6)Ca23	0.25	LP(1)P33	RY*(10)Ca23	0.12
LP(1)P30	RY*(7)Ca23	1.66	LP(1)P33	RY*(12)Ca23	2.64
LP(1)P30	RY*(8)Ca23	0.06	LP(1)P33	RY*(15)Ca23	2.66
LP(1)P30	RY*(10)Ca23	0.12	LP(1)P33	RY*(16)Ca23	0.20
LP(1)P30	RY*(12)Ca23	2.65	LP(1)P33	RY*(17)Ca23	2.16
LP(1)P30	RY*(15)Ca23	2.66	LP(1)P33	RY*(24)Ca23	1.17
LP(1)P30	RY*(16)Ca23	0.20	LP*(1)Ca23	RY*(1)P33	1.29
LP(1)P30	RY*(17)Ca23	2.16	LP*(1)Ca23	RY*(3)P33	0.27
LP(1)P30	RY*(24)Ca23	1.17	LP*(1)Ca23	RY*(5)P33	0.12

表 5－52（续）　　　　　　　　　　kJ/mol

电子供体	电子受体	二阶稳定化相互作用能	电子供体	电子受体	二阶稳定化相互作用能
LP*(1)Ca23	RY*(7)P33	0.18	LP*(1)Ca23	RY*(7)P30	0.17
LP*(1)Ca23	RY*(12)P33	0.06	LP*(1)Ca23	RY*(12)P30	0.06
LP*(1)Ca23	RY*(1)P30	1.28	LP(1)P33	RY*(6)Ca23	0.24
LP*(1)Ca23	RY*(3)P30	0.27	LP(1)P33	RY*(7)Ca23	1.66
LP*(1)Ca23	RY*(5)P30	0.12	LP(1)P33	RY*(8)Ca23	0.07

由 5－52 可知，2 个配体上的 P（30）和 P（33）原子的孤对电子都与金属 Ca^{2+} 的孤对电子和价外层空轨道都有较强的相互作用。配体上的 P（30）原子的孤对电子与 Ca^{2+} 的孤对电子的二阶稳定化相互作用能为 85.87 kJ/mol，P（33）原子的孤对电子与 Ca^{2+} 的孤对电子的二阶稳定化相互作用能为 85.96 kJ/mol，说明电子从 P（33）、P（30）原子向金属 Ca^{2+} 转移的倾向较大，二者存在较强的相互作用。而 P（34）原子上的孤对电子与 Ca^{2+} 之间也存在类似的相互作用，如 P（30）的孤对电子与 Ca^{2+} 的第 12 个价外层空轨道的相互作用能为 11.10 kJ/mol，P（33）的孤对电子与 Ca^{2+} 的第 12 个价外层空轨道的相互作用能可达 11.05 kJ/mol，这说明了配体与 Ca^{2+} 之间发生了较强的配位作用，形成了配位结构。

4. 净电荷布居及电荷转移

分子中原子的电荷布居亲核与亲电反应的活性部分及原子间的相互作用密切相关。根据自然键轨道分析（NBO），配合物的静电荷布居及自然电子组态见表 5－53。

表 5－53　配合物的静电荷布居及自然电子组态

原子序号	原子种类	原子电荷	核 外 电 子 排 布
1	C	－0.28221	[core] 2s（0.95）2p（3.31）3p（0.01）
2	C	－0.07011	[core] 2s（0.89）2p（3.16）3p（0.02）
3	C	－0.26747	[core] 2s（0.95）2p（3.30）3p（0.01）
4	C	－0.20550	[core] 2s（0.96）2p（3.23）3p（0.01）
5	C	－0.23870	[core] 2s（0.97）2p（3.26）3p（0.01）
6	C	－0.21394	[core] 2s（0.96）2p（3.23）3p（0.01）

表 5-53 （续）

原子序号	原子种类	原子电荷	核 外 电 子 排 布
7	H	0.24831	1s (0.75)
8	H	0.24795	1s (0.75)
9	H	0.25062	1s (0.75)
10	H	0.25073	1s (0.75)
11	H	0.24977	1s (0.75)
12	C	-0.07006	[core] 2s (0.89) 2p (3.16) 3p (0.02)
13	C	-0.28239	[core] 2s (0.95) 2p (3.31) 3p (0.01)
14	C	-0.26723	[core] 2s (0.95) 2p (3.30) 3p (0.01)
15	C	-0.21411	[core] 2s (0.96) 2p (3.23) 3p (0.01)
16	H	0.24833	1s (0.75)
17	C	-0.20530	[core] 2s (0.96) 2p (3.22) 3p (0.01)
18	H	0.24791	1s (0.75)
19	C	-0.23869	[core] 2s (0.97) 2p (3.26) 3p (0.01)
20	H	0.24976	1s (0.75)
21	H	0.25055	1s (0.75)
22	H	0.25069	1s (0.75)
23	Ca	1.77069	[core] 4s (0.19) 3d(0.01) 5p (0.03)
24	C	-0.59794	[core] 2s (1.10) 2p (3.49) 3p (0.01)
25	H	0.25879	1s (0.74)
26	H	0.25738	1s (0.74)
27	C	-0.59797	[core] 2s (1.10) 2p (3.49) 3p (0.01)
28	H	0.25733	1s (0.74)
29	H	0.25884	1s (0.74)
30	P	0.03678	[core] 3s (1.53) 3p (3.41) 4s (0.01) 4p (0.01)
31	H	0.09705	1s (0.90)
32	H	0.09313	1s (0.91)
33	P	0.03682	[core] 3s (1.53) 3p (3.41) 4s (0.01) 4p (0.01)
34	H	0.09754	1s (0.90)
35	H	0.09266	1s (0.91)

由表 5-53 可知，正电荷主要集中在 Ca 原子上，其所带电荷为 +1.77069，其余正电荷集中在 H 原子及 P 原子上，其中苯环 H 原子所带正电荷处于平均化

且所带电荷较大，为 +0.25 左右，而基团—PH_2 中 H 原子所带正电荷较小，如 H(34) 为 +0.09754，H(35) 为 +0.09266，H(31) 为 +0.09705，H(32) 为 +0.09313。负电荷则主要集中在与 P 原子相连的 C 原子及苯环 C 原子上，其中，C(24) 为 -0.59794，C(27) 为 -0.59797，其余 C 原子所带负电荷比较均匀，大约为 -0.21。Ca^{2+} 在配合物中的价态应为 +2 价，但实际仅为 +1.77069 价，这主要是由于金属 Ca^{2+} 的 4s、3d 及 5p 轨道从配体得到部分反馈电子，其中 4s 轨道得到大约 0.19 个电子，3d 轨道得到 0.01 个电子，5p 轨道得到 0.03 个电子；P 原子的 3p 轨道也得到了部分电子，其中 P(30)、P(33) 原子的 3p 轨道分别得到 0.26 个电子，因此 P 原子与 Ca 原子类似均大大偏离其表观电荷，表明在 Ca^{2+} 与配体中的 P 原子正在形成了配位键的同时也形成了部分较明显的共价键。

5.1.4.2 Ca^{2+} 与含 P 活性基团形成三配体

1. 配合物的几何结构

煤表面含 P 活性基团和 Ca^{2+} 形成三配体时，应用量子化学 Gaussian03 软件程序包，采用密度泛函在 B3LYP/6-311G 水平上计算得到三配体的几何构型。

图 5-55 所示为煤与 Ca^{2+} 形成的三配体的几何平衡构型图，比较发生配位反应煤表面结构的变化，配位前后煤表面的键长、键角的变化不大。Ca^{2+} 与煤分子结构模型侧链上的 P 原子形成了配位键，且 Ca^{2+} 与 3 个 P 原子形成了平面三角形结构，Ca^{2+} 位于结构的中心；Ca^{2+} 与 P 原子形成的配位键的键长分别为，Ca(49)—P(50) 键长 0.306220 nm、Ca(49)—P(51) 键长 0.310082 nm、

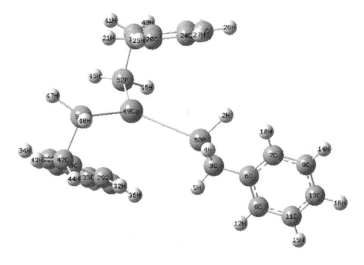

图 5-55 经优化后的配合物的化学结构

Ca(49)—P(52)键长 0.308278 nm；形成的 3 个键角分别为，P(50)—Ca(49)—P(51)键角 118.28122°，P(50)—Ca(49)—P(52)键角 112.74365°、P(51)—Ca(49)—P(52)键角 128.97492°。

对几何优化后的构型进行振动频率计算，计算所得频率均为正值，表明所得构型为势能面上的鞍点，结构较稳定。配位结构可用几何平衡构型的键长、键角及二面角表示，见表 5-54 至表 5-56。

表 5-54　配　位　结　构　键　长　　　　　　　　Å

原子关系	键　长	原子关系	键　长	原子关系	键　长
R(1, 50)	1.4332	R(17, 39)	1.5092	R(31, 35)	1.4003
R(2, 50)	1.4314	R(18, 20)	1.4056	R(31, 36)	1.0823
R(3, 4)	1.0891	R(18, 21)	1.0876	R(33, 35)	1.3983
R(3, 5)	1.0893	R(18, 49)	2.8713	R(33, 37)	1.0809
R(3, 6)	1.5028	R(19, 22)	1.4002	R(35, 38)	1.0805
R(3, 50)	1.9453	R(19, 23)	1.0819	R(39, 40)	1.086
R(6, 7)	1.4045	R(20, 24)	1.4003	R(39, 41)	1.0887
R(6, 8)	1.4044	R(20, 25)	1.0823	R(39, 52)	1.9344
R(7, 9)	1.3955	R(22, 24)	1.3983	R(42, 43)	1.0861
R(7, 10)	1.0838	R(22, 26)	1.0809	R(42, 44)	1.0885
R(8, 11)	1.3955	R(24, 27)	1.0805	R(42, 51)	1.9349
R(8, 12)	1.0837	R(28, 29)	1.4159	R(45, 52)	1.4314
R(9, 13)	1.3979	R(28, 30)	1.4041	R(46, 52)	1.4336
R(9, 14)	1.0809	R(28, 42)	1.5095	R(47, 51)	1.4337
R(11, 13)	1.3979	R(29, 31)	1.4055	R(48, 51)	1.4319
R(11, 15)	1.0809	R(29, 32)	1.0868	R(49, 50)	3.0622
R(13, 16)	1.0806	R(29, 49)	2.8775	R(49, 51)	3.1008
R(17, 18)	1.4156	R(30, 33)	1.4005	R(49, 52)	3.0828
R(17, 19)	1.4034	R(30, 34)	1.0819		

表 5 - 55　配 位 结 构 键 角　　　　　　　(°)

原子关系	键角	原子关系	键角	原子关系	键角
A(4, 3, 5)	108.2	A(21, 18, 49)	89.0086	A(31, 35, 38)	120.1215
A(4, 3, 6)	112.0425	A(17, 19, 22)	120.7655	A(33, 35, 38)	120.2657
A(4, 3, 50)	105.4017	A(17, 19, 23)	119.6326	A(17, 39, 40)	112.2614
A(5, 3, 6)	111.983	A(22, 19, 23)	119.5565	A(17, 39, 41)	111.5271
A(5, 3, 50)	105.3853	A(18, 20, 24)	120.0344	A(17, 39, 52)	108.7941
A(6, 3, 50)	113.3507	A(18, 20, 25)	119.9022	A(40, 39, 41)	108.022
A(3, 6, 7)	120.436	A(24, 20, 25)	119.9276	A(40, 39, 52)	109.351
A(3, 6, 8)	120.4926	A(19, 22, 24)	120.5577	A(41, 39, 52)	106.7196
A(7, 6, 8)	119.0686	A(19, 22, 26)	119.4992	A(28, 42, 43)	112.2141
A(6, 7, 9)	120.4395	A(24, 22, 26)	119.9253	A(28, 42, 44)	111.4829
A(6, 7, 10)	120.0398	A(20, 24, 22)	119.5435	A(28, 42, 51)	109.0381
A(9, 7, 10)	119.5094	A(20, 24, 27)	120.1149	A(43, 42, 44)	107.9974
A(6, 8, 11)	120.4375	A(22, 24, 27)	120.2748	A(43, 42, 51)	109.1858
A(6, 8, 12)	120.0799	A(29, 28, 30)	118.3705	A(44, 42, 51)	106.7546
A(11, 8, 12)	119.4731	A(29, 28, 42)	120.208	A(18, 49, 29)	159.3275
A(7, 9, 13)	120.083	A(30, 28, 42)	121.4215	A(18, 49, 50)	108.0183
A(7, 9, 14)	119.8701	A(28, 29, 31)	120.6954	A(18, 49, 51)	92.9825
A(13, 9, 14)	120.0427	A(28, 29, 32)	119.2809	A(18, 49, 52)	71.0159
A(8, 11, 13)	120.0879	A(28, 29, 49)	92.613	A(29, 49, 50)	91.6794
A(8, 11, 15)	119.8531	A(31, 29, 32)	119.3042	A(29, 49, 51)	71.5651
A(13, 11, 15)	120.0552	A(31, 29, 49)	94.9063	A(29, 49, 52)	107.6385
A(9, 13, 11)	119.8829	A(32, 29, 49)	90.9078	A(50, 49, 51)	118.2812
A(9, 13, 16)	120.0596	A(28, 30, 33)	120.771	A(50, 49, 52)	112.7437
A(11, 13, 16)	120.0544	A(28, 30, 34)	119.6391	A(51, 49, 52)	128.9749
A(18, 17, 19)	118.4026	A(33, 30, 34)	119.526	A(1, 50, 2)	97.5529
A(18, 17, 39)	120.141	A(29, 31, 35)	120.0504	A(1, 50, 3)	100.6726
A(19, 17, 39)	121.4557	A(29, 31, 36)	119.8829	A(1, 50, 49)	114.62
A(17, 18, 20)	120.6861	A(35, 31, 36)	119.9433	A(2, 50, 3)	100.8941
A(17, 18, 21)	119.2342	A(30, 33, 35)	120.546	A(2, 50, 49)	114.0783
A(17, 18, 49)	94.9169	A(30, 33, 37)	119.494	A(3, 50, 49)	124.7771
A(20, 18, 21)	119.285	A(35, 33, 37)	119.9387	A(42, 51, 47)	102.0932
A(20, 18, 49)	94.894	A(31, 35, 33)	119.5525	A(42, 51, 48)	103.4073

表 5 – 55（续） (°)

原子关系	键角	原子关系	键角	原子关系	键角
A(42, 51, 49)	95.5162	A(39, 52, 45)	103.3804	A(45, 52, 49)	132.7442
A(47, 51, 48)	98.3528	A(39, 52, 46)	102.0621	A(46, 52, 49)	118.5276
A(47, 51, 49)	120.0164	A(39, 52, 49)	96.9298		
A(48, 51, 49)	132.3187	A(45, 52, 46)	98.3844		

表 5 – 56　配位结构二面角 (°)

原子关系	二面角	原子关系	二面角	原子关系	二面角
D(4, 3, 6, 7)	– 28.1897	D(10, 7, 9, 13)	178.8481	D(18, 17, 39, 41)	39.6407
D(4, 3, 6, 8)	151.1937	D(10, 7, 9, 14)	– 0.4083	D(18, 17, 39, 52)	– 77.8056
D(5, 3, 6, 7)	– 149.9813	D(6, 8, 11, 13)	– 0.0602	D(19, 17, 39, 40)	– 19.2897
D(5, 3, 6, 8)	29.4021	D(6, 8, 11, 15)	179.2394	D(19, 17, 39, 41)	– 140.678
D(50, 3, 6, 7)	90.9465	D(12, 8, 11, 13)	– 178.9401	D(19, 17, 39, 52)	101.8756
D(50, 3, 6, 8)	– 89.6701	D(12, 8, 11, 15)	0.3595	D(17, 18, 20, 24)	– 0.9185
D(4, 3, 50, 1)	173.9558	D(7, 9, 13, 11)	– 0.2469	D(17, 18, 20, 25)	174.8424
D(4, 3, 50, 2)	74.0237	D(7, 9, 13, 16)	– 179.6034	D(21, 18, 20, 24)	– 170.6319
D(4, 3, 50, 49)	– 55.7289	D(14, 9, 13, 11)	179.0081	D(21, 18, 20, 25)	5.129
D(5, 3, 50, 1)	– 71.7253	D(14, 9, 13, 16)	– 0.3484	D(49, 18, 20, 24)	97.7573
D(5, 3, 50, 2)	– 171.6574	D(8, 11, 13, 9)	0.2425	D(49, 18, 20, 25)	– 86.4818
D(5, 3, 50, 49)	58.59	D(8, 11, 13, 16)	179.599	D(17, 18, 49, 29)	– 127.0142
D(6, 3, 50, 1)	51.0725	D(15, 11, 13, 9)	– 179.0557	D(17, 18, 49, 50)	71.298
D(6, 3, 50, 2)	– 48.8596	D(15, 11, 13, 16)	0.3008	D(17, 18, 49, 51)	– 167.6472
D(6, 3, 50, 49)	– 178.6123	D(19, 17, 18, 20)	0.8314	D(17, 18, 49, 52)	– 37.2459
D(3, 6, 7, 9)	179.504	D(19, 17, 18, 21)	170.55	D(20, 18, 49, 29)	111.5556
D(3, 6, 7, 10)	0.7316	D(19, 17, 18, 49)	– 97.8315	D(20, 18, 49, 50)	– 50.1322
D(8, 6, 7, 9)	0.1119	D(39, 17, 18, 20)	– 179.4777	D(20, 18, 49, 51)	70.9226
D(8, 6, 7, 10)	– 178.6605	D(39, 17, 18, 21)	– 9.7591	D(20, 18, 49, 52)	– 158.6762
D(3, 6, 8, 11)	– 179.5081	D(39, 17, 18, 49)	81.8594	D(21, 18, 49, 29)	– 7.7545
D(3, 6, 8, 12)	– 0.635	D(18, 17, 19, 22)	– 0.7343	D(21, 18, 49, 50)	– 169.4423
D(7, 6, 8, 11)	– 0.1163	D(18, 17, 19, 23)	– 178.2709	D(21, 18, 49, 51)	– 48.3875
D(7, 6, 8, 12)	178.7567	D(39, 17, 19, 22)	179.5791	D(21, 18, 49, 52)	82.0138
D(6, 7, 9, 13)	0.0692	D(39, 17, 19, 23)	2.0425	D(17, 19, 22, 24)	0.7284
D(6, 7, 9, 14)	– 179.1872	D(18, 17, 39, 40)	161.029	D(17, 19, 22, 26)	– 177.7358

表 5-56（续） （°）

原子关系	二面角	原子关系	二面角	原子关系	二面角
D（23, 19, 22, 24）	178.2669	D（28, 29, 49, 18）	−5.4602	D（41, 39, 52, 49）	−101.2834
D（23, 19, 22, 26）	−0.1973	D（28, 29, 49, 50）	157.1474	D（28, 42, 51, 47）	103.4266
D（18, 20, 24, 22）	0.8865	D（28, 29, 49, 51）	37.8153	D（28, 42, 51, 48）	−154.8142
D（18, 20, 24, 27）	177.9234	D（28, 29, 49, 52）	−88.3221	D（28, 42, 51, 49）	−18.8952
D（25, 20, 24, 22）	−174.8734	D（31, 29, 49, 18）	115.6578	D（43, 42, 51, 47）	−19.4981
D（25, 20, 24, 27）	2.1636	D（31, 29, 49, 50）	−81.7346	D（43, 42, 51, 48）	82.2611
D（19, 22, 24, 20）	−0.7934	D（31, 29, 49, 51）	158.9333	D（43, 42, 51, 49）	−141.8199
D（19, 22, 24, 27）	−177.8255	D（31, 29, 49, 52）	32.7959	D（44, 42, 51, 47）	−136.0111
D（26, 22, 24, 20）	177.6643	D（32, 29, 49, 18）	−124.8261	D（44, 42, 51, 48）	−34.2519
D（26, 22, 24, 27）	0.6321	D（32, 29, 49, 50）	37.7815	D（44, 42, 51, 49）	101.6671
D（30, 28, 29, 31）	−1.3011	D（32, 29, 49, 51）	−81.5506	D（18, 49, 50, 1）	−125.2064
D（30, 28, 29, 32）	−171.5159	D（32, 29, 49, 52）	152.312	D（18, 49, 50, 2）	−13.9129
D（30, 28, 29, 49）	95.9753	D（28, 30, 33, 35）	−0.7746	D（18, 49, 50, 3）	110.3048
D（42, 28, 29, 31）	178.6346	D（28, 30, 33, 37）	177.5458	D（29, 49, 50, 1）	61.1646
D（42, 28, 29, 32）	8.4198	D（34, 30, 33, 35）	−177.857	D（29, 49, 50, 2）	172.4581
D（42, 28, 29, 49）	−84.089	D（34, 30, 33, 37）	0.4633	D（29, 49, 50, 3）	−63.3242
D（29, 28, 30, 33）	1.1611	D（29, 31, 35, 33）	−0.6294	D（51, 49, 50, 1）	131.0761
D（29, 28, 30, 34）	178.2403	D（29, 31, 35, 38）	−177.8133	D（51, 49, 50, 2）	−117.6304
D（42, 28, 30, 33）	−178.7738	D（36, 31, 35, 33）	175.3276	D（51, 49, 50, 3）	6.5873
D（42, 28, 30, 34）	−1.6946	D（36, 31, 35, 38）	−1.8562	D（52, 49, 50, 1）	−48.7726
D（29, 28, 42, 43）	−158.2963	D（30, 33, 35, 31）	0.4917	D（52, 49, 50, 2）	62.521
D（29, 28, 42, 44）	−37.0052	D（30, 33, 35, 38）	177.6714	D（52, 49, 50, 3）	−173.2613
D（29, 28, 42, 51）	80.6099	D（37, 33, 35, 31）	−177.8211	D（18, 49, 51, 42）	156.6812
D（30, 28, 42, 43）	21.6374	D（37, 33, 35, 38）	−0.6414	D（18, 49, 51, 47）	49.2913
D（30, 28, 42, 44）	142.9285	D（17, 39, 52, 45）	156.2069	D（18, 49, 51, 48）	−89.5541
D（30, 28, 42, 51）	−99.4564	D（17, 39, 52, 46）	−102.0165	D（29, 49, 51, 42）	−9.2947
D（28, 29, 31, 35）	1.0505	D（17, 39, 52, 49）	19.177	D（29, 49, 51, 47）	−116.6846
D（28, 29, 31, 36）	−174.909	D（40, 39, 52, 45）	−80.861	D（29, 49, 51, 48）	104.47
D（32, 29, 31, 35）	171.263	D（40, 39, 52, 46）	20.9156	D（50, 49, 51, 42）	−91.0002
D（32, 29, 31, 36）	−4.6965	D（40, 39, 52, 49）	142.1091	D（50, 49, 51, 47）	161.6099
D（49, 29, 31, 35）	−94.929	D（41, 39, 52, 45）	35.7465	D（50, 49, 51, 48）	22.7645
D（49, 29, 31, 36）	89.1115	D（41, 39, 52, 46）	137.523	D（52, 49, 51, 42）	88.8202

表 5 – 56（续） （°）

原子关系	二面角	原子关系	二面角	原子关系	二面角
D(52, 49, 51, 47)	-18.5697	D(29, 49, 52, 39)	166.9949	D(50, 49, 52, 46)	14.3854
D(52, 49, 51, 48)	-157.4151	D(29, 49, 52, 45)	51.5427	D(51, 49, 52, 39)	86.7585
D(18, 49, 52, 39)	8.7375	D(29, 49, 52, 46)	-85.2068	D(51, 49, 52, 45)	-28.6936
D(18, 49, 52, 45)	-106.7147	D(50, 49, 52, 39)	-93.4129	D(51, 49, 52, 46)	-165.4432
D(18, 49, 52, 46)	116.5358	D(50, 49, 52, 45)	151.1349		

2. 分子前沿轨道能量和稳定性分析

经 B3LYP/6 – 311G 优化的三配体的 $HOMO_{-1}$、HOMO、LUMO、$LUMO_{+1}$ 轨道图如图 5 – 56 至图 5 – 59 所示。

图 5 – 56　配合物最高占据轨道 $HOMO_{-1}$ 图

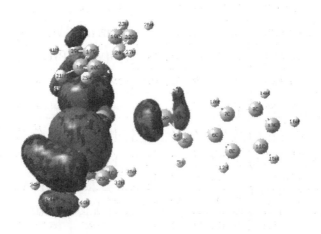

图 5 – 57　配合物最高占据轨道 HOMO 图

图 5 – 58 配合物最低空轨道 LUMO 图

图 5 – 59 配合物最低空轨道 LUMO$_{+1}$ 图

由图 5 – 56 至图 5 – 59 可以看出，配合物的前沿占据分子轨道 HOMO 中，苯环对其几乎没有贡献，其分子轨道主要由配体中的—PH$_2$ 基团及 Ca^{2+} 提供，电子云主要分布在形成的配位键上；3 个配体中，P（50）、P（51）及 P（52）原子对 HOMO 轨道都有较大的贡献；而配合物的最低空轨道 LUMO 的主要由 P(51)、P(52) 原子所在的两个配体提供，其电子云主要分布在配体的苯环上。

物质的动力学稳定性与前沿轨道的能量差 E$_{LUMO-HOMO}$ 及 HOMO 轨道能量的绝对值密切相关。通常情况下，前沿轨道的能量差越大，HOMO 轨道能量绝对值越大，意味着化合物的动力学稳定性越高。前沿轨道及其附近轨道的能级及能隙差 ΔE 见表 5 – 57。

由表 5 – 57 可知，在形成配合物前煤分子结构模型的 HOMO 能级为 – 6. 654 eV，

表 5 - 57　前沿轨道能级及能隙差　　　　　　　　　eV

名　　称	E_{HOMO-1}	E_{HOMO}	E_{LUMO}	E_{LUMO+1}	ΔE
煤分子	-7.009	-6.654	-0.486	-0.290	6.168
配合物	-11.368	-11.243	-7.420	-7.341	3.823

LUMO 能级为 -0.486 eV，能隙差为 6.168 eV；形成配合物后配合物的 HOMO 能级为 -11.243 eV，LUMO 能级为 -7.420 eV，能隙差为 3.823 eV。煤分子的前沿轨道 HOMO 的能级较高，易失去电子，容易被氧化，而形成的配合物占据轨道 HOMO 的能级较低，不易失去电子，被氧化的倾向较低，煤分子、配合物及 Ca^{2+} 能量表见表 5 - 58。

表 5 - 58　煤分子、配合物及 Ca^{2+} 能量表　　　　　　a. u.

名　　称	E	ZPE	$E + ZPE$
煤分子	-613.49814941	0.136292	-613.361857
配合物	-2517.67283928	0.413781	-2517.259058
Ca^{2+}	-676.905759409	0	-676.905759

　　配合物的稳定化能为正值时表明配合物的结构稳定，其值越大表明稳定性越高。由式（5 - 1）计算，煤分子与 Ca^{2+} 形成的三配体的稳定化能约为 702.92 kJ/mol，说明形成的三配体化合物的化学稳定性较高。

　　3. 自然键轨道分析

　　配合物中部分电子供体轨道 i 和电子受体轨道 j，以及由二级微扰理论得到的它们之间的二阶稳定化相互作用能 E（2）。E（2）越大，表示 i 和 j 的相互作用越强，即 i 提供电子给 j 的倾向越大，电子的离域化程度越大。计算得到形成的配合物的 6 - 311G 自然键轨道分析部分结果见表 5 - 59。

表 5 - 59　配合物的 6 - 311G 自然键轨道分析部分结果

电子供体	电子受体	二阶稳定化相互作用能	电子供体	电子受体	二阶稳定化相互作用能
LP(1)P50	LP*(1)Ca49	24.15	LP(1)P50	RY*(4)Ca49	0.56
LP(1)P50	RY*(1)Ca49	0.59	LP(1)P50	RY*(6)Ca49	0.30
LP(1)P50	RY*(2)Ca49	0.23	LP(1)P50	RY*(7)Ca49	0.49

表 5 - 59（续）

电子供体	电子受体	二阶稳定化相互作用能	电子供体	电子受体	二阶稳定化相互作用能
LP(1)P50	RY*(8)Ca49	2.17	LP(1)P51	RY*(7)Ca49	0.46
LP(1)P50	RY*(9)Ca49	0.18	LP(1)P51	RY*(8)Ca49	1.52
LP(1)P50	RY*(10)Ca49	0.24	LP(1)P51	RY*(10)Ca49	0.16
LP(1)P50	RY*(11)Ca49	2.06	LP(1)P51	RY*(11)Ca49	1.70
LP(1)P50	RY*(12)Ca49	1.15	LP(1)P51	RY*(12)Ca49	1.00
LP(1)P50	RY*(13)Ca49	1.73	LP(1)P51	RY*(13)Ca49	1.47
LP(1)P50	RY*(14)Ca49	2.18	LP(1)P51	RY*(14)Ca49	1.67
LP(1)P50	RY*(15)Ca49	0.07	LP(1)P51	RY*(15)Ca49	0.09
LP(1)P50	RY*(17)Ca49	2.59	LP(1)P51	RY*(17)Ca49	2.01
LP(1)P50	RY*(24)Ca49	1.41	LP(1)P51	RY*(24)Ca49	1.10
LP(1)P52	LP*(1)Ca49	20.18	LP*(1)Ca49	RY*(1)P50	2.22
LP(1)P52	RY*(2)Ca49	0.88	LP*(1)Ca49	RY*(2)P50	0.48
LP(1)P52	RY*(4)Ca49	0.51	LP*(1)Ca49	RY*(7)P50	0.05
LP(1)P52	RY*(5)Ca49	0.09	LP*(1)Ca49	RY*(10)P50	0.10
LP(1)P52	RY*(8)Ca49	2.16	LP*(1)Ca49	RY*(1)P52	0.92
LP(1)P52	RY*(9)Ca49	0.12	LP*(1)Ca49	RY*(2)P52	0.24
LP(1)P52	RY*(10)Ca49	0.42	LP*(1)Ca49	RY*(3)P52	0.09
LP(1)P52	RY*(11)Ca49	1.39	LP*(1)Ca49	RY*(4)P52	0.07
LP(1)P52	RY*(12)Ca49	0.96	LP*(1)Ca49	RY*(5)P52	0.10
LP(1)P52	RY*(13)Ca49	1.35	LP*(1)Ca49	RY*(7)P52	0.10
LP(1)P52	RY*(14)Ca49	1.62	LP*(1)Ca49	RY*(1)P51	0.89
LP(1)P52	RY*(15)Ca49	0.10	LP*(1)Ca49	RY*(5)P51	0.18
LP(1)P52	RY*(17)Ca49	2.05	LP*(1)Ca49	RY*(12)P51	0.06
LP(1)P51	RY*(2)Ca49	0.21	LP(1)P52	RY*(24)Ca49	1.12
LP(1)P51	RY*(4)Ca49	0.49	LP(1)P51	LP*(1)Ca49	19.67
LP(1)P51	RY*(6)Ca49	0.18	LP(1)P51	RY*(1)Ca49	0.60

由表 5 - 59 可知，3 个配体上的 P 原子的孤对电子都与金属 Ca^{2+} 有较强的相互作用，其中配体上的 P（50）原子的孤对电子与 Ca^{2+} 的孤对电子的二阶稳定化相互作用能为 101.11 kJ/mol，P（51）原子的孤对电子与 Ca^{2+} 的孤对电子的二阶稳定化相互作用能为 82.35 kJ/mol，P（52）原子的孤对电子与 Ca^{2+} 的孤对

电子的二阶稳定化相互作用能为 84.49 kJ/mol，说明 P 原子的孤对电子向金属 Ca^{2+} 转移的倾向较大，二者存在较强的相互作用。同时 P(50)、P(51)、P(52) 原子上的孤对电子与 Ca^{2+} 的价外层空轨道也存在类似的相互作用，P(50) 的孤对电子与 Ca^{2+} 的第八个价外层空轨道的相互作用为 9.09 kJ/mol，P(51) 的孤对电子与 Ca^{2+} 的第八个价外层空轨道的相互作用为 6.36 kJ/mol，P(52) 的孤对电子与 Ca^{2+} 的第八个价外层空轨道的相互作用为 9.04 kJ/mol，都有较大的二阶稳定化相互作用能，说明了配体与金属之间发生了较强的配位作用。

4. 净电荷布居及电荷转移

分子中原子的电荷布居亲核与亲电反应的活性部分及原子间的相互作用密切相关。根据自然键轨道分析（NBO），配合物的静电荷布居及自然电子组态见表 5-60。

表 5-60　配合物的静电荷布居及自然电子组态

原子序号	原子种类	原子电荷	核 外 电 子 排 布
1	H	0.07816	1s (0.92)
2	H	0.08022	1s (0.92)
3	C	-0.55110	[core] 2s (1.09) 2p (3.45) 3p (0.01)
4	H	0.22975	1s (0.77)
5	H	0.22836	1s (0.77)
6	C	-0.08230	[core] 2s (0.87) 2p (3.20) 3p (0.01)
7	C	-0.20344	[core] 2s (0.94) 2p (3.25) 3p (0.01)
8	C	-0.20260	[core] 2s (0.94) 2p (3.25) 3p (0.01)
9	C	-0.17609	[core] 2s (0.95) 2p (3.21) 3p (0.01)
10	H	0.20162	1s (0.80)
11	C	-0.17506	[core] 2s (0.95) 2p (3.21) 3p (0.01)
12	H	0.20282	1s (0.79)
13	C	-0.16999	[core] 2s (0.96) 2p (3.20) 3p (0.01)
14	H	0.22040	1s (0.78)
15	H	0.22107	1s (0.78)
16	H	0.22308	1s (0.78)
17	C	-0.04816	[core] 2s (0.88) 2p (3.16) 3p (0.01)
18	C	-0.37152	[core] 2s (0.95) 2p (3.40) 3s (0.01) 3p (0.02)
19	C	-0.19548	[core] 2s (0.95) 2p (3.24) 3p (0.01)

表 5 - 60 （续）

原子序号	原子种类	原子电荷	核 外 电 子 排 布
20	C	- 0.21096	［core］2s（0.95）2p（3.24）3p（0.01）
21	H	0.22825	1s（0.77）
22	C	- 0.15069	［core］2s（0.96）2p（3.18）3p（0.01）
23	H	0.23168	1s（0.77）
24	C	- 0.19253	［core］2s（0.96）2p（3.22）3p（0.01）
25	H	0.23102	1s（0.77）
26	H	0.23557	1s（0.76）
27	H	0.23447	1s（0.76）
28	C	- 0.05600	［core］2s（0.88）2p（3.16）3p（0.01）
29	C	- 0.36537	［core］2s（0.95）2p（3.39）3s（0.01）3p（0.01）
30	C	- 0.19879	［core］2s（0.95）2p（3.24）3p（0.01）
31	C	- 0.20961	［core］2s（0.95）2p（3.24）3p（0.01）
32	H	0.22812	1s（0.77）
33	C	- 0.15050	［core］2s（0.96）2p（3.18）3p（0.01）
34	H	0.23207	1s（0.77）
35	C	- 0.19090	［core］2s（0.96）2p（3.22）3p（0.01）
36	H	0.23129	1s（0.77）
37	H	0.23594	1s（0.76）
38	H	0.23541	1s（0.76）
39	C	- 0.59618	［core］2s（1.10）2p（3.49）3p（0.01）
40	H	0.25224	1s（0.75）
41	H	0.24915	1s（0.75）
42	C	- 0.59502	［core］2s（1.10）2p（3.49）3p（0.01）
43	H	0.25346	1s（0.74）
44	H	0.24899	1s（0.75）
45	H	0.09090	1s（0.91）
46	H	0.08087	1s（0.92）
47	H	0.08241	1s（0.92）
48	H	0.09304	1s（0.91）
49	Ca	1.69886	［core］4s（0.27）3d（0.01）5p（0.02）

表 5 - 60 （续）

原子序号	原子种类	原子电荷	核 外 电 子 排 布
50	P	- 0. 02841	［core］3s （1. 52） 3p （3. 49） 4s （0. 01） 4p （0. 01）
51	P	0. 02819	［core］3s （1. 53） 3p （3. 43） 4s （0. 01） 4p （0. 01）
52	P	0. 03330	［core］3s （1. 53） 3p （3. 42） 4s （0. 01） 4p （0. 01）

由表 5 - 60 可知，正电荷主要集中在 Ca 原子上，其所带电荷为 + 1. 69886，其余正电荷集中在 H 原子及 P （51）、P （52） 原子上，其中苯环 H 原子所带正电荷处于平均化且所带电荷较大，为 + 0. 22 左右，而基团 – PH$_2$ 中 H 原子所带正电荷较小，如 H （1） 为 + 0. 07816、H （2） 为 + 0. 08022、H （45） 为 + 0. 09090、H （46） 为 + 0. 08087、H （47） 为 + 0. 08241、H （48） 为 + 0. 09304。负电荷则主要集中在与 P 原子相连的 C 原子及苯环 C 原子上，其中 C （3） 为 - 0. 55110、C （39） 为 - 0. 59618、C （42） 为 - 0. 59502，苯环 C 原子所带负电荷比较均匀，为 - 0. 17 ~ - 0. 20，Ca^{2+} 在配合物中的价态应为 + 2 价，但实际仅为 + 1. 69886 价。这主要是由于金属 Ca^{2+} 的 4s、3d、5p 轨道从配体得到部分反馈电子，其中 4s 轨道得到大约 0. 27 个电子，3d 轨道得到 0. 01 个电子，5p 轨道得到 0. 02 个电子；P 原子的 3p 轨道也得到了部分电子，其中 P （50）原子的 3p 轨道得到 0. 34 个电子，P （51） 原子的 3p 轨道得到 0. 28 个电子，P （52） 原子的 3p 轨道得到 0. 27 个电子，因此 P 原子与 Ca 原子类似均大大偏离其表观电荷，表明在 Ca^{2+} 与配体中的 P 原子在形成了配位键的同时也形成了部分明显的共价键。

5. 1. 4. 3　Ca^{2+} 与含 P 活性基团形成四配体

1. 配合物的几何结构

煤表面含 P 活性基团 Ca^{2+} 形成四配体时，优化后的配合物的几何平衡构型及原子编号如图 5 - 60 所示。

从图 5 - 60 中可以看出，Ca^{2+} 与煤分子结构模型侧链上的 P 原子形成了配位键。Ca^{2+} 与 P 原子形成的配位键的键长分别为，Ca （69）—P （65） 键长 0. 314212 nm、Ca （69）—P （66） 键长 0. 311855 nm、Ca （69） —P （67） 键长 0. 310176 nm、Ca （69） —P （68） 键长 0. 313570 nm。形成的键角分别为，P（65）—Ca（69）—P（66） 键角 166. 24664°、P（65）—Ca（69）—P（67） 键角 94. 05293°、P（65）—Ca（69）—P（68） 键角 87. 27291°、P（66）—Ca（69）—P（67） 键角 95. 22048°、P（66）—Ca（69）—P（68） 键角 102. 92529°、P（67）—Ca（69）—

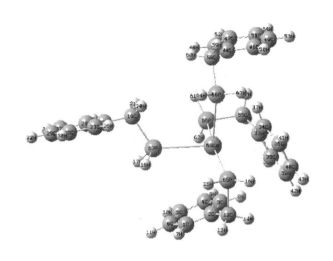

图 5 - 60　经优化后的配合物的化学结构

P(68)键角 89.52554°。

　　对几何优化后的构型进行振动频率计算，计算所得频率均为正值，表明所得构型为势能面上的鞍点，结构较稳定。配位结构可用几何平衡构型的键长、键角及二面角表示，见表 5 - 61 至表 5 - 63。

表 5 - 61　配　位　结　构　键　长　　　　　　　　Å

原子关系	键　长	原子关系	键　长	原子关系	键　长
R(1, 2)	1.4026	R(12, 65)	1.9334	R(25, 29)	1.3977
R(1, 6)	1.3999	R(15, 65)	1.4354	R(25, 30)	1.081
R(1, 7)	1.082	R(16, 65)	1.4337	R(27, 29)	1.3977
R(2, 3)	1.4142	R(17, 67)	1.433	R(27, 31)	1.081
R(2, 12)	1.5088	R(18, 67)	1.4341	R(29, 32)	1.0807
R(3, 4)	1.4043	R(19, 20)	1.0896	R(33, 34)	1.4145
R(3, 8)	1.0872	R(19, 21)	1.0895	R(33, 35)	1.4029
R(3, 69)	2.9446	R(19, 22)	1.5045	R(33, 55)	1.5088
R(4, 5)	1.3996	R(19, 67)	1.9392	R(34, 36)	1.4043
R(4, 9)	1.0823	R(22, 23)	1.4041	R(34, 37)	1.087
R(5, 6)	1.3977	R(22, 24)	1.4041	R(34, 69)	2.9656
R(5, 10)	1.0805	R(23, 25)	1.3957	R(35, 38)	1.4003
R(6, 11)	1.081	R(23, 26)	1.0838	R(35, 39)	1.0821
R(12, 13)	1.0862	R(24, 27)	1.3958	R(36, 40)	1.4003
R(12, 14)	1.0885	R(24, 28)	1.0838	R(36, 41)	1.0826

表 5-61（续）　　　　　　　　　　　　Å

原子关系	键　长	原子关系	键　长	原子关系	键　长
R(38, 40)	1.3983	R(47, 51)	1.3983	R(58, 68)	1.9325
R(38, 42)	1.081	R(47, 52)	1.0818	R(61, 66)	1.4318
R(40, 43)	1.0807	R(49, 51)	1.3992	R(62, 66)	1.4351
R(44, 45)	1.4044	R(49, 53)	1.081	R(63, 68)	1.4365
R(44, 46)	1.4062	R(51, 54)	1.0809	R(64, 68)	1.4381
R(44, 58)	1.508	R(55, 56)	1.0862	R(65, 69)	3.1421
R(45, 47)	1.3989	R(55, 57)	1.0889	R(66, 69)	3.1185
R(45, 48)	1.0834	R(55, 66)	1.9327	R(67, 69)	3.1018
R(46, 49)	1.3968	R(58, 59)	1.088	R(68, 69)	3.1357
R(46, 50)	1.0835	R(58, 60)	1.0882		

表 5-62　配 位 结 构 键 角　　　　　　　（°）

原子关系	键　角	原子关系	键　角	原子关系	键　角
A(2, 1, 6)	120.779	A(1, 6, 11)	119.5553	A(25, 23, 26)	119.4998
A(2, 1, 7)	119.6411	A(5, 6, 11)	119.9176	A(22, 24, 27)	120.4834
A(6, 1, 7)	119.5367	A(2, 12, 13)	112.2427	A(22, 24, 28)	119.9949
A(1, 2, 3)	118.4642	A(2, 12, 14)	111.4816	A(27, 24, 28)	119.5139
A(1, 2, 12)	121.2727	A(2, 12, 65)	109.057	A(23, 25, 29)	120.0899
A(3, 2, 12)	120.2631	A(13, 12, 14)	108.094	A(23, 25, 30)	119.8594
A(2, 3, 4)	120.5785	A(13, 12, 65)	109.3066	A(29, 25, 30)	120.0473
A(2, 3, 8)	119.4142	A(14, 12, 65)	106.4784	A(24, 27, 29)	120.0905
A(2, 3, 69)	97.3216	A(20, 19, 21)	108.0445	A(24, 27, 31)	119.8589
A(4, 3, 8)	119.2563	A(20, 19, 22)	111.7051	A(29, 27, 31)	120.0471
A(4, 3, 69)	96.6976	A(20, 19, 67)	105.5294	A(25, 29, 27)	119.8454
A(8, 3, 69)	84.4448	A(21, 19, 22)	111.8043	A(25, 29, 32)	120.0729
A(3, 4, 5)	120.1688	A(21, 19, 67)	105.4638	A(27, 29, 32)	120.0789
A(3, 4, 9)	119.7275	A(22, 19, 67)	113.8317	A(34, 33, 35)	118.455
A(5, 4, 9)	119.9769	A(19, 22, 23)	120.4895	A(34, 33, 55)	119.9927
A(4, 5, 6)	119.4869	A(19, 22, 24)	120.5052	A(35, 33, 55)	121.5472
A(4, 5, 10)	120.2547	A(23, 22, 24)	119.0038	A(33, 34, 36)	120.6602
A(6, 5, 10)	120.2001	A(22, 23, 25)	120.4865	A(33, 34, 37)	119.0114
A(1, 6, 5)	120.5099	A(22, 23, 26)	120.0057	A(33, 34, 69)	97.1651

表 5-62（续） （°）

原子关系	键角	原子关系	键角	原子关系	键角
A(36, 34, 37)	119.5253	A(46, 49, 53)	119.8113	A(62, 66, 69)	119.7877
A(36, 34, 69)	97.5386	A(51, 49, 53)	120.0085	A(17, 67, 18)	97.0868
A(37, 34, 69)	84.023	A(47, 51, 49)	119.6824	A(17, 67, 19)	100.1947
A(33, 35, 38)	120.7631	A(47, 51, 54)	120.1954	A(17, 67, 69)	115.8444
A(33, 35, 39)	119.666	A(49, 51, 54)	120.0887	A(18, 67, 19)	100.1386
A(38, 35, 39)	119.5179	A(33, 55, 56)	112.1569	A(18, 67, 69)	116.4949
A(34, 36, 40)	120.0849	A(33, 55, 57)	111.3255	A(19, 67, 69)	122.7652
A(34, 36, 41)	119.8688	A(33, 55, 66)	109.5755	A(58, 68, 63)	100.1876
A(40, 36, 41)	119.9163	A(56, 55, 57)	108.3328	A(58, 68, 64)	101.023
A(35, 38, 40)	120.4986	A(56, 55, 66)	109.2727	A(58, 68, 69)	126.3604
A(35, 38, 42)	119.5656	A(57, 55, 66)	105.9705	A(63, 68, 64)	96.5785
A(40, 38, 42)	119.9183	A(44, 58, 59)	112.0235	A(63, 68, 69)	111.7751
A(36, 40, 38)	119.5301	A(44, 58, 60)	111.3488	A(64, 68, 69)	116.003
A(36, 40, 43)	120.2324	A(44, 58, 68)	112.3606	A(3, 69, 34)	94.9772
A(38, 40, 43)	120.1686	A(59, 58, 60)	108.0105	A(3, 69, 65)	69.7926
A(45, 44, 46)	118.691	A(59, 58, 68)	106.4732	A(3, 69, 66)	98.8395
A(45, 44, 58)	120.4599	A(60, 58, 68)	106.2923	A(3, 69, 67)	97.8723
A(46, 44, 58)	120.7968	A(12, 65, 15)	101.0964	A(3, 69, 68)	156.2631
A(44, 45, 47)	120.6739	A(12, 65, 16)	102.475	A(34, 69, 65)	102.9972
A(44, 45, 48)	119.5984	A(12, 65, 69)	97.6821	A(34, 69, 66)	69.4646
A(47, 45, 48)	119.6429	A(15, 65, 16)	97.7257	A(34, 69, 67)	161.404
A(44, 46, 49)	120.6747	A(15, 65, 69)	117.3547	A(34, 69, 68)	83.9949
A(44, 46, 50)	119.9489	A(16, 65, 69)	134.9706	A(65, 69, 66)	166.2466
A(49, 46, 50)	119.3225	A(55, 66, 61)	102.4563	A(65, 69, 67)	94.0529
A(45, 47, 51)	120.1217	A(55, 66, 62)	101.7151	A(65, 69, 68)	87.2729
A(45, 47, 52)	119.8484	A(55, 66, 69)	98.5982	A(66, 69, 67)	95.2205
A(51, 47, 52)	119.9889	A(61, 66, 62)	97.9109	A(66, 69, 68)	102.9253
A(46, 49, 51)	120.1537	A(61, 66, 69)	131.5378	A(67, 69, 68)	89.5256

表 5-63　配位结构二面角 （°）

原子关系	二面角	原子关系	二面角	原子关系	二面角
D(6, 1, 2, 3)	0.6348	D(7, 1, 2, 12)	-1.8407	D(7, 1, 6, 5)	-178.083
D(6, 1, 2, 12)	-179.4375	D(2, 1, 6, 5)	-0.4837	D(7, 1, 6, 11)	0.4078
D(7, 1, 2, 3)	178.2316	D(2, 1, 6, 11)	178.0071	D(1, 2, 3, 4)	-1.0164

表 5 - 63 （续） （°）

原子关系	二面角	原子关系	二面角	原子关系	二面角
D(1, 2, 3, 8)	-171.0171	D(3, 4, 5, 6)	-1.0723	D(19, 22, 23, 25)	179.7218
D(1, 2, 3, 69)	101.2527	D(3, 4, 5, 10)	-178.3013	D(19, 22, 23, 26)	0.752
D(12, 2, 3, 4)	179.0552	D(9, 4, 5, 6)	174.8231	D(24, 22, 23, 25)	0.1515
D(12, 2, 3, 8)	9.0545	D(9, 4, 5, 10)	-2.4058	D(24, 22, 23, 26)	-178.8183
D(12, 2, 3, 69)	-78.6757	D(4, 5, 6, 1)	0.6927	D(19, 22, 24, 27)	-179.7184
D(1, 2, 12, 13)	20.7871	D(4, 5, 6, 11)	-177.7927	D(19, 22, 24, 28)	-0.7397
D(1, 2, 12, 14)	142.2225	D(10, 5, 6, 1)	177.9232	D(23, 22, 24, 27)	-0.1482
D(1, 2, 12, 65)	-100.4905	D(10, 5, 6, 11)	-0.5622	D(23, 22, 24, 28)	178.8305
D(3, 2, 12, 13)	-159.2865	D(2, 12, 65, 15)	95.6889	D(22, 23, 25, 29)	0.0272
D(3, 2, 12, 14)	-37.8511	D(2, 12, 65, 16)	-163.726	D(22, 23, 25, 30)	-179.2934
D(3, 2, 12, 65)	79.4359	D(2, 12, 65, 69)	-24.2414	D(26, 23, 25, 29)	179.0022
D(2, 3, 4, 5)	1.2487	D(13, 12, 65, 15)	-27.3602	D(26, 23, 25, 30)	-0.3184
D(2, 3, 4, 9)	-174.657	D(13, 12, 65, 16)	73.2248	D(22, 24, 27, 29)	-0.0339
D(8, 3, 4, 5)	171.265	D(13, 12, 65, 69)	-147.2906	D(22, 24, 27, 31)	179.2894
D(8, 3, 4, 9)	-4.6407	D(14, 12, 65, 15)	-143.8992	D(28, 24, 27, 29)	-179.0174
D(69, 3, 4, 5)	-101.3681	D(14, 12, 65, 16)	-43.3142	D(28, 24, 27, 31)	0.3059
D(69, 3, 4, 9)	82.7262	D(14, 12, 65, 69)	96.1704	D(23, 25, 29, 27)	-0.211
D(2, 3, 69, 34)	135.4821	D(20, 19, 22, 23)	-29.2131	D(23, 25, 29, 32)	-179.6023
D(2, 3, 69, 65)	33.4473	D(20, 19, 22, 24)	150.3507	D(30, 25, 29, 27)	179.1083
D(2, 3, 69, 66)	-154.5657	D(21, 19, 22, 23)	-150.4332	D(30, 25, 29, 32)	-0.283
D(2, 3, 69, 67)	-57.9931	D(21, 19, 22, 24)	29.1306	D(24, 27, 29, 25)	0.2143
D(2, 3, 69, 68)	49.0846	D(67, 19, 22, 23)	90.1833	D(24, 27, 29, 32)	179.6056
D(4, 3, 69, 34)	-102.4101	D(67, 19, 22, 24)	-90.2529	D(31, 27, 29, 25)	-179.1077
D(4, 3, 69, 65)	155.5551	D(20, 19, 67, 17)	172.808	D(31, 27, 29, 32)	0.2836
D(4, 3, 69, 66)	-32.4579	D(20, 19, 67, 18)	73.6303	D(35, 33, 34, 36)	0.7805
D(4, 3, 69, 67)	64.1147	D(20, 19, 67, 69)	-57.2161	D(35, 33, 34, 37)	170.4698
D(4, 3, 69, 68)	171.1923	D(21, 19, 67, 17)	-72.9594	D(35, 33, 34, 69)	-102.413
D(8, 3, 69, 34)	16.4698	D(21, 19, 67, 18)	-172.1372	D(55, 33, 34, 36)	-178.4124
D(8, 3, 69, 65)	-85.565	D(21, 19, 67, 69)	57.0164	D(55, 33, 34, 37)	-8.7231
D(8, 3, 69, 66)	86.4221	D(22, 19, 67, 17)	49.9635	D(55, 33, 34, 69)	78.3941
D(8, 3, 69, 67)	-177.0054	D(22, 19, 67, 18)	-49.2143	D(34, 33, 35, 38)	-0.7148
D(8, 3, 69, 68)	-69.9277	D(22, 19, 67, 69)	-180.0607	D(34, 33, 35, 39)	-178.0551

原子关系	二面角	原子关系	二面角	原子关系	二面角
D(55, 33, 35, 38)	178.465	D(39, 35, 38, 42)	－0.4645	D(45, 47, 51, 54)	－178.4125
D(55, 33, 35, 39)	1.1247	D(34, 36, 40, 38)	0.7275	D(52, 47, 51, 49)	177.1513
D(34, 33, 55, 56)	161.2113	D(34, 36, 40, 43)	177.715	D(52, 47, 51, 54)	－0.7442
D(34, 33, 55, 57)	39.6404	D(41, 36, 40, 38)	－175.1242	D(46, 49, 51, 47)	0.1099
D(34, 33, 55, 66)	－77.2516	D(41, 36, 40, 43)	1.8633	D(46, 49, 51, 54)	178.0077
D(35, 33, 55, 56)	－17.9561	D(35, 38, 40, 36)	－0.6642	D(53, 49, 51, 47)	－178.0159
D(35, 33, 55, 57)	－139.5269	D(35, 38, 40, 43)	－177.6537	D(53, 49, 51, 54)	－0.1182
D(35, 33, 55, 66)	103.581	D(42, 38, 40, 36)	177.8078	D(33, 55, 66, 61)	158.1692
D(33, 34, 36, 40)	－0.7968	D(42, 38, 40, 43)	0.8183	D(33, 55, 66, 62)	－100.8923
D(33, 34, 36, 41)	175.0569	D(46, 44, 45, 47)	－0.1965	D(33, 55, 66, 69)	22.0966
D(37, 34, 36, 40)	－170.4336	D(46, 44, 45, 48)	－176.8347	D(56, 55, 66, 61)	－78.5745
D(37, 34, 36, 41)	5.4201	D(58, 44, 45, 47)	177.1951	D(56, 55, 66, 62)	22.3639
D(69, 34, 36, 40)	102.1893	D(58, 44, 45, 48)	0.5569	D(56, 55, 66, 69)	145.3529
D(69, 34, 36, 41)	－81.957	D(45, 44, 46, 49)	－0.2131	D(57, 55, 66, 61)	37.9547
D(33, 34, 69, 3)	62.7387	D(45, 44, 46, 50)	177.0994	D(57, 55, 66, 62)	138.8932
D(33, 34, 69, 65)	133.121	D(58, 44, 46, 49)	－177.5956	D(57, 55, 66, 69)	－98.1179
D(33, 34, 69, 66)	－34.8519	D(58, 44, 46, 50)	－0.2831	D(44, 58, 68, 63)	77.1915
D(33, 34, 69, 67)	－70.8885	D(45, 44, 58, 59)	－131.4194	D(44, 58, 68, 64)	176.0268
D(33, 34, 69, 68)	－141.0871	D(45, 44, 58, 60)	－10.3412	D(44, 58, 68, 69)	－49.702
D(36, 34, 69, 3)	－59.6104	D(45, 44, 58, 68)	108.7686	D(59, 58, 68, 63)	－45.7972
D(36, 34, 69, 65)	10.7719	D(46, 44, 58, 59)	45.9168	D(59, 58, 68, 64)	53.038
D(36, 34, 69, 66)	－157.201	D(46, 44, 58, 60)	166.995	D(59, 58, 68, 69)	－172.6907
D(36, 34, 69, 67)	166.7624	D(46, 44, 58, 68)	－73.8952	D(60, 58, 68, 63)	－160.7798
D(36, 34, 69, 68)	96.5638	D(44, 45, 47, 51)	0.5636	D(60, 58, 68, 64)	－61.9445
D(37, 34, 69, 3)	－178.6862	D(44, 45, 47, 52)	－177.1081	D(60, 58, 68, 69)	72.3267
D(37, 34, 69, 65)	－108.3039	D(48, 45, 47, 51)	177.2003	D(12, 65, 69, 3)	－4.2079
D(37, 34, 69, 66)	83.7232	D(48, 45, 47, 52)	－0.4714	D(12, 65, 69, 34)	－94.7764
D(37, 34, 69, 67)	47.6866	D(44, 46, 49, 51)	0.2572	D(12, 65, 69, 66)	－39.6142
D(37, 34, 69, 68)	－22.512	D(44, 46, 49, 53)	178.3867	D(12, 65, 69, 67)	92.6977
D(33, 35, 38, 40)	0.6687	D(50, 46, 49, 51)	－177.0721	D(12, 65, 69, 68)	－177.9718
D(33, 35, 38, 42)	－177.8087	D(50, 46, 49, 53)	1.0575	D(15, 65, 69, 3)	－110.9723
D(39, 35, 38, 40)	178.0129	D(45, 47, 51, 49)	－0.5171	D(15, 65, 69, 34)	158.4592

表 5-63（续） (°)

原子关系	二面角	原子关系	二面角	原子关系	二面角
D(15, 65, 69, 66)	-146.3785	D(62, 66, 69, 3)	22.7653	D(19, 67, 69, 66)	-70.915
D(15, 65, 69, 67)	-14.0667	D(62, 66, 69, 34)	114.8001	D(19, 67, 69, 68)	32.021
D(15, 65, 69, 68)	75.2638	D(62, 66, 69, 65)	56.1491	D(58, 68, 69, 3)	162.9212
D(16, 65, 69, 3)	112.0779	D(62, 66, 69, 67)	-76.0586	D(58, 68, 69, 34)	74.2105
D(16, 65, 69, 34)	21.5094	D(62, 66, 69, 68)	-166.7712	D(58, 68, 69, 65)	177.5907
D(16, 65, 69, 66)	76.6716	D(17, 67, 69, 3)	-47.5437	D(58, 68, 69, 66)	6.9184
D(16, 65, 69, 67)	-151.0165	D(17, 67, 69, 34)	85.7394	D(58, 68, 69, 67)	-88.329
D(16, 65, 69, 68)	-61.686	D(17, 67, 69, 65)	-117.68	D(63, 68, 69, 3)	40.8755
D(55, 66, 69, 3)	-86.0893	D(17, 67, 69, 66)	52.1517	D(63, 68, 69, 34)	-47.8352
D(55, 66, 69, 34)	5.9454	D(17, 67, 69, 68)	155.0877	D(63, 68, 69, 65)	55.5449
D(55, 66, 69, 65)	-52.7055	D(18, 67, 69, 3)	65.6984	D(63, 68, 69, 66)	-115.1273
D(55, 66, 69, 67)	175.0868	D(18, 67, 69, 34)	-161.0185	D(63, 68, 69, 67)	149.6253
D(55, 66, 69, 68)	84.3742	D(18, 67, 69, 65)	-4.4379	D(64, 68, 69, 3)	-68.5221
D(61, 66, 69, 3)	158.7353	D(18, 67, 69, 66)	165.3938	D(64, 68, 69, 34)	-157.2328
D(61, 66, 69, 34)	-109.23	D(18, 67, 69, 68)	-91.6702	D(64, 68, 69, 65)	-53.8527
D(61, 66, 69, 65)	-167.8809	D(19, 67, 69, 3)	-170.6104	D(64, 68, 69, 66)	135.4751
D(61, 66, 69, 67)	59.9114	D(19, 67, 69, 34)	-37.3273	D(64, 68, 69, 67)	40.2276
D(61, 66, 69, 68)	-30.8012	D(19, 67, 69, 65)	119.2533		

2. 分子前沿轨道能量和稳定性分析

经 B3LYP/6-311G 优化的煤分子结构模型与形成配合物的 HOMO、HOMO$_{-1}$、LUMO、LUMO$_{+1}$ 轨道图如图 5-61 至图 5-64 所示。

从图 5-61 至图 5-64 可以看出，配合物的前沿占据分子轨道 HOMO 主要是由配体中的 P 原子及 Ca^{2+} 的原子轨道组成，因此分子轨道 HOMO 的电子云主要集中在形成的配位键附近；而在配合物的最低空轨道主要由 4 个配体的苯环 C 原子提供，P 原子的原子轨道的成分对 LUMO 轨道也有部分贡献，但贡献较少，因此其电子云主要分布在配体的苯环上。

物质的动力学稳定性与前沿轨道的能量差 $E_{LUMO-HOMO}$ 及 HOMO 轨道能量的绝对值密切相关。通常情况下，前沿轨道的能量差越大，HOMO 轨道能量绝对值越大，意味着化合物的动力学稳定性越高。前沿轨道及其附近轨道的能级及能隙差 ΔE 见表 5-64。

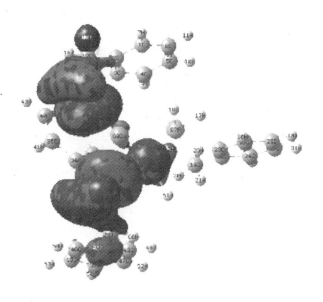

图 5-61　配合物最高占据轨道 HOMO 图

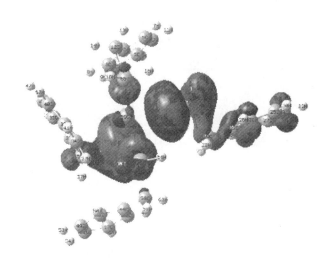

图 5-62　配合物最高占据轨道 HOMO$_{-1}$ 图

表 5-64　前沿轨道能级及能隙差　　　　　　　　　　　　　eV

名　称	E_{HOMO-1}	E_{HOMO}	E_{LUMO}	E_{LUMO+1}	ΔE
煤分子	-7.009	-6.654	-0.486	-0.290	6.168
配合物	-11.166	-11.011	-6.898	-6.831	4.113

　　由表 5-64 可知，在形成配合物前煤分子结构模型的 HOMO 能级为
-6.654 eV，LUMO 能级为 -0.486 eV，能隙差为 6.168 eV；形成配合物后配合

图 5 − 63　配合物最低空轨道 LUMO 图

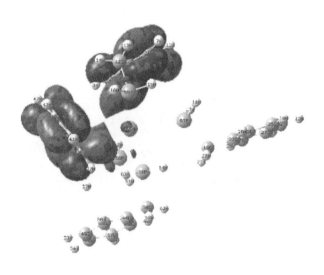

图 5 − 64　配合物最低空轨道 LUMO$_{+1}$ 图

物的 HOMO 能级为 −11.011 eV，LUMO 能级为 −6.898 eV，能隙差为 4.113 eV。煤分子的前沿轨道 HOMO 的能级较高，易失去电子，容易被氧化，而配合物占据轨道 HOMO 的能级急剧降低，不易失去电子，被氧化的倾向较低，且配合物的能隙差为 $E_{LUMO-HOMO} = 4.113$ eV，E_{HOMO} 为 −11.011 eV，说明配合物的动力学稳定性较高。

　　配合物的稳定化能为正值时表明配合物的结构稳定，其值越大表明稳定性越高。由式（5 − 1）计算，煤分子与 Ca^{2+} 形成的四配体的稳定化能约为 752.91 kJ/mol，说明形成的四配体化合物的化学稳定性较高。

表 5 - 65　煤分子、配合物及 Ca²⁺ 能量表　　　　　a. u.

名　称	E	ZPE	$E + ZPE$
煤分子	− 613.49814941	0.136292	− 613.361857
配合物	− 3131.20700669	0.551816	− 3130.655190
Ca²⁺	− 676.905759409	0	− 676.905759

3. 自然键轨道分析

配合物中部分电子供体轨道 i 和电子受体轨道 j，以及由二级微扰理论得到的它们之间的二阶稳定化相互作用能 E（2）。E（2）越大，表示 i 和 j 的相互作用越强，即 i 提供电子给 j 的倾向越大，电子的离域化程度越大。计算得到形成的配合物的 6 - 311G 自然键轨道分析部分结果见表 5 - 66。

表 5 - 66　配合物的 6 - 311G 自然轨道分析部分结果　　　　kJ/mol

电子供体	电子受体	二阶稳定化相互作用能	电子供体	电子受体	二阶稳定化相互作用能
LP(1)P65	LP*(1)Ca69	18.43	LP(1)P67	RY*(5)Ca69	0.12
LP(1)P65	RY*(1)Ca69	0.56	LP(1)P67	RY*(7)Ca69	0.63
LP(1)P65	RY*(2)Ca69	0.06	LP(1)P67	RY*(8)Ca69	0.80
LP(1)P65	RY*(3)Ca69	0.09	LP(1)P67	RY*(10)Ca69	0.99
LP(1)P65	RY*(4)Ca69	0.82	LP(1)P67	RY*(11)Ca69	2.01
LP(1)P65	RY*(8)Ca69	0.43	LP(1)P67	RY*(12)Ca69	0.97
LP(1)P65	RY*(10)Ca69	1.01	LP(1)P67	RY*(13)Ca69	1.22
LP(1)P65	RY*(11)Ca69	1.28	LP(1)P67	RY*(14)Ca69	0.49
LP(1)P65	RY*(12)Ca69	1.06	LP(1)P67	RY*(15)Ca69	0.24
LP(1)P65	RY*(13)Ca69	0.87	LP(1)P67	RY*(17)Ca69	1.94
LP(1)P65	RY*(14)Ca69	0.33	LP(1)P67	RY*(24)Ca69	1.06
LP(1)P65	RY*(15)Ca69	0.22	LP(1)P66	LP*(1)Ca69	19.37
LP(1)P65	RY*(17)Ca69	1.53	LP(1)P66	RY*(1)Ca69	0.25
LP(1)P65	RY*(24)Ca69	0.84	LP(1)P66	RY*(2)Ca69	0.46
LP(1)P67	LP*(1)Ca69	21.83	LP(1)P66	RY*(4)Ca69	0.65
LP(1)P67	RY*(1)Ca69	0.22	LP(1)P66	RY*(6)Ca69	0.19
LP(1)P67	RY*(2)Ca69	0.58	LP(1)P66	RY*(7)Ca69	0.51
LP(1)P67	RY*(3)Ca69	0.13	LP(1)P66	RY*(8)Ca69	0.10

表 5 - 66（续）   kJ/mol

电子供体	电子受体	二阶稳定化相互作用能	电子供体	电子受体	二阶稳定化相互作用能
LP(1)P66	RY*(9)Ca69	0.06	LP*(1)Ca69	RY*(1)P65	0.91
LP(1)P66	RY*(10)Ca69	0.69	LP*(1)Ca69	RY*(2)P65	0.07
LP(1)P66	RY*(11)Ca69	1.62	LP*(1)Ca69	RY*(4)P65	0.26
LP(1)P66	RY*(12)Ca69	0.93	LP*(1)Ca69	RY*(6)P65	0.20
LP(1)P66	RY*(13)Ca69	1.00	LP*(1)Ca69	RY*(12)P65	0.08
LP(1)P66	RY*(17)Ca69	1.62	LP*(1)Ca69	RY*(1)P67	2.01
LP(1)P66	RY*(24)Ca69	0.89	LP*(1)Ca69	RY*(2)P67	0.29
LP(1)P68	LP*(1)Ca69	19.50	LP*(1)Ca69	RY*(5)P67	0.06
LP(1)P68	RY*(1)Ca69	0.36	LP*(1)Ca69	RY*(6)P67	0.09
LP(1)P68	RY*(2)Ca69	0.20	LP*(1)Ca69	RY*(10)P67	0.11
LP(1)P68	RY*(3)Ca69	0.56	LP*(1)Ca69	RY*(1)P66	0.83
LP(1)P68	RY*(5)Ca69	0.10	LP*(1)Ca69	RY*(2)P66	0.17
LP(1)P68	RY*(7)Ca69	0.50	LP*(1)Ca69	RY*(4)P66	0.41
LP(1)P68	RY*(8)Ca69	0.40	LP*(1)Ca69	RY*(7)P66	0.09
LP(1)P68	RY*(9)Ca69	0.14	LP*(1)Ca69	RY*(12)P66	0.08
LP(1)P68	RY*(10)Ca69	0.77	LP*(1)Ca69	RY*(1)P68	0.17
LP(1)P68	RY*(11)Ca69	1.76	LP*(1)Ca69	RY*(2)P68	0.19
LP(1)P68	RY*(12)Ca69	1.01	LP*(1)Ca69	RY*(3)P68	1.16
LP(1)P68	RY*(13)Ca69	0.94	LP*(1)Ca69	RY*(4)P68	0.22
LP(1)P68	RY*(14)Ca69	0.46	LP*(1)Ca69	RY*(9)P68	0.07
LP(1)P68	RY*(15)Ca69	0.28	LP*(1)Ca69	RY*(12)P68	0.07
LP(1)P68	RY*(17)Ca69	1.71	LP(1)P66	RY*(14)Ca69	0.39
LP(1)P68	RY*(24)Ca69	0.94	LP(1)P66	RY*(15)Ca69	0.26

由表 5 - 66 可知，4 个配体上的 P 原子的孤对电子都与金属 Ca^{2+} 有较强的相互作用，其中配体上的 P(65)原子的孤对电子与 Ca^{2+} 的孤对电子的二阶稳定化相互作用能为 77.16 kJ/mol，P(66)原子的孤对电子与 Ca^{2+} 的孤对电子的二阶稳定化相互作用能为 81.10 kJ/mol，P(67)原子的孤对电子与 Ca^{2+} 的孤对电子的二阶稳定化相互作用能为 91.40 kJ/mol，P(68)原子的孤对电子与 Ca^{2+} 的孤对电子的二阶稳定化相互作用能为 81.64 kJ/mol，说明 P 原子的孤对电子向金属 Ca^{2+} 转

移的倾向较大，二者存在较强的相互作用。而且 $P(65)$、$P(66)$、$P(67)$、$P(68)$ 原子上的孤对电子与 Ca^{2+} 的价外层空轨道也存在类似的相互作用，如 $P(65)$ 原子的孤对电子与 Ca^{2+} 的第 10 个、第 11 个及第 12 个价外层空轨道的相互作用能分别为 4.23、5.36、4.44 kJ/mol，说明了配体与 Ca^{2+} 之间发生了较强的配位作用。

4. 净电荷布居及电荷转移

分子中原子的电荷布居亲核与亲电反应的活性部分及原子间的相互作用密切相关。根据自然键轨道分析（NBO），配合物的静电荷布居及自然电子组态见表 5-67。

表 5-67　配合物的静电荷布居及自然电子组态

原子序号	原子种类	原子电荷	核外电子排布
1	C	-0.19580	［core］2s（0.94）2p（3.24）3p（0.01）
2	C	-0.04288	［core］2s（0.88）2p（3.15）3p（0.01）
3	C	-0.36130	［core］2s（0.95）2p（3.39）3s（0.01）3p（0.01）
4	C	-0.20650	［core］2s（0.95）2p（3.24）3p（0.01）
5	C	-0.19207	［core］2s（0.95）2p（3.22）3p（0.01）
6	C	-0.15350	［core］2s（0.96）2p（3.18）3p（0.01）
7	H	0.22770	1s（0.77）
8	H	0.22816	1s（0.77）
9	H	0.22269	1s（0.78）
10	H	0.23063	1s（0.77）
11	H	0.23271	1s（0.77）
12	C	-0.59576	［core］2s（1.10）2p（3.49）3p（0.01）
13	H	0.24805	1s（0.75）
14	H	0.24305	1s（0.76）
15	H	0.06871	1s（0.93）
16	H	0.08092	1s（0.92）
17	H	0.07147	1s（0.93）
18	H	0.06839	1s（0.93）
19	C	-0.56697	［core］2s（1.09）2p（3.47）3p（0.01）
20	H	0.22411	1s（0.77）
21	H	0.22648	1s（0.77）

表 5 - 67 （续）

原子序号	原子种类	原子电荷	核 外 电 子 排 布
22	C	− 0. 07653	［core］2s（0.87）2p（3.20）3p（0.01）
23	C	− 0. 20557	［core］2s（0.94）2p（3.26）3p（0.01）
24	C	− 0. 20541	［core］2s（0.94）2p（3.26）3p（0.01）
25	C	− 0. 17670	［core］2s（0.95）2p（3.22）3p（0.01）
26	H	0. 20175	1s（0.80）
27	C	− 0. 17689	［core］2s（0.95）2p（3.22）3p（0.01）
28	H	0. 20165	1s（0.80）
29	C	− 0. 17510	［core］2s（0.95）2p（3.21）3p（0.01）
30	H	0. 21914	1s（0.78）
31	H	0. 21901	1s（0.78）
32	H	0. 22144	1s（0.78）
33	C	− 0. 04118	［core］2s（0.88）2p（3.15）3p（0.01）
34	C	− 0. 35553	［core］2s（0.95）2p（3.38）3s（0.01）3p（0.01）
35	C	− 0. 19935	［core］2s（0.94）2p（3.24）3p（0.01）
36	C	− 0. 20612	［core］2s（0.95）2p（3.24）3p（0.01）
37	H	0. 23157	1s（0.76）
38	C	− 0. 15782	［core］2s（0.96）2p（3.19）3p（0.01）
39	H	0. 22784	1s（0.77）
40	C	− 0. 20098	［core］2s（0.96）2p（3.23）3p（0.01）
41	H	0. 22496	1s（0.77）
42	H	0. 23388	1s（0.77）
43	H	0. 23067	1s（0.77）
44	C	− 0. 06657	［core］2s（0.87）2p（3.18）3p（0.01）
45	C	− 0. 21761	［core］2s（0.94）2p（3.27）3p（0.01）
46	C	− 0. 21519	［core］2s（0.94）2p（3.26）3p（0.01）
47	C	− 0. 19907	［core］2s（0.95）2p（3.24）3p（0.01）
48	H	0. 20761	1s（0.79）
49	C	− 0. 17718	［core］2s（0.95）2p（3.21）3p（0.01）
50	H	0. 21216	1s（0.79）
51	C	− 0. 19146	［core］2s（0.95）2p（3.22）3p（0.01）
52	H	0. 22017	1s（0.78）
53	H	0. 22389	1s（0.78）

表 5 - 67 （续）

原子序号	原子种类	原子电荷	核 外 电 子 排 布
54	H	0.22444	1s (0.77)
55	C	- 0.60254	[core] 2s (1.10) 2p (3.50) 3p (0.01)
56	H	0.24566	1s (0.75)
57	H	0.25517	1s (0.74)
58	C	- 0.57295	[core] 2s (1.10) 2p (3.47) 3p (0.01)
59	H	0.24283	1s (0.75)
60	H	0.23105	1s (0.77)
61	H	0.07985	1s (0.92)
62	H	0.06718	1s (0.93)
63	H	0.06004	1s (0.94)
64	H	0.06470	1s (0.93)
65	P	0.04941	[core] 3s (1.53) 3p (3.40) 4s (0.01) 4p (0.01)
66	P	0.04915	[core] 3s (1.53) 3p (3.40) 4s (0.01) 4p (0.01)
67	P	0.00458	[core] 3s (1.52) 3p (3.45) 4p (0.01)
68	P	0.02385	[core] 3s (1.53) 3p (3.43) 4s (0.01) 4p (0.01)
69	Ca	1.68782	[core] 4s (0.27) 3d (0.01) 5p (0.03)

由表 5 - 67 可知，正电荷主要集中在 Ca 原子上，其所带电荷为 +1.68782，其余正电荷集中在 H 原子及 P 原子上，其中苯环 H 原子所带正电荷处于平均化且所带电荷较大，为 +0.22 左右，而基团—PH_2 中 H 原子所带正电荷较小，如 H（15）为 +0.06871、H（16）为 +0.08092、H（17）为 +0.07147、H（18）为 +0.06839、H（61）为 +0.07985、H（62）为 +0.06718、H（63）为 +0.06004、H（64）为 +0.06470。负电荷则主要集中在与 P 原子相连的 C 原子及苯环 C 原子上，其中，C（12）为 - 0.59576、C（19）为 - 0.56697、C（55）为 - 0.60254、C（58）为 - 0.57295。Ca^{2+} 在配合物中的价态应为 +2 价，但实际仅为 +1.68782 价，这主要是由于金属 Ca^{2+} 的 4s、3d 轨道从配体得到部分反馈电子，其中 4s 轨道得到大约 0.27 个电子，3d 轨道得到 0.01 个电子，表明在 Ca^{2+} 与配体中的 P 原子正在形成了配位键的同时也形成了比三配体中更为明显的共价键。

5.1.4.4 小结

（1）建立了煤与 Ca^{2+} 形成配合物的化学结构模型。应用量子化学 Gaussian03 软件程序包，采用密度泛函在 B3LYP/6 - 311G 水平上计算得到 Ca^{2+} 与煤分子含 P 活性基团形成二配体、三配体及四配体化合物的几何构型，得到了形成的配合物的几何构型参数，建立了煤与 Ca^{2+} 形成配合物的化学结构模型。

（2）煤中含 P 活性基团与 Ca^{2+} 形成的二配体化合物最稳定。通过形成配合物的稳定化能计算，得到煤活性基团与 Ca^{2+} 形成配位化合物时的稳定化能都较大，对比形成配合物的前沿轨道能隙差，表明 Ca^{2+} 与煤活性基团形成三配体化合物时的化学结构稳定性最高，其中 Ca^{2+} 与煤含 N 基团形成四配体的稳定化能（752.91 kJ/mol）大于 Ca^{2+} 与煤含 S 基团形成三配体的稳定化能（702.92 kJ/mol）大于 Ca^{2+} 与煤含 P 基团形成二配体的稳定化能（612.01 kJ/mol）；同时，Ca^{2+} 与煤含 P 基团形成二配体的能隙差（6.010 eV）大于 Ca^{2+} 与煤含 P 基团形成四配体的能隙差（4.113 eV）大于 Ca^{2+} 与煤含 P 基团形成三配体的能隙差（3.823 eV）。

（3）煤分子中的 P 原子的孤对电子与 Ca^{2+} 的孤对电子及价外层空轨道有较强的相互作用能，形成了较强的配位键。通过分析形成的配合物的自然键轨道结果，煤含 P 活性基团形成二配体、三配体及四配体时，配体上的 P 原子的孤对电子都与 Ca^{2+} 的孤对电子及价外层空轨道都有较强的相互作用，说明配体与金属之间发生了较强的配位作用，形成了较强的配位键。

（4）煤分子中的 P 原子转移到 Ca^{2+} 上形成了配位键。通过分析形成煤含 P 活性基团与 Ca^{2+} 配合物的净电荷布居及自然电子组态，金属 Ca^{2+} 的 4s、3d、5p 轨道从配体得到部分反馈电子，导致其偏离其表观电荷，表明 Ca^{2+} 与配体中的 P 原子形成了配位键。

5.2　新型阻化剂防火技术

根据煤的活性基团改性理论，辽宁工程技术大学研制了新型阻化剂 PCF 和 PCF-Ⅱ。这种产品呈灰白色粉末状，易潮解，具有安全、环保、长效、防腐蚀、用量少、阻化效果好、运输方便等特点。

产品的阻化机理：煤中加入阻化剂后，煤分子中易与氧发生反应的侧链基团与阻化剂中的物质形成配位化学键和配位体，当含有侧链基团的煤分子与阻化剂成分形成配合物时，总体系的能量降低，使煤的侧链基团不易被氧化，能够有效地防止煤炭自燃。

5.2.1　新型阻化剂 PCF 的喷洒技术

阻化剂喷洒系统由阻化液箱、阻化液输送管路、加压泵、喷头组成。将阻化剂配制成一定浓度的溶液，在采煤工作面的开采过程中，随着液压支架的前移，将阻化液喷入采空区遗煤。阻化液供液系统可和乳化液供液系统放在同一硐室（或在附近另掘一硐室），随采煤工作面的推进与供液系统同时移动。将新型阻化剂 PCF 加入清水中，按说明书配制成一定浓度溶液，充分搅拌即可进行喷洒。阻化液的喷洒工艺如图 5-65 至图 5-67 所示。

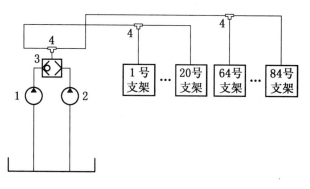

1—1 号泵；2—2 号泵；3—交替阀；4—三通阀

图 5-65　防火注液供液系统图

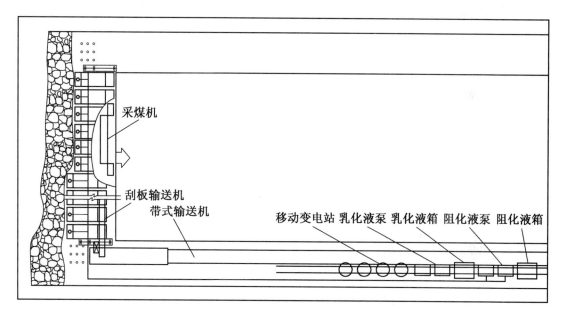

图 5-66　工作面喷洒阻化液安装示意图

5.2.1.1　喷洒新型阻化剂 PCF 需要的设备与材料

喷洒新型阻化剂 PCF 需要阻化液泵 2 台（1 台使用一台备用，可用乳化液泵代替），阻化液箱（可用乳化液泵箱代替），高压胶管，喷头，喷洒开关，电缆，开关等电气设备。

5.2.1.2　喷洒设备的安装

和安装乳化液供液系统相同，不同的地方是在工作面机头往上 20 台支架（机尾往下 20 台支架）的供液开关组上增加一组接阻化液管，喷头安装在尾梁间。阻化液喷洒设备与乳化液供液系统可安装在同一个硐室或安装在可移动的串车上。

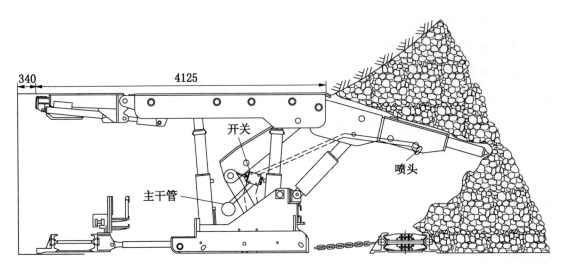

图 5 - 67　喷头安装示意图

5.2.1.3　安全措施

（1）修理、更换主供液管路时，应停泵，关闭主管路的截止阀，不得带压作业。

（2）更换阻化液管路时，高压管出口不准对人。

（3）各种销轴齐全，必须使用标准件，严禁用铁线代替 U 形销，U 形销不准单腿使用。

（4）启动阻化液泵前，应首先检查各部件有无损伤，各连接螺栓是否紧固，润滑油要适当，液位适当，各种保护齐全可靠，运转方向为正向。

（5）阻化液泵启动后，要注意监听泵的运转状态，如果有异常要立即停泵处理，严禁带故障运转，严禁反向运转。

（6）严禁随意调整安全阀的整定值。

（7）开泵前，必须向工作面发出开泵信号，5 s 后再启动，中途检修停泵后，开泵必须得到停泵人的允许后，才可以再开泵。

（8）加强供液系统的清洁卫生，泵箱定期清洗，严禁泵箱随意敞口。

（9）检修阻化液泵时，必须停电将开关的隔离手把扳至零位，并上锁。在检修泵头及泄压阀时，应在卸压状态的时候进行。

（10）入井的阻化剂必须放在清洁干燥的地方，本班使用后，剩余的阻化剂升井。

5.2.1.4　要求

（1）阻化液的配比及操作要严格按说明书要求执行，否则会降低阻化效果。

（2）喷洒中，见到采空区浮煤稍有积液时，停止喷洒。

（3）经常检查供液管路是否漏液，发现漏液及时处理。

（4）当割煤前，按说明书要求配置好阻化液，及时配液，严禁在喷洒过程中中断。

5.2.2 新型阻化剂 PCF－Ⅱ防火技术

由于 U 型通风系统存在向采空区内漏风的问题，从而为工作面采空区遗煤自燃留下隐患。根据多层采空区可能发生自燃特点分析，认为采取注阻化剂或雾化喷洒新型阻化剂防火是一种经济可行的办法。

（1）新型阻化剂对煤的阻化。在应用汽雾阻化防火技术时，阻化剂被配置成低浓度（4%）的阻化液，在漏风通道入口设置雾化器，将阻化剂变为阻化汽雾，阻化汽雾以漏风为载体，向采空区漂移，附着在漏风风流经过的煤体表面，在水与阻化液金属离子的共同作用下，起到阻化防火的作用。一般来说，漏风所到之处都是容易自然发火的地方，该技术的关键是科学地利用采空区漏风。

（2）汽雾阻化防火系统装备。本系统包括雾化泵站、管路系统及雾化部分，雾化泵站设有雾化泵、过滤器、储液箱、电器开关等，系统管路由高压管、高压球阀及接头组成，雾化部分由雾化器组成。

（3）汽雾阻化防火工艺。设立雾化点，即在工作面下端头（入风）设 2 处。

（4）雾化防火系统的安装。储液箱及喷雾泵设在运输巷串车处。喷雾泵出口接一趟 2 寸（66 mm）钢管到工作面端头，通过异径直通接 100 m 长、直径为 16 mm 的高压胶管与雾化器相连接，在 2 寸（66 mm）钢管头尾两端分别安设阀门。

（5）雾化防火系统的调试。当汽雾阻化防火系统安装完毕后，应进行调试，在开泵前，打开管路阀门，然后，启动喷雾泵，调节系统压力为 6～10 MPa。

（6）汽雾阻化防火作业流程。

①喷雾泵工作人员负责配置阻化液，将新型阻化剂 PCF－Ⅱ型放入储液箱内，然后按比例加水搅拌溶解，使其达到设计浓度。注意储液箱内不能过满，防止溶液溢出，并定期冲洗液箱，保证其正常工作。开泵前要通知其他人员躲避，将系统的所有阀门打开，然后开喷雾泵。

②管路维修人员负责对管路的日常维修，发现问题及时处理。

③液泵检修人员负责液泵的日常检修工作，泵内的润滑油要保持清洁，定期加油更换。

④喷雾器设专人检查其雾化情况，发生堵塞及时处理。

（7）注阻化剂防止煤柱自然发火。沿工作面巷道向区段煤柱打钻孔预注新型阻化剂 PCF-Ⅱ溶液浸润煤体，使煤体裂隙能够与空气接触的部分被阻化剂包裹，减少开采过程中采空区遗煤与氧气接触，降低氧化概率，从而达到防止煤炭氧化自燃的目的。

注阻化剂设备由泵（含压力泵、水箱、压力表、安全阀、溢流阀等），高压钢丝胶管，双功能高压水表，高压橡胶自动封孔器组成。

5.3 工作面氮气防火技术

氮气是一种无毒的不可燃气体，无腐蚀性，化学性质稳定。注氮防灭火技术就是将氮气送入拟处理区，使该区域内空气惰化，使氧气浓度小于煤氧化自燃的临界浓度，而防止煤氧化自燃。近距离煤层开采，在采用多层采空区流场局部动态平衡通风的同时，还要在回采工作面采用埋管注氮的方法防止本煤层采空区遗煤自燃，由于埋管注氮降低了采空区氧气浓度，从而使瓦斯失去爆炸性。

1. 在多层采空区下回采工作面实施氮气防火的必要性

（1）虽然工作面实行局部动态平衡通风，采空区的氧化带仍然存在，如果工作面碰上断层或夹矸层，推进度变慢，则采空区容易自然发火。

（2）采空区内存在浓度较高的瓦斯气体，一旦采空区遗煤发生自燃且瓦斯浓度在爆炸界限内，将有可能引起瓦斯爆炸，后果非常严重，注氮可以降低氧气浓度，当氧气浓度降到 12% 以下瓦斯失去爆炸性。

（3）由于工作面上部的采空区一氧化碳气体浓度较高，四周小煤窑的火区正向 307 盘区蔓延，因此通过注氮将工作面采空区的氧化带缩短，尽可能地惰化采空区，即使碰上上层采空区有异常情况，本层采空区也是安全的。

2. 氮气防火参数

氮气防火注氮纯度为大于 97.5%，采空区惰化指标为 7%，注氮流量由式（5-2）计算：

$$Q_N = 60knrjQ_0 \frac{C_1 - C_2}{C_n + C_2 - 1} \tag{5-2}$$

式中　Q_0——采空区氧化带内漏风量，按工作面风量的 1/60 取；

　　　C_1——采空区内氧化带平均氧含量，取 15%；

　　　C_2——采空区氧化带防火惰化指标，取 7%；

　　　C_n——注氮防火时氮气纯度，取 97%；

　　　k——输氮管路损失系数，取 1.1～1.2；

n——工作面推进度；

r——煤层自然发火期；

j——煤层赋存情况，单一煤层取 1、复合煤层及近距离煤层取 1.3。

3. 注氮方法

工作面注氮可采用连续注氮或间歇注氮。

工作面采用间歇注氮防火，其方法为平时不注氮，在工作面有发火征兆时开始注氮，一直注到发火征兆结束时停注，采用这种方法注氮防火，不仅防火有效，而且少注一天氮气，就可节省 3 千多元的电费。间歇注氮防火成败的关键是要制定合理的防火注氮时机，并严格按此注氮时机注氮。根据工作面的自然发火特点，制定以下防火注氮时机。

（1）当工作面上隅角出现一氧化碳，其含量向上递增，达到 60×10^{-6} 时，必须立即注氮防火。采空区埋设的束管一氧化碳浓度达到 1.0×10^{-4} 时也必须立即注氮防火。

（2）当工作面在回采过程未达到合理防火推进度时，必须及时注氮，一直注到工作面推进度大于或等于防火合理推进度时停氮。

（3）工作面测温地点的温度出现下列情况时必须立即注氮防火：①测温地点的温度高于进风流温度 5 ℃；②采空区浮煤温度高于 30 ℃。

4. 注氮工艺

根据工作面的条件，可以实施采空区埋管注氮或钻孔注氮。在工作面下隅角埋入 $\phi 108$ mm 钢管，钢管的出口加工成花管，便于钢管出口被堵时氮气从花管孔中流出，为了防止钢管出口进水，在埋设时需将埋管抬高 0.5 m。当采空区埋管进入氧化带时开始注氮，一直注到窒息带时停止，换成另一趟刚进入采空区氧化带的埋管注氮，每隔大约 35 m（可根据采空区三带位置而定）需埋管一趟。埋管注氮的优点是可靠性高，但是浪费管材。

钻孔注氮的工艺：在相邻巷道向采空区进风侧打钻，钻孔直径为 132 mm 套管直径为 108 mm，封孔 3～6 m，每隔 35 m（可根据采空区三带位置而定）向采空区打钻孔 1 个，当钻孔终孔进入采空区氧化带时开始注氮，一直注到钻孔进入采空区窒息带时换成刚进入采空区氧化带的钻孔注氮。这种方法的优点是能节省大量管材，但钻孔塌孔后需补钻孔。

5. 采空区测气措施

在采空区回风侧埋入 $\phi 13$ mm 塑料管，管内穿入束管单管，通过束管监测采空区气体，给工作面的防火提供依据。

5.4 工作面注浆防火技术

注浆技术是一项传统的、简单易行的、比较可靠的防灭火技术。注浆技术强调预防。

《煤矿安全规程》规定，开采容易自燃和自燃的煤层时，必须对采空区、突出和冒落孔洞等空隙采取预防性灌浆等防灭火措施。预防性灌浆就是将水、浆材按适当比例混合，配制成一定浓度的浆液，借助输浆管路输送到可能发生自燃的地区，用以防止煤炭自燃。

预防性灌浆是防止煤炭自燃使用最为广泛、效果最好的一种技术。在我国从20世纪50年代开始，煤矿主要的防灭火技术就是进行预防性灌浆，最初普遍采用的是黄泥注浆。由于黄泥注浆效果较好，成本较低，施工工艺比较简单，因此在煤矿得到了广泛的应用。但黄泥注浆存在的难以解决的问题是土源问题，此项技术应用时需消耗大量的黄土，长期使用大量的黄土必然会造成水土流失，环境破坏。为此，进入20世纪70年代，我国一些矿区又开发出利用页岩制浆技术，有力地解决了部分矿区缺土问题。有些矿区利用电厂的粉煤灰作为注浆材料进行防灭火注浆，经过多年的应用取得了丰富的经验。在开采厚煤层时，有些矿区使用水砂充填技术也取得了非常好的效果。

1. 预防性灌浆的主要作用

（1）浆液把残留的碎煤包裹起来，隔绝碎煤与空气接触，阻止了煤炭氧化。

（2）浆液充填采空区的空隙，增加了采空区的密实性，减少了漏风。

（3）浆液使已经自热的煤炭降温，使之冷却散热。

（4）浆液胶结后，有利于形成再生顶板，减少顶板事故。

（5）浆液能湿润煤炭和岩石，减少粉尘飞扬。

（6）浆液能降低工作面温度，工作面清爽凉快。

综上所述，预防性灌浆不仅是防灭火的有效措施，而且对煤矿的安全生产和文明作业都是有利的。

2. 预防性灌浆对浆材的要求

预防性灌浆效果的好坏主要取决于浆材的好坏、浆液的制备、输送浆液和灌注的方法及工艺等。对浆材有关要求如下：

（1）不含可燃及助燃性材料，尤其是固体材料中不能含有煤等可燃物。

（2）材料粒度直径合理。一般要求材料粒度直径不能大于 2 mm，粒径太大容易堵管，灌浆后防止煤炭自燃效果也不好。粒径小于 1 mm 的要占75%。

（3）浆材胶体混合物适中。一般要求胶体混合物达 25% ~ 30%。

（4）浆材中含砂量适中。一般要求达 25% ~ 30%。

（5）浆材相对密度为 2.4 ~ 2.8。

（6）浆材既容易脱水，又具有一定的稳定性。

（7）具有一定的可溶性，即固体浆材能与较少的水混合成浆液。

（8）浆材输送时顺畅，不易堵管。

选取固体浆材时，无论是选用何种材料，都应满足上述要求，同时还要考虑就地取材，降低成本。

3. 制浆方法

不同的浆材应采用不同的制浆方法。黄泥灌浆系统中泥浆的制备主要有水力取土自然成浆和人工或机械取土制浆。电厂粉煤灰灌浆系统中除包括与黄泥灌浆系统基本相同的系统外，还应包括将粉煤灰由电厂运至使用地点并储存起来的运输系统和充足的供水系统。

黄泥灌浆是我国传统的灌浆技术，一直沿用至今。其中的固体浆材为含砂量小于 30% 的砂质黏土，也就是地表的黄土。有时也用脱水性好的砂子和渗透性强的黏土混合物。黄泥灌浆浆液的制取的方法有两种：一种是水力取土自然成浆，一般适用于注浆量不大又能就地取材的矿井；另一种是人工或机械取土制浆，一般适用于注浆量较大难以就地取材的矿井。

1）水力取土自然成浆

利用高压水枪直接冲刷表土，自然制成浆液。如图 5 – 68 所示，制成浆液后，经泥浆沟流入灌浆钻孔至井下干管，然后到达采区向采空区灌浆。

这种制浆的方式的优点是设备简单，投资少，劳动强度低，效率高；缺点是水土比难以控制，浆液的质量不能得到保证，防火效果差。

2）人工或机械取土制浆

当矿井的灌浆量较大、土源较远或限于地形条件时，则可以采用人工或机械取土，集中制浆，建立集中灌浆站、泥浆搅拌池制备泥浆，如图 5 – 69 所示。

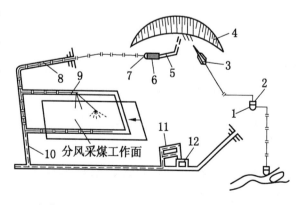

1—水池；2—供水泵房；3—水枪；4—采土场；5—泥浆沟；6—筛子；7—喇叭口；8—入浆干管；9—支管；10—水流；11—水仓；12—水泵房

图 5 – 68　水力取土自然输送的灌浆系统

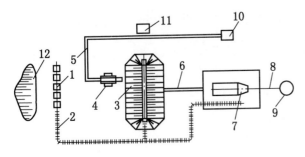

1—矿车；2—轨道；3—储土场及栈桥；4—水枪；

5—输水管；6—自流输浆沟；7—泥浆搅拌池；

8—自流输浆管；9—风井；10—水泵房；

11—绞车房；12—取土场

图 5－69　人工或机械取土集中灌浆站

机械取土制浆效率较高，泥浆产量大，特别是水土比容易控制，泥浆质量也有保证。

4. 浆液输送

浆液由地面输送到井下灌浆地点主要靠一系列输送管路，输送的方式大多使用地面灌浆站。浆液流经路线：灌浆站—副井—总回风巷—采区集中回风巷—工作面回风巷（上巷）—采空区。

井筒和大巷内的输浆干管一般用直径为 159 mm 的无缝钢管，进入采区后的支管采用直径为 108 mm 或 102 mm 的无缝钢管。干管与支管之间设有闸阀控制，而各支管与灌浆钻孔或工作面注浆管之间多用高压胶管直接相连。预防性灌浆一般是靠静压作动力，其静压力大小取决于注浆点至灌浆站的垂高、输送管路长度及管径大小。在现场常用输送倍线这一指标表示阻力与动力间的关系。倍线值就是从地面灌浆站至井下灌浆点的管线长度与垂高之比。倍线值过大时，则相对于管线阻力的压力不足，泥浆输送受阻，容易发生堵管现象；反之，倍线值过小时，则灌浆点出口压力过大，造成浆液在采空区内分布不均。合理的倍线值应控制在 5～6 之间为宜。

输浆倍线是指泥浆在输浆管路内处于有压流动的情况下，其输浆管路的总长度与输浆管路入口与出口处高差之比，即

$$N = \frac{L}{H} \qquad\qquad (5-3)$$

式中　N——输浆倍线；

　　　L——输浆管路的总长度，m；

　　　H——泥浆在有压输浆管路内流动时其入口与出口之高差。

5. 灌浆方法

预防性灌浆方法有多种，根据采煤与灌浆先后顺序关系可分为采前预灌、随采随灌、采后灌浆。

1）采前预灌

采前预灌就是煤未采之前即对煤层进行灌浆。此种方法较适用于特厚煤层，以及老空区过多、自然发火严重的矿井。

在煤矿，由于老空区造成的自然发火次数较多，据统计一般占矿井总发火次数的74.5%。因此，采前预灌是防止煤炭自燃必不可少的措施之一。采前预灌既可以利用原有的老窑灌浆，也可以专门设置消火道灌浆和布置钻孔灌浆。

图5-70所示为某一采区布置钻孔进行采前灌浆的示意图。当岩石运输巷和回风巷尚未掘出之前，

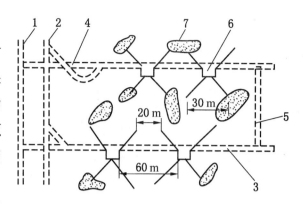

1—运输上山；2—轨道上山；3—岩石运输巷；4—岩石回风巷；5—边界上山；6—钻窝；7—小窑采空区

图5-70 采前预灌钻孔布置图

按设计的位置及方向打钻以探明煤厚及老窑的分布情况，进行采前灌浆。钻孔应经岩层穿老窑到煤层顶板，工作面斜长较大时，应在运输巷道和回风巷道中都布置钻孔，该两巷内的钻孔应错位布置、呈放射状。钻孔打完后，插入套管封孔，然后再与输浆管连通即可灌浆。先灌清水冲刷使之畅通，然后再灌入泥浆。灌浆之初不要间断，一个孔灌满之后再灌另一个孔，整个回采工作面的老空区灌满之后，经过一段脱水时间再掘进溜煤眼及其他巷道，最后进行采煤作业。

2）随采随灌

随采随灌就是随着采煤工作面推进的同时向采空区灌浆。其主要方法有利用钻孔灌浆、巷道钻孔灌浆、埋管灌浆、洒浆。

（1）钻孔灌浆。在开采煤层附近已有的巷道中或者在专门掘出的巷道中，每隔一定距离（一般每隔10～15 m），往采空区打钻孔灌浆。图5-71所示为在底板消火道中打钻向采空区灌浆的示意图。

（2）巷道钻孔灌浆。为减少钻孔长度，保证钻孔质量，便于操作，沿巷道每隔一定距离打断面较小的巷道，在此巷道内打钻灌浆，如图5-72所示。

（3）埋管灌浆。回采工作面在放顶之前，沿着回风巷在采空区预先铺好灌浆管，放顶后立即灌浆，随工作面的推进，安设回柱绞车，逐渐向外牵引灌浆管，牵引一定距离灌一次浆，如图5-73所示。

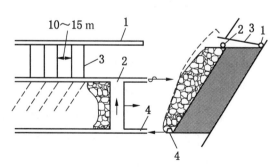

1—底板消火道；2—工作面回风巷；3—钻孔；
4—工作面进风巷

图5-71 钻孔灌浆示意图

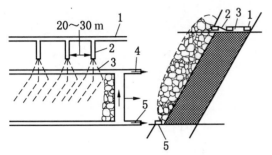

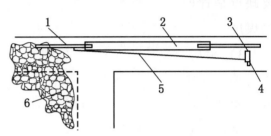

1—底板消火道；2—钻窝巷道；3—钻孔；
　4—工作面回风巷；5—工作面进风巷

1—预埋钢管；2—高压胶管；3—钢管；4—回
　柱绞车；5—钢丝绳；6—采空区

图 5-72　小巷道钻孔灌浆示意图

图 5-73　埋管注浆示意图

钻孔灌浆操作时，开始时一定要用清水进行冲孔，进水畅通后，方可接上注浆管，然后向注浆站要浆。注浆期间，注浆工要密切注意管路及各处阀门的情况，发现堵孔或管路堵浆时，应首先通知注浆站停止送浆，同时派人关闭上一级阀门，然后进行处理。正在注浆的钻孔，如发现注浆不正常，应暂停注浆，进行注水冲孔处理。班中换孔时，必须先打开改注钻孔的阀门，然后关闭需停注钻孔的阀门，人员应站在孔口两侧，禁止面对孔口。注浆时，应将高压胶管用铁丝固定在牢靠的支撑物上，并尽量避免在高压胶管附近停留，以防止胶管崩坏伤人。拆管时，应在无浆水的情况下进行。注浆过程中要检查泄水处出水的大小，并做好记录。注浆结束后，必须先通知注浆站停止下浆，然后将管内存浆全部注入钻孔内。钻孔停止时应用水冲孔，然后将各处管路阀门关闭。

（4）工作面洒浆。从灌浆管中接出一段胶管，沿工作面方向往采空区内均匀地洒浆，如图 5-74 所示。洒浆通常是埋管注浆的一种补充手段，使整个采空区，特别是采空区下半部分也能灌到足够的浆液。

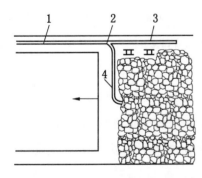

1—灌浆管；2—三通阀；3—预埋
　灌浆管；4—胶管

图 5-74　工作面洒浆示意图

洒浆前，要确认胶管和输浆管连接严密牢固后，打开主管路的阀门，然后再要水要浆。在洒浆过程中，应有专人看守管路和阀门，有异常情况时应立即关闭阀门；洒浆人员应站在顶板完好的安全地带；应沿工作面自上而下均匀地洒浆，保证浮煤被浆液均匀覆盖；应根据采煤工作的推进速度，每隔 1~2 个循环洒一次浆。

随采随灌注浆的主要优点是能及时将顶板冒落后的采空区进行灌浆处理，主要缺点是管理不当时会使运输巷道积水。此种方法一般较适用于自然发火期较短的煤层。

3）采后灌浆

采后灌浆是当回采结束后，将整个采空区封闭起来，然后灌浆。其主要方法有利用邻近层巷道向采空区打钻灌浆、利用巷道密闭墙插管灌浆。

采后灌浆的关键是要砌筑密闭墙。为了保证灌浆和施工安全，一般选择巷道周围比较完整的地点砌筑密闭墙，如图5-75所示。

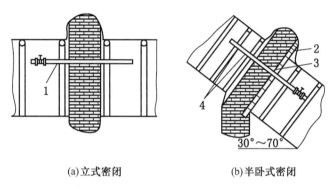

(a)立式密闭   (b)半卧式密闭

1、4—灌浆管；2—木板；3—木梁

图5-75　密闭墙示意图

6. 浆液配比

浆液中固体浆材和水的比例大小对灌浆效果和灌浆过程有很大影响。在黄泥灌浆中要控制水土比的大小。比值小时，扩散困难，不易输送，较易堵管；比值大时，耗水量大，矿井泄水量增加。根据注浆形式的不同及同一注浆形式的不同的时期，应用不同的水土比，这样既对浆液的扩散有利，又能保证灌浆效果。实践证明，钻孔注浆水土比在整个注浆过程中适宜由大到小，最大时可到5:1，最小时可到1:1。埋管注浆水土比大小以注浆管道的出口到工作面的采帮线距离而定，原则上是此距离小时，取小值，此距离大时，取大值。一般可取2:1~3:1。

应该说明的是，无论使用哪种浆材灌浆，浓度大小并不是固定不变的，每个矿井都应根据自己的实际条件，包括制浆方法、输送方式、灌浆距离、灌浆地点等，反复试验，最终确定适合于本矿井的水土（灰）比。

7. 灌浆量

灌浆量即保证灌浆效果的实际浆液量。它是由两部分构成：一部分是制浆所用的固体浆材用量，另一部分是制浆所用的水量。灌浆量大小取决于灌浆区的容积、灌浆的形式等因素。采前灌浆和采后封闭灌浆所需灌浆量以充满灌浆空间为准。

随采随灌所需固体浆材量可表示为

$$Q = KmLHC \qquad (5-4)$$

式中　Q——固体浆材量，m^3；

　　　m——煤层开采厚度，m；

　　　L——灌浆区走向长度，m；

　　　H——灌浆区的倾斜长度，m；

　　　C——煤炭采出率，%；

　　　K——灌浆系数（即固体浆材体积与需要灌浆的采空区空间体积之比），影响 K 值的因素有冒落岩石的松散系数、跑浆系数、浆液收缩系数等，一般可取 0.1~0.5。

随采随灌所需水量可表示为

$$Q_水 = K_水 Q\delta \qquad (5-5)$$

式中　$Q_水$——用水量，m^3；

　　　$K_水$——冲管用水等备用系数，一般取 1.10~1.25；

　　　δ——水土（灰）比，一般取 2~5。

8. 实例

以大同四台煤矿为例，由于四台矿部分工作面上部存在小煤窑及古煤窑采空区着火，因此在地面建立永久性黄泥注浆系统（图 5-76），共 4 处，具体位置如下。

（1）张旺庄矿 11 号煤层东部采空区，现已着火，四台矿 307 盘区 12 号煤层（图 5-68）以后开采将受到该火区的影响，2009 年建立注浆系统。

（2）高山镇大西沟矿 8 号煤层采空区，现已着火，四台矿 402 盘区 12 号煤层（图 5-69）工作面开采将受到该火区的影响，2009 年建立灌浆系统。

（3）拒墙乡元宝沟矿 2 号煤层古煤窑采空区，现已着火，四台矿 402 盘区 12 号煤层开采，将受到该火区的影响，建立灌浆系统。

（4）北辛窑矿 12 号煤层北部有火区，将影响四台矿 408 盘区 12 号煤层的开拓，建立灌浆系统。

402 盘区采用在地面建立的灌浆站，通过从地面打好的钻孔，采用黄泥灌浆法，在地面使用水枪冲刷黄土制成泥浆，直接输送浆液到 11 号煤层 8208 采空区

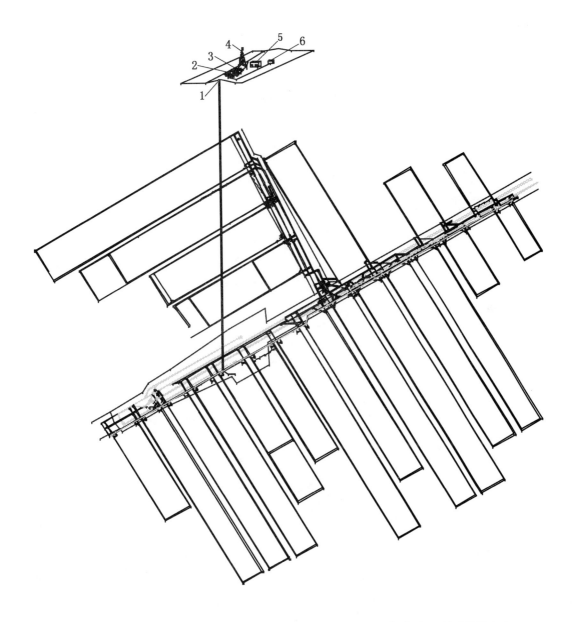

1—钻孔；2—高压水枪；3—地面土场；4—钻塔；5—主要通风机房；6—地面静压水池

图 5-76 307 盘区 12 号煤层灌注泥浆井上、下系统示意图

且浆液通过 11 号煤层 8208 采空区进入 11 号煤层 402 盘区 8206、8204、8202 采空区和 8208 开切巷，使黄泥沉淀且充满空间，达到封堵严密、覆盖遗煤的目的，同时，集中钻孔将来还要服务于 402 盘区 12 号煤层各采空区密闭气室，进行敷设管路灌浆，从而达到彻底消除 402 盘区自然发火隐患的目的，如图 5-77 所示。

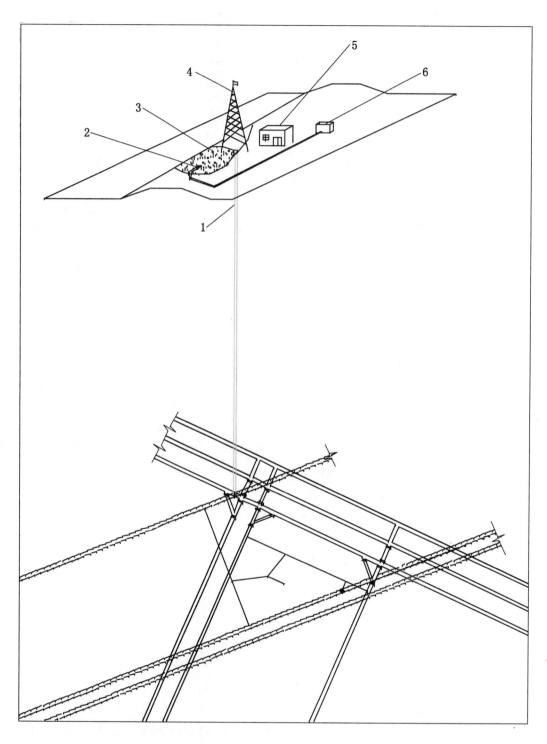

1—钻孔；2—高压水枪；3—地面土场；4—钻塔；5—主要通风机房；6—地面静压水池

图 5-77　402 盘区 12 号煤层灌注泥浆井上、下系统示意图